小麦滴灌节水增效新机理与水分优化管理

李思恩　杨丹妮　著

中国农业大学出版社
·北京·

内容简介

为缓解气候变化引起的水资源短缺并实现农业可持续发展，滴灌作为一种高效节水灌溉方式在世界上大多数干旱半干旱地区得到广泛应用。在持续上千年的畦灌技术逐渐被滴灌替代的背景下，有必要厘清滴灌技术的应用对农田水热传输及作物生长过程的影响机制，揭示滴灌对作物水分生产力的影响，为合理利用滴灌技术提供科学基础。

本书以我国西北干旱地区春小麦为研究对象，于2017—2020年基于波文比能量平衡系统对节水滴灌和传统畦灌条件下的田间水热通量开展了长期连续的同步对比监测，结合人工地面监测，系统地研究了不同灌溉条件下麦田水量平衡、辐射平衡、能量平衡过程及作物生长过程的差异，揭示了滴灌对小麦产量及水分生产力的提升机制，创新性地揭示了滴灌的地表增温、生长加速、光合午休作用减弱、收获指数增加等效应。并基于SWAP模型对滴灌和畦灌条件下的小麦灌溉制度进行了优化。

本书主要内容为滴灌和畦灌技术对春小麦水热通量及生长影响机制的研究，可作为研究滴灌节水高产增效机制和推广小麦节水技术的参考用书。

图书在版编目(CIP)数据

小麦滴灌节水增效新机理与水分优化管理/李思恩，杨丹妮著. --北京：中国农业大学出版社，2024.2
ISBN 978-7-5655-3198-9

Ⅰ.①小… Ⅱ.①李… ②杨… Ⅲ.①小麦－滴灌－节约用水 ②小麦－滴灌－保墒 Ⅳ.①S512.107.1

中国国家版本馆CIP数据核字(2024)第052455号

书　名 小麦滴灌节水增效新机理与水分优化管理
Xiaomai Diguan Jieshui Zengxiao Xinjili yu Shuifen Youhua Guanli
作　者 李思恩　杨丹妮　著

策划编辑 张　程　　**责任编辑** 潘博闻
封面设计 李尘工作室
出版发行 中国农业大学出版社
社　址 北京市海淀区圆明园西路2号　　**邮政编码** 100193
电　话 发行部 010-62733489,1190　　读者服务部 010-62732336
编辑部 010-62732617,2618　　出　版　部 010-62733440
网　址 http://www.caupress.cn　　**E-mail** cbsszs@cau.edu.cn
经　销 新华书店
印　刷 北京锦鸿盛世印刷科技有限公司
版　次 2024年2月第1版　2024年2月第1次印刷
规　格 210 mm×285 mm　16开本　10印张　280千字
定　价 68.00元

前　言

小麦是我国口粮作物，种植面积达 3.3 亿亩(1 亩≈667 m^2)，大部分种植区域仍采用持续了上千年的小畦田灌溉技术(简称畦灌)，滴灌使用较少。在全球气候变暖与干旱高温等极端天气频发的背景下，大力发展和推广小麦滴灌节水技术，保障口粮安全，已成为我国农业与水利行业重点支持方向。

在大面积使用滴灌后，滴灌将对麦田水热传输与作物生长产生何种影响？小麦节水增产效益到底如何？机制何在？围绕这些关键科学问题，以春小麦为研究对象，团队在中国农业大学石羊河实验站开展了持续 4 年的大面积滴灌与畦灌麦田对比观测实验，基于精细的田间定位监测及模型模拟等手段，系统地研究了这 2 种不同灌溉方式下麦田水量平衡、能量平衡、辐射平衡、生长过程、产量累积过程的差异，阐述了滴灌节水增产的系列新机制：

(1)滴灌的节水新机制　相比畦灌，滴灌 4 年平均减少灌溉量 27.50 mm(7.39%)，减少深层渗漏量 21.31 mm(45.14%)，降低田间蒸发蒸腾量 48.56 mm(9.80%)。滴灌通过少量多次的灌溉方式，明显减少了深层渗漏，还降低了麦田土壤蒸发及小麦蒸腾，并缩短小麦生育期，因此可总结为降蒸、减渗及早熟等机制达到节水目标，而对于早熟这一作物物候现象是我们基于大面积的成片的农田通量对比监测发现的，采用过去的小区对比实验很难发现这个现象。我们在国际上率先报道了这一点。至于滴灌小麦对比畦灌小麦为什么早熟一周，主要与滴灌条件下土壤温度乃至空气温度更高密切相关，而增温效应主要是因为滴灌麦田反照率更低、吸收的净辐射更多，同时更小的叶面积明显降低潜热通量，从而增加土壤热通量与感热通量。

(2)滴灌的增产新机制　与传统的认识和研究不同，我们发现滴灌因苗期灌水少，分蘖数减少从而减小叶面积指数，在叶面积指数减少、生育期变短等一系列不利于高产的因素出现后，最后滴灌小麦籽粒产量仍然较畦灌小麦 4 年平均高 10%。究其原因，主要是滴灌减弱小麦光合午休作用、提高光合效率，更为重要的是，滴灌小麦在叶面积减少后，干物质向穗部积累的比例明显提高，收获指数 4 年平均提高了 10.2%。早前的小麦栽培理论也表明，对于小麦而言，并非叶面积越大越好，存在一个“最优的株型和冠层形态”，即小麦在最优的冠层状态下，反而能实现高产。我们通过滴灌水肥调控，将小麦最大叶面积指数控制在 5～6 m^2/m^2 时，能实现高产。根据这些观察的现象，我们提出了“作物最优生长理论”的猜想，在其他论著中已有阐述。

(3)滴灌对小麦生长的影响机制　滴灌对小麦生长的改变是颠覆性的，包括根系表层富集、叶面积指数变小、叶片更为直立、发育进程明显加速、干物质分配和输运向穗部倾斜等一系列变化。对于滴灌小麦根系富集，主要与滴灌湿润区分布在土壤表层 0～40 cm 区间相关，对于这点，前人已有大量研究。至于滴灌小麦对比畦灌小麦叶面积指数明显降低，主要与苗期灌溉定额低、分蘖数减少有关。小麦叶片更为直立，其机制还需探索。发育加速，主要受地温气温增加等因素驱动。收获指数提高，还需从小麦生理学上开展更多的研究。

在上述工作基础上，我们还使用校准好的 SWAP 模型推算了小麦的优化灌溉制度。从 4 年的连续观测来看，灌溉方式的转变，对农田小气候、土壤水肥状况、作物的生长以及水热碳氮循环都产生了深刻的影响，这些过程存在复杂的耦合机制，因此，未来还需开展更为深入的研究来揭示这些规律。相关工作对科学推广小麦滴灌将起到重要参考作用。对于还未完成的工作，如作物最优生长理论、小麦智慧滴灌等理论与技术问题，我们将不断努力探索。

在研究工作的开展中，团队的康绍忠院士、杜太生教授从项目支持、学术指导等各方面给予了全力支持，石羊河实验站的陆权、张亮等同志为实验的顺利开展付出了大量的心血。谨以此书，向石羊河实验站团队表示诚挚感谢。同时，本书的研究与出版工作还受国家重点研发计划项目(2022YFD1900801)、国家自然科学基金(52379052)、国家公益性行业(农业)科研专项(201503125)等项目资助，在此一并致谢!

在撰写过程中，我们力求达到系统性、科学性、创新性，但由于著者水平有限，对有些问题的分析和认识有待进一步深化，一些科学数据还需要进一步积累，因此书中错误和不足之处在所难免，恳请读者批评指正。

李思恩

2024 年 1 月 10 日于北京

目　录

第 1 章　绪论

1.1　研究背景与意义

水资源短缺已成为制约人类社会发展的关键问题。随着全球人口不断增加，人类对水资源和粮食的需求也不断提高，如何在实现节水的同时提高粮食产量始终是世界范围内众多学者关注的焦点[1-3]。与此同时，人类活动增加了大气 CO_2 排放，加速全球变暖[4,5]。较为脆弱的旱地生态系统更易受到气候变化的影响，很可能对当地粮食安全构成严重威胁[5]。我国作为农业大国，用占世界 7%的耕地养活了占世界 22%的人口，“三农”问题始终是我国在社会主义现代化建设工作中的重中之重。自 2004 年起，中央一号文件连续 20 年强调了农业发展的重要性[6]，且我国在 2023 年 2 月 13 日发布的中央一号文件中首次将“农业强国”作为重点提出，“强国必先强农，农强方能国强”进一步明确了在当今复杂多变的国际形势下，立足本国农情建设农业强国的重要性[6]。灌溉是农业稳定发展的保障，而我国水资源总量达 29 638.2 亿 m^3[7]，仅占世界的 6%，过大的人口基数导致我国成为世界范围内人均水资源最为匮乏的 13 个国家之一。另外，我国水资源时空分布不均，全国范围内洪涝、干旱频发，加剧了农业生产对灌溉的依赖。水利部发布的 2021 年度《中国水资源公报》显示，2021 年全国用水总量为 5 920.2 亿 m^3，其中，农业用水量为 3 644.3 亿 m^3，占用水总量的 61.5%，而农田灌溉水有效利用系数仅为 0.568。我国每年农业灌溉用水缺水超过 300 亿 m^3[8]，特别是西北地区作为我国主要的粮食生产基地，地域面积占全国 35%，水资源量仅占全国 8%，其中农业用水占西北地区总用水量的比例高达 88.5%[9]。基于我国水资源和农业生产现状，大力发展节水灌溉技术可以在降低农业用水量的同时实现粮食增产，对于缓解水资源对干旱地区农业生产和经济发展的限制以及确保国家粮食安全至关重要。

高效节水灌溉技术是现代化农业发展的关键性指标，被世界各国作为农业可持续发展的重要举措[10]。自 20 世纪 50 年代末我国开始进行节水灌溉技术试验至今，全国节水灌溉面积不断增加，粮食产量逐年稳步上升。1997—2021 年，我国耕地实际灌溉亩均用水量从 492 m^3 下降至 355 m^3[7]。另外，我国于 2022 年在疫情、灾情等多重困难挑战下，依旧完成了将粮食产量保持在 1.3 万亿斤(1 斤=0.5 kg)以上的预期目标，这与现代化农业生产中高效节水灌溉技术的发展密不可分。节水灌溉技术被广泛应用于玉米、小麦、大豆、马铃薯等粮食作物[11,12]和葡萄、棉花、番茄等经济作物[13,14]的生产实践中，并在缓解干旱地区的水资源短缺和提高农业用水效率方面发挥了重要作用[2,3,15,16]。对我国西北干旱地区而言，解决水资源紧缺问题，推广节水灌溉，尤其是推广滴灌技术已上升为国家节水战略。小麦是世界主要粮食作物，为人类提供了 21%的食物，全球范围内小麦种植面积达 20 亿 hm^2[17]。同时，小麦也是我国三大粮食作物之一，播种面积占全国粮食作物播种面积的 25%～30%，产量占全国粮食总产量的 20%～25%[18]。西北干旱地区种植的主要粮食作物之一就是小麦，但节水滴灌技术更多地应用在玉米、棉花等作物的生产中，在小麦的实际生产中普及程度较低。小麦生育期内水分的动态变化深刻影响着产量形成[19]，传统灌溉往往会造成小麦的过度灌溉，在浪费水资源的同时甚至会降低小麦产量。在小麦生产中大力推广节水灌溉技术是同时实现农业节水和粮食增产的有效途径。

在农业生态系统中，水分和能量在土壤-植物-大气连续体(SPAC)中传输的过程是统一、动态、连续且相互反馈的。随着节水滴灌技术逐渐代替传统灌溉，农业生态系统中的水分平衡和能量平衡过程必然会发生变化，并在区域尺度上对当地气候造成影响[20]。农田水分能量平衡过程的组分，如蒸散发、潜热通量、感热通量等指标，是众多研究农业的区域水文模型和气候模型的重要输入参数[21]，也是农业生产中水资源管理的重要变量和极端干旱时间的先导指标[22,23]。与此同时，作物生长信息是重要农情信息之一，对作物生产管理决策、作物早期估产以及农作物灾害评估等具有重要意义[24]。灌溉方式的改变直接影响作物生长过程，随着作物地下部根系分布和地上部冠层生长状态的改变，地表反射率、粗糙度以及田间湍流状态发生改变，最终影响农田水热传输过程。充分了解不同灌溉条件下作物生长季内水热传输过程的变化以及作物动态生长过程是进行灌溉制度评价、农业生产规划、水资源评价与管理的基础[25]。此外，气候变化与农业生态系统之间相互作用的关系逐渐成为世界范围内专家学者的研究热点[26]，探究节水管理措施下作物对水和能量的生物反馈，有助于更加准确地预测节水技术对农业生产力的影响，并对开发兼顾农业生态系统和气候变化的模型（如 SWAT、CLM 等）具有重要意义。

1.2 国内外研究进展

传统灌溉方式一般指地面灌溉，水分借助重力和毛细管作用浸润土壤，包括畦灌、沟灌、漫灌等。地面灌溉技术简单，投资较少，但存在灌水不均匀现象，且容易造成土壤冲刷、板结以及深层渗漏等问题，水分利用效率很低[27,28]。如今世界各国均在大力发展高效节水灌溉技术，如微灌、喷灌、管灌等，其中，微灌技术以滴灌为代表，是最为节水的环境友好型精细灌溉技术，可根据作物需水规律精准地将灌溉水和肥料输送至作物根部的土壤，比传统灌溉方式节水 40%～60%，增产增收 15%～30%[29,30]。以色列发展了世界一流的农业，其灌溉农田大面积采用滴灌和喷灌技术，目前实现水肥一体化智能管理的农业生产已达 90%以上[30,31]。美国作为微喷灌应用面积最大的国家，25%的玉米、60%的马铃薯和 33%的果树均已采用水肥一体化技术，且地下滴灌技术在美国商品农业中的应用也日趋成熟[32,33]。英国、德国、法国、瑞典、丹麦等国家的微灌和喷灌面积已达到总灌溉面积的 80%以上[34]。我国在地少水缺的资源环境约束条件下，大力推广水肥一体化的节水灌溉技术[8]。以滴灌为代表的微灌技术自 20 世纪六七十年代被我国从墨西哥引进，到 1996 年进入高速推广时期，直至 2016 年，微灌技术在玉米和小麦等大田作物生产实践中的应用面积分别超过 1.0×10^{6} hm^{2} 和 3.0×10^{5} hm^{2}[30]。随着节水灌溉技术在全球范围的推广与普及，探究农业生态系统与环境之间的相互影响逐渐成为研究热点，而农田水热传输观测技术的发展和推广是研究灌溉农田水分和能量平衡的前提。迄今为止，国内外学者已经针对不同灌溉方式对农田水热传输以及作物生长过程的影响进行了诸多研究，也有学者借助算法、模型等工具对当地灌溉制度进行优化。下面将从农田水热传输观测技术、不同灌溉条件下农田水热传输机制、灌溉方式对作物生长的影响机制以及灌溉制度优化 4 个方面对前人的研究结果进行回顾与总结。

1.2.1 农田水热传输观测技术研究进展

水热通量在表征地-气能量交换时是不可或缺的，其中潜热通量是水热传输重要分量之一，与蒸散发可看作线性相关。常用的蒸散发测算方法有水文学法、植物生理学法、微气象学法。水文学法不受气象条件限制，应用较为广泛，但该方法不能解释蒸散发的动态变化过程，且水量平衡各分量很难被精确测量，结果误差较大。植物生理学法适用于植株个体耗水量的测定，无法用于区域范围水热传输的测算。随着科学技术的不断进步，学术研究向着实用、高效、准确的方向发展，地表水热传输研究对观测技术的范围和精确度也在不断提高，可以进行连续观测且不会对下垫面造成破坏的微气象学观测手段得到了广泛的应用。

微气象学法以波文比能量平衡法和涡度相关法为代表，通常可作为检验其他水热通量测算方法的判别标准[35,36]。其中，波文比能量平衡法于 1926 年由英国物理学家 Bowen[37] 提出，主要根据能量平衡法和近地层扩散理论估算水热通量。涡度相关法最早于 1951 年由澳大利亚微气象学家 Swinbank[38] 提出，可直接测量地表和大气间的湍流交换，两种方法现在常被用于森林[39]、农田[40]、荒漠[36]、草地[41]等不同生态系统的通量观测。相比较来说，涡度相关法更多地用于大面积范围的水热碳通量观测，而波文比能量平衡法不需要测量风速廓线的相关资料，对风浪区的要求不是很严格[42]，更适用于小块农田尺度上水热通量的观测[43]。但由于仪器自身的限制、地形因素、气象因素、农业管理措施等造成的影响，利用微气象学法观测得到的通量数据还需要严格校正。涡度数据普遍存在能量不闭合现象[35,44]，基于涡度相关法的由超过 400 多架通量塔构成的全球通量观测网络的平均有效数据量仅占总数的 65%～75%[45,46]。也有研究表明，在一些特殊环境下应用微气象学法会出现较大误差。Wang 等[47]发现涡度相关法在地形复杂、冠层密度较高的环境比在地形平坦、冠层开放的环境下误差高。姜海梅等[48]的研究结果表明，非均匀灌溉会降低涡度数据的能量闭合度。Mckay 和 Thurtell[49]研究发现，在温湿度梯度较小的冬季森林地区，利用波文比能量平衡法很难对进入积雪的能量进行有效测定。另外，由于夜间大气的不稳性，此时观测得到的波文比数据可靠性较低[43]，往往需要对其进行校正。尽管微气象学法在实际应用中存在诸多限制，但波文比能量平衡法物理概念明确、理论成熟、数据处理简单；涡度相关法是可以直接测量湍流通量的唯一方法，也是现今世界公认的观测陆地生态系统与大气间物质能量交换的标准方法[50]，微气象学法仍是地表通量观测中使用最为广泛的方法。在今后的研究中，还需不断提高传感器的灵敏度和水热通量的测算精度，进一步完善数据校正方法、统一数据筛选标准，并将波文比能量平衡法和涡度相关法应用于更复杂的下垫面环境。

1.2.2 不同灌溉条件下农田水热传输机制研究进展

农业生态系统是一个统一且动态变化、生物和非生物过程互相反馈的系统。在实际农业生产中，管理措施的改变会在各个方面影响田间物理条件。灌溉改变地表能量平衡，净辐射和潜热通量在地表能量平衡中起主导作用。Zhang 等[51]的研究结果表明地表反射率与净辐射存在显著负相关关系，而净辐射是蒸散发出现差异的主要决定因素。Vanomark 等[52]基于波文比能量平衡系统对灌溉甜瓜进行观测，结果表明净辐射有 60%以上转化为潜热通量，而转化为感热通量和土壤热通量的净辐射分别为 21%和 11%。农田有效能量更多地用于潜热，而潜热通量对降水灌溉事件响应显著[35,53]，研究表明灌溉导致潜热通量增加，不同的灌溉方式会通过调控植被生长过程改变生态系统的能量分配[54,55]。Teixeira 等[56]研究发现，与喷灌相比，滴灌降低了农田蒸发比（潜热通量占有效能量的比例）。Tang 等[57]利用涡度相关系统对华北平原的喷灌麦田进行观测，结果表明喷灌之后 1～3 d，麦田的冠层反射率平均降低 0.01，潜热通量占净辐射的比例平均增加 0.19～0.23，而感热通量占净辐射的比例平均降低 0.06～0.17。

蒸散发过程的本质是能量交换，这也是唯一连接水循环、能量循环和碳循环的关键气候变量[23]。很多小区试验表明，与传统灌溉方式相比，节水滴灌技术可以减少田间总耗水 25%以上[58-60]，然而 Qin 等[11]利用涡度相关法连续 5 年在中国西北干旱地区的膜下滴灌和覆膜畦灌玉米农田开展大面积观测试验，结果表明，充分灌溉条件下，滴灌减少田间耗水 10%左右。一般认为节水灌溉方式主要通过减少土壤蒸发达到降低田间耗水的目的，也有研究发现节水滴灌可以通过缩短生育期减少作物生长季内耗水。Wang 等[61]发现覆膜滴灌条件下的玉米农田的日蒸散量与覆膜畦灌的差别不大，但是滴灌平均降低土壤蒸发 0.13 mm/d，增加植株蒸腾 0.19 mm/d，同时加速作物生长，最终降低了玉米生长季内的田间蒸散发。

田间温度的变化与地表能量平衡息息相关。灌溉可以通过改变田间能量平衡过程影响地表温度[53,62]，研究表明，灌溉量的增加导致土壤温度下降[63]。Tang 等[57]发现喷灌之后的 3 d 内，日最低温度和最高温度分别降低 0.8 ℃和 0.9 ℃，且温度降低的幅度与灌水量和作物叶面积指数均呈正相关关系。Maes 和 Steppe[64]的模拟结果表明，植株叶片和冠层温度随入射辐射的增加而增加，风速和潜热的升高则会降低冠层温度。与此同时，田间温度、湿度、气压等因素也会显著影响蒸散发。张紫森等[65]的研究结果表明，喷灌条件下燕麦田的温度比畦灌条件下的低 2～4 ℃，导致日蒸散量降低 0.03～0.38 mm/h。

1.2.3 灌溉方式对作物生长的影响机制研究进展

灌溉方式影响田间水热传输，而田间能量的再分配也会改变作物生长过程[66]。传统灌溉和节水灌溉条件下水分入渗方式的不同直接影响地表以下的土壤水分分布[67]，而田间作物根系的生长发育及其水力特性也会根据土壤水分和养分的状况不断调整[68]。Lu 等[69]的研究结果表明土壤基质势的变化是根系分布发生改变的主要原因，相比畦灌处理，滴灌对表层土壤的根系生长有明显促进作用，对深层土壤内的根系则存在一定的抑制作用。Hu 等[70]采用盆栽实验对比常规灌溉、固定单侧灌溉、分根交替灌溉条件下玉米根区土壤-根系的导水性能，发现频繁的干湿交替显著提高作物吸水性能。也有研究通过对比微咸水和淡水灌溉条件下棉花的根系分布，发现水质对土壤不同深度处的根系直径和根长密度也会产生明显影响[71]。此外，土壤温度的分布与土壤水分分布联系紧密，而土壤温度显著影响根系吸水性能，有研究表明土壤温度和根系吸水速率呈指数函数关系。

作物根系结构的改变直接影响作物地上部的生长发育，改变光合产物在植株不同器官中的分配，并最终改变作物产量[72-74]。Dayer 等[75]研究发现，亏缺灌溉会降低叶片的淀粉浓度，同时影响植株不同器官之间的碳分配。冯亚阳等[76]的研究结果表明，通过调控农田灌溉量和施肥量可改变光合产物在作物籽粒和营养器官之间的分配。许多研究表明，相比传统灌溉，滴灌可提高作物产量[77,78]和水分利用效率[27,79]，造成这一现象的主要原因是滴灌管道直接将灌溉水输送至作物根区附近并缓慢湿润土壤，发生灌溉时作物根区的水、养分和空气可以达到较适宜的耦合比，为作物的生长创造了良好的土壤环境。基于此，众多学者针对不同灌溉水平下的滴灌农田进行了研究。赛力汗·赛等[80]研究发现随着滴灌量的增加，冬小麦的籽粒产量和水分利用效率均呈先增加后降低的变化趋势。Guo 等[81]的研究结果表明减少滴灌量会降低叶面积指数、地上生物量、作物产量，但可以提高水分利用效率。

植物叶片的气孔控制蒸腾作用和光合作用，是水分和 CO_2 交换的主要通道[82]，灌溉通过改变田间水热以及根系吸水性质进而对叶片的气孔活动造成影响。Jensen 等[83]的研究表明，亏缺灌溉或者分根交替灌溉引起的土壤干燥会导致根系的水力和化学信号发生变化，造成叶片气孔部分关闭，光合水分利用效率提高，最终导致顶部营养生长略有降低。人们普遍认为叶片水平的水碳耦合是整个陆地生态系统水碳耦合的基础[84,85]，然而农业生态系统水碳通量交换并不一定紧密耦合。很多研究表明，灌溉会增加植物的蒸腾作用[86,87]，但不一定增加叶片光合速率。比如，Motai 等[88]的研究结果表明，过度灌溉会降低净光合速率，这可能是因为较高灌溉水平下叶片干重增加，从而导致叶片脱水和氧化损伤。灌溉方式对作物生理的影响机制需要结合田间环境指标以及作物地下部根系和地上部冠层的生长发育情况系统分析。

1.2.4 灌溉制度优化研究进展

作物在生长发育期间对水分的需求受气象因素和生育阶段的影响始终处于动态变化状态，研究表明，播期也会影响作物需水量和灌溉需水量[89]。胡玮等[90]分析了京津冀地区连续 50 年的气象资料，发现不同地区冬小麦的需水量随生育期内有效降水量的变化而变化，一般来说，冬小麦在拔节-乳熟期的需水量最高。李志等[91]的研究结果表明不同水文年的冬小麦在不同生育阶段的灌溉需水量存在显著差异。作物需水量的变化是气象因素和作物物候期综合作用的结果[91]，尤其在干旱地区和降水分配不均的地区，更需要通过调整灌溉制度保障作物用水。Ewaid 等[92]利用联合国粮食及农业组织的 CROPWAT 8.0 模拟软件确定了伊拉克南部主要作物的需水量，结果表明灌溉需水量因作物品种的不同表现出显著的差异，且作物在旱季的需水量高于雨季。曹丹等[93]利用 Hargreaves-Samani 法和作物系数法对不同水文年黄河三角洲地区的 7 种非主粮作物的灌溉需水量进行评估，发现由于降水分配不均，所有作物均需进行补充灌溉。根据作物需水规律对灌溉制度进行调整无疑是更加科学的。综合考虑土壤、植物和天气信息，将其与模型预测相结合，可制定出更合理的灌溉制度，进一步提高水分利用效率[94]。马建琴和赵子伟[95]在灌区尺度上建立了更符合作物实时需水的渠系优化配水模型，极大地提高了水分利用效率。Shen 等[96]结合作物的相对生长速度和可灌溉水量等信息，建立了动态灌溉限水模型，优化之后的灌溉制度平均提高冬小麦产量 4.4%～10.3%，提高净效益 7.4%～19.1%。

如今，作物模型已成为优化灌溉制度最常用的工具之一。众多研究表明 DSSAT 模型[97]、AquaCrop 模型[98]、SWAP 模型[99,100]等作物模型适用于以小麦、玉米、水稻等大田作物为研究对象的农田水热和作物生长及其产量的模拟。Roy 等[101]利用二维 HYDRUS-2D 模型进行土壤水分和养分的模拟，为降低计算的复杂度，结合一维 DSSAT 作物模型进行多目标优化，筛选出了作物产量和水分利用效率最优化的灌溉制度。杨晶等[102]验证了 AquaCrop 模型在冬小麦-夏玉米轮作种植模式下的适用性，并以田间持水量为标准设计不同的灌溉制度情景，确定了轮作模式下的最优灌溉制度。SWAP 模型因其扎实的数学物理基础被广泛用于不同灌溉条件下田间水热盐运移和作物生长过程的模拟。李涛等[103]利用 SWAP 模型对干旱沙漠地区不同土质条件下的小麦土水势进行了模拟。李小梅等[104]研究发现 SWAP 模型适合旱稻不同灌溉制度条件下的作物生长模拟和用水管理评价。Bonfante 等[105]利用土壤含水量、地上生物量以及小麦产量数据对 SWAP 模型进行验证，并将其应用于考虑气候变化的产量估计研究。袁成福等[99]用咸水非充分灌溉条件下的土壤水盐数据以及玉米产量数据对 SWAP 模型进行验证，相应的模拟值和实测值的拟合效果较好。Jonubi 等[106]用校准后的 SWAP 模型准确模拟了缺水条件下的作物生长情况。也有学者出于不同的研究目的对 SWAP 模型进行改进。徐旭等[107]优化了 SWAP 模型的根系吸水项，改进的 SWAP-EPIC 模型虽尚不能模拟作物根系的动态生长，但适用于作物生长耦合过程的模拟。Zhao 等[100]对 SWAP 模型的降水截留、土壤蒸发、土壤温度以及作物生长模块进行改进，以适应覆膜引起的土壤温湿度和作物生长变化。

国内外专家的诸多研究证明利用 SWAP 模型进行灌溉制度优化是可靠且准确的。刘路广等[108]利用 SWAP 模型对引黄灌区的冬小麦-玉米田的土壤含水量进行模拟，同时选择模型中的简单作物生长模块对作物相对产量进行预测，在此基础上确定了当地灌溉控制标准。冯绍元等[109]利用西北旱区石羊河流域春小麦的土壤水盐运移以及产量数据对 SWAP 模型进行验证，根据各生育阶段的作物需水量分别确定灌水 3 次和灌水 4 次时的灌溉制度情景，从中筛选出了不同水文年型的最优灌溉制度。Droogers 等[110]利用卫星观测得到的田间蒸散发数据对 SWAP 模型进行参数优化，发现遥感数据间隔低于 15 d 且信号准确度大于 90%时，模型估算的灌溉用水准确度极高。Pan 等[111]验证了 SWAP 模型在盐碱地水盐运移和夏玉米生长模拟的适用性，并在此基础上进行灌溉制度优化，建议当地夏玉米在拔节期、抽穗期和灌浆期各灌溉 1 次。SWAP 模型适用于干旱地区、盐碱地区等不同气候条件下的灌溉农田水热盐运移和小麦、玉米等大田作物生长过程的模拟，可将调试或改进之后的 SWAP 模型用于符合当地生产实际的灌溉制度优化。

1.2.5 仍需进一步研究的问题

利用波文比能量平衡系统、涡度相关系统等微气象学手段对农田水热传输过程进行观测的技术已趋向成熟，这是准确分析不同管理措施下农业生态系统水热通量的前提。迄今为止，国内外学者在探究田间水热传输和作物生长对灌溉的响应研究中已获得诸多成果，但由于田间环境因素的差异性以及农田 SPAC 系统的统一性和复杂性，相关研究仍需要进一步完善。

首先，关于不同灌溉方式、不同灌溉水平以及不同灌水时间条件下田间水热的对比研究多为小区试验，较多的实验处理和较小的田块面积导致少有研究利用微气象学手段对不同灌溉条件下的农田水热传输过程进行全面且长期的定位观测。研究中需要的田间蒸散发数据多根据水量平衡原理直接计算得到，由于田间渗漏量难以观测，且农田土壤质地的空间变异性较大，获得的蒸散发数据不仅存在较大的误差，也无法反映作物生长季内田间蒸散发的变化规律。目前国内外研究中用微气象学手段进行观测的农业生态系统多为单一处理，但为了对传统灌溉方式和节水灌溉方式下田间水热传输过程进行准确且全面的分析，势必需要利用微气象学手段对农田区域范围内的水热传输指标进行同步对比观测。

其次，节水管理措施下，作物地上部和地下部在田间水分和能量发生改变之后会作出怎样的生物反应，这一点在现有研究中并未得到详尽的解释。目前的研究或仅关注灌溉对田间水分、能量等物理过程的影响，或主要针对灌溉对作物生长过程的影响，少有研究同时对不同灌溉条件下田间水分、能量平衡过程以及作物地上部和地下部的生长过程进行全面对比分析。SPAC 系统具有统一性，土壤、植物、大气之间相互联系，相互影响。在节水灌溉方式逐渐替代传统灌溉方式的背景下，为了系统地理解灌溉方式的转变对田间生物物理过程造成的影响，就需要以田间水分平衡、辐射平衡、能量平衡过程为基础，结合作物地下部的根系分布以及地上部的冠层发育和生物量分配等过程，多角度全方位地对比分析。

再次，由于叶片层面上水碳的紧密耦合，与传统灌溉方式相比，滴灌改变农田生态系统的生物物理条件并提高作物产量的机制仍不清楚。很多研究认为节水灌溉方式通过改善土壤水热条件促进作物生长发育，提高叶面积有利于光合产物的快速积累，最终达到增产的目的。但不同地区、不同作物、不同管理措施下的农田生态系统具有极大的差异性，节水灌溉是否在任何环境下都通过促进叶片发育的方式提高作物产量还存在一定的不确定性。另外，全球变暖以及未来降水模式的改变必然会对农业生态系统带来影响，节水滴灌技术是否会在保证产量的同时提高作物对气候变化的适应能力还有待进一步研究，而从田间生物物理多过程的角度厘清节水灌溉的增产机制是研究作物在气候变化条件下对环境的适应能力的基础。

最后，西北旱区的春小麦生产还未全面普及节水滴灌技术，实际多采用畦灌，一般全生育期灌水 4 次，且均为充分灌溉。研究表明作物生长季的需水量是动态变化的，在恰当的生育阶段进行非充分灌溉反而能达到节水增产的目的。因此，分别对节水灌溉条件和传统灌溉条件下的春小麦进行灌溉制度优化符合当地生产实际，有利于灌溉方式的平稳过渡和水分利用效率的提高。常用于进行灌溉制度优化的 SWAP 模型包括简单作物模块和详细作物模块，适用于不同灌溉条件下的田间水热和作物生长过程的模拟，但学者在利用 SWAP 模型进行灌溉制度优化时往往会选择简单作物模块直接模拟最终产量，而非更为复杂的可模拟作物动态生长过程的详细作物模块。最优灌溉制度的筛选条件一般为产量最大化或水分利用效率最大化，采用 SWAP 模型的详细作物模块进行灌溉制度优化可提高数据的准确度和模拟结果的可靠度。

1.3 研究内容与技术路线

本研究以深刻认知滴灌节水增产的机制为出发点，以研究节水滴灌和传统畦灌条件下田间水热传输过程及其对作物生长的调控机制为核心，通过进行长期连续的野外定位观测试验，对比分析不同灌溉条件下农田水分、能量和作物生长过程的差异，揭示灌溉方式对 SPAC 水热传输和作物生长的影响机制，同时根据田间实测数据，利用作物模型对土壤水热和作物生长过程进行模拟验证，并筛选出不同约束条件下的最优灌溉制度。本研究对当地农业生产具有一定的指导意义，促进了滴灌技术在我国西北地区小麦生产中的进一步推广，有利于节水灌溉技术在干旱地区的应用与普及，也为完善反映滴灌农田生态系统的地球系统模型提供理论基础。

1.3.1 研究内容

主要包括以下 4 个方面的内容。

1. 灌溉方式对 SPAC 水热传输规律及其影响因素研究

分别对滴灌和畦灌条件下春小麦田的水量平衡、辐射平衡和能量平衡规律进行比较分析。利用 Shuttleworth-Wallace 模型对基于波文比仪器观测指标计算得到的田间蒸散发数据进行分割，在此基础上对比分析滴灌和畦灌条件下灌溉降水、土壤蒸发、植株蒸腾以及农田蒸散发的季节变化规律，同时结合土壤水分变化规律和作物冠层生长规律分析灌溉方式对春小麦不同生育期的蒸散发以及全生育期水量平衡的影响；比较农田接收和反射的短波辐射以及长波辐射的季节变化规律,结合田间水热和作物冠层生长指标,分析灌溉方式对春小麦不同生育期辐射平衡的影响;比较滴灌和畦灌条件下净辐射、土壤热通量、潜热通量和感热通量的季节变化情况,对比农田吸收的有效能量在潜热通量和感热通量之间的分配情况,结合田间水热变化规律和作物生长规律,分析灌溉方式对春小麦不同生育期能量平衡和有效能量分配的影响。

2. 灌溉方式对作物生长发育规律及其影响因素研究

分别对滴灌和畦灌条件下春小麦地下部分和地上部分的生长规律进行比较分析。比较滴灌和畦灌条件下土壤不同深度土层内春小麦不同生育阶段的平均根系直径、根长密度以及根表面积密度的变化规律,分析根系生长对土壤环境因素的响应机制;对比滴灌和畦灌条件下春小麦冠层的生长发育规律,基于田间实测的叶面积指数数据和 Logistic 模型,分析灌溉方式对春小麦物候期的影响,同时结合对应物候阶段的环境因素和作物因素,探究田间生物物理指标与春小麦物候指标之间相互影响的关系。

3. 灌溉方式对春小麦产量形成的影响机制研究

基于农田水热传输规律和作物生长规律的分析结果,从光合产物的生成以及分配的角度揭示滴灌节水增产的机制。比较春小麦不同生长阶段的光合指标,结合田间水热数据,分析灌溉方式对光合产物生成的影响;比较滴灌和畦灌条件下叶片、茎秆、麦穗、主根的生物量及其分配过程随时间的变化规律,分析灌溉方式对春小麦产量和水分利用效率的影响;在田间生物物理指标的相关性分析、主成分分析结果的基础上,利用结构方程 SEM 模型量化农田环境因素和作物生长因素对穗部生物量积累过程的影响,揭示滴灌节水增产的机制。

4. 不同约束条件下的春小麦灌溉制度优化

基于田间实测数据,利用 SWAP 模型对滴灌和畦灌条件下的土壤水热、叶片生长以及植株叶、茎、穗、根等部位的干物质进行模拟验证;根据 1951—2020 年当地春小麦生长季的累计降水量,划分不同的水文年型,并根据田间持水量、作物需水量以及灌水次数等不同的约束条件设计灌溉制度方案;利用 SWAP 模型,以最高产量和最高水分利用效率为目标,筛选不同水文年、不同约束条件下的最优灌溉制度。

1.3.2　技术路线

本研究主要包括田间指标观测、影响机制探究以及模型验证及应用 3 个部分,详细的技术路线见图 1-1。首先,应用波文比能量平衡系统、微型蒸渗仪、自动气象站对不同灌溉条件下的田间水

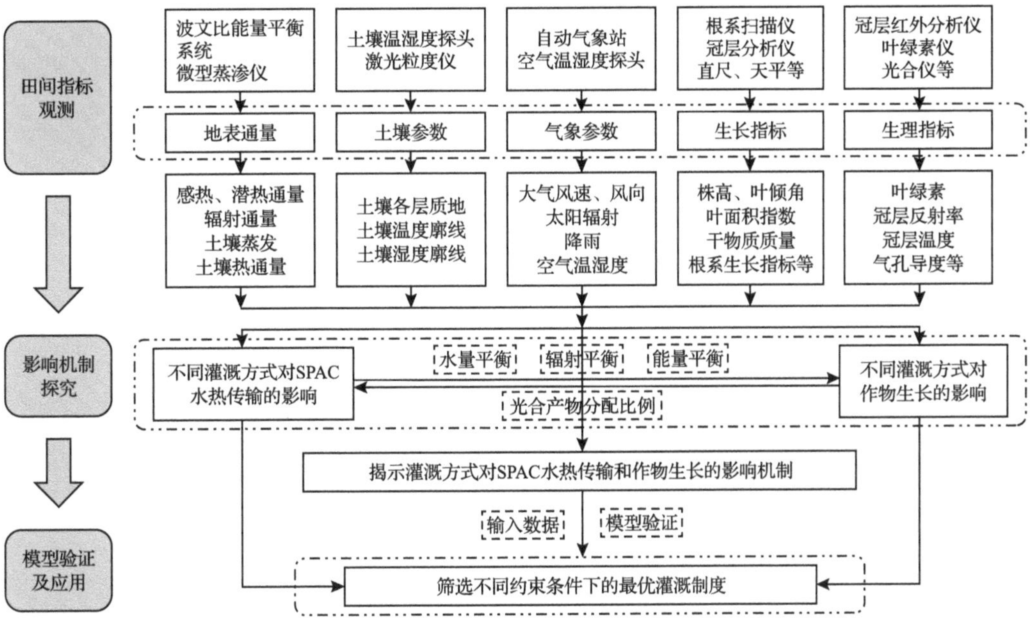

图 1-1　技术路线

热通量和相关气象参数进行长期定点观测，同时利用根系扫描仪、冠层分析仪、光合仪、叶绿素仪等对作物生长季的生长指标和生理指标进行全面观测。其次，根据田间实测指标对滴灌和畦灌条件下土壤-植物-大气的水热传输过程进行对比分析，厘清灌溉方式对田间水量平衡、辐射平衡以及能量平衡过程的影响。在此基础上，比较滴灌和畦灌条件下作物地下部和地上部生长规律的差异，利用相关性分析、主成分分析以及通径分析探究农田生物物理指标之间的相互作用关系，从环境因素和生物量再分配的角度揭示灌溉方式对SPAC水热传输和作物生长的影响机制以及滴灌节水增产的机制。最后，根据田间水热的实测数据和作物生长过程的变化规律，尤其是植株各部位生物量的分配规律，选择SWAP模型分别对滴灌和畦灌条件下的土壤水热和作物生长过程进行模型验证，分别以产量和水分利用效率为筛选条件，确定西北旱区不同水文年、不同约束条件下的春小麦最优灌溉制度方案。

第2章　试验方案与研究方法

2.1　试验区概况

本研究于2017—2020年在甘肃武威绿洲农业高效用水国家野外科学观测研究站开展，研究站位于中国西北干旱区的河西走廊，北纬37.87°，东经102.83°，海拔1 581 m。该地区属于典型的温带大陆性干旱气候，全年日照时数达3 000 h，全年无霜期为150 d左右，年平均气温8 ℃，年平均累计积温超过3 550 ℃(>0 ℃)，年平均水面蒸发量超过2 000 mm，多年平均降水量仅为164 mm。试验开展地区的地下水埋深40～50 m，地表以下1 m范围内主要为沙壤土，平均水平的土壤容重1.51 g/cm^3，凋萎含水量0.11 cm^3/cm^3，田间持水量0.32 cm^3/cm^3，饱和含水量0.39 cm^3/cm^3。

2017—2020年试验站春小麦生长季(3.20—7.31)主要气象因子的逐日变化如图2-1所示，对应的生长季内各指标的平均值见表2-1。春小麦生长季内平均太阳辐射最高的年份为2020年，该年份平均大气温度和日最高温度同时达到最高，分别为17.56 ℃和25.09 ℃。生长季内平均风速最高的年份为2017年，平均参考作物蒸发蒸腾量也在该年份达到最高，为4.12 mm/d。生长季内累计降水量最高和最低的年份分别为2019年和2018年，对应降水量分别为110.20 mm和41.40 mm，相应地，2019年和2018年的平均相对湿度也分别达到了最高和最低。

2.2　田间试验设计

本研究选择永良4号春小麦为研究对象，播种方式为机器条播，播种行距为15 cm，播种密度为480 kg/hm^2。播种前1周在田间撒施底肥并进行充分灌水，底肥组成为磷酸二铵(含氮18%)和尿素(含氮46%)。2017—2020年，春小麦播种日期依次为3月28日、3月21日、3月25日、4月2日，对应的收获日期依次为7月21日、7月17日、7月26日、7月24日。

试验设置了滴灌(DI)和畦灌(BI)2种灌溉方式，不同灌溉方式下试验田的尺寸均为50 m×50 m，图2-2为两种灌溉条件下的田间布置。在滴灌条件下，滴灌带铺设间距为0.6 m，滴头间距为0.3 m，

表2-1　2017—2020年研究区春小麦生长季的主要气象因子平均值

气象因子	2017年	2018年	2019年	2020年	2017—2020年
太阳辐射/(W/m^2)	237.40	223.93	227.24	238.99	231.89
大气温度/℃	17.47	17.09	16.93	17.56	17.26
日最低温度/℃	9.66	9.08	9.46	9.64	9.46
日最高温度/℃	24.89	24.75	24.51	25.09	24.81
相对湿度/%	47.31	43.61	50.63	43.95	46.38
饱和水汽压差/kPa	1.29	1.28	1.12	1.29	1.25
风速/(m/s)	0.98	0.86	0.72	0.84	0.85
参考作物蒸发蒸腾量/(mm/d)	4.12	3.85	3.76	4.04	3.94
生育期内累计降水量/mm	72.60	41.40	110.20	57.60	70.45

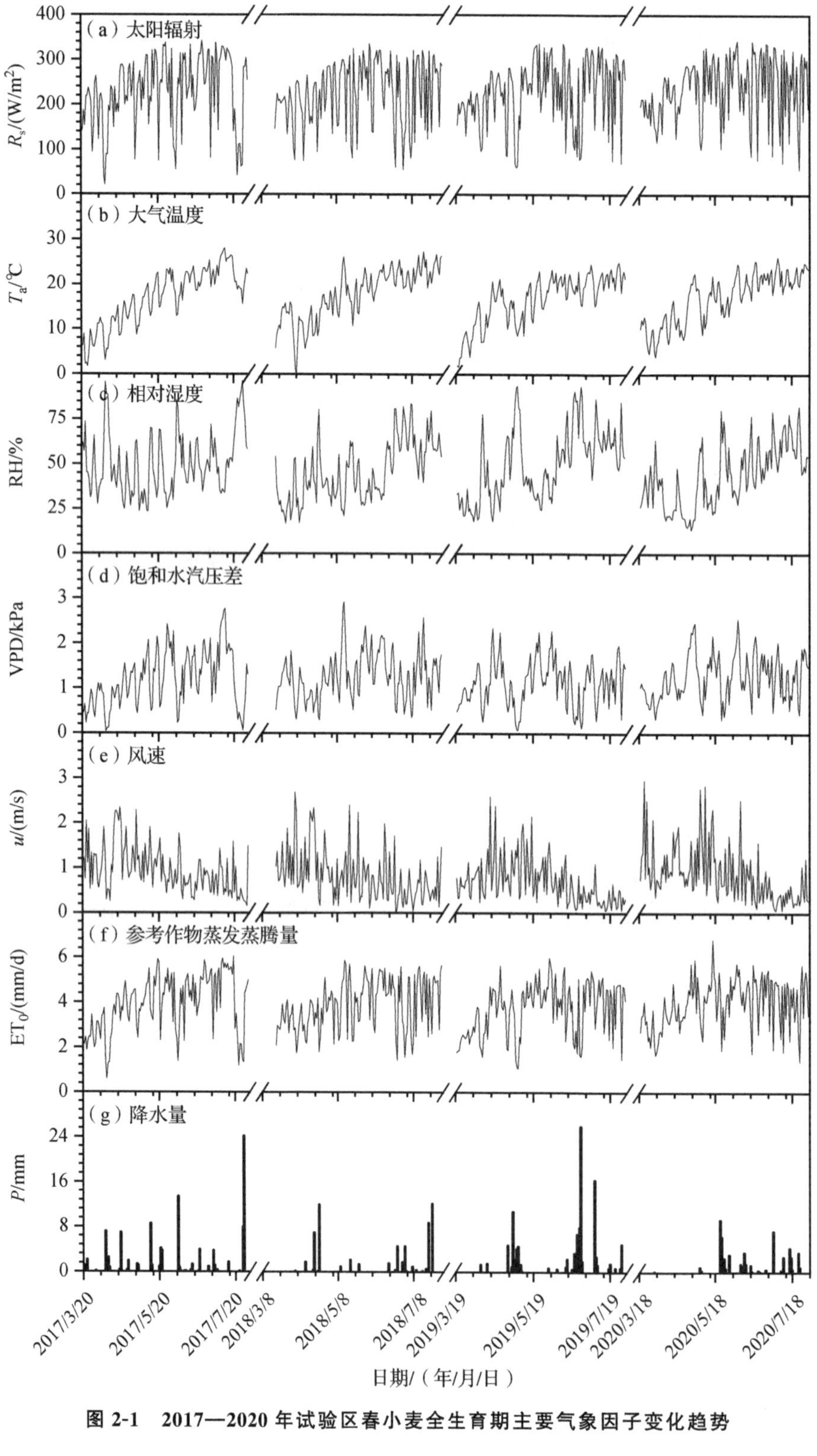

图 2-1　2017—2020 年试验区春小麦全生育期主要气象因子变化趋势

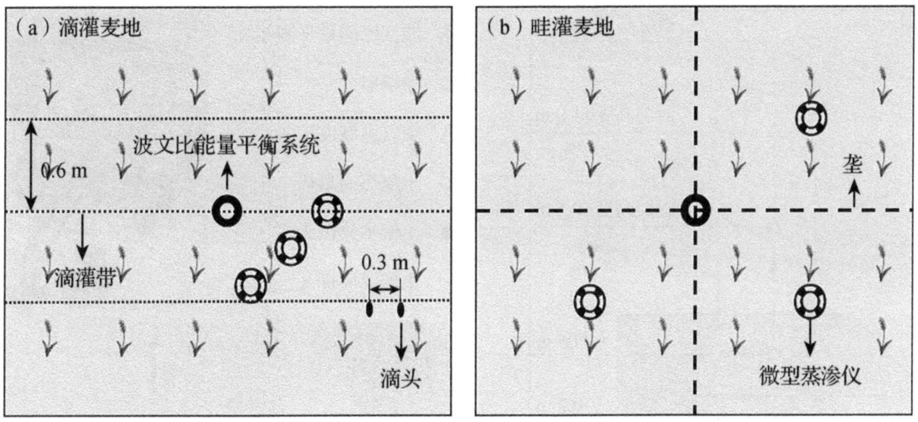

图 2-2　2017—2020 年滴灌(DI)和畦灌(BI)条件下春小麦田间布置示意图

滴头在工作压力为 0.1 MPa 时的流量为 1.38 L/h。在畦灌条件下，为便于灌水，用十字型田垄将试验田等分为 4 块畦田。参考当地农业生产实际制定灌溉制度方案，于春小麦苗期末开始灌水并进行追肥，所用肥料为尿素(含氮 46%)。在滴灌条件下，肥料溶于施肥罐，随灌溉水到达作物根系附近的土壤。畦灌条件下，在灌水之前用人工撒施的方式使肥料均匀分布于地表。设置滴灌灌水间隔为 10 d，畦灌灌水间隔为 20 d，为防止植株发生倒伏现象，如遇大雨或大风天气，灌水时间推迟 1～2 d。2017—2020 年，滴灌条件下的总灌水量分别为 335.0 mm、416.0 mm、316.0 mm、312.0 mm，4 年平均灌水量为 344.8 mm；总施氮量分别为 112.5 kg/hm^2、136.0 kg/hm^2、136.0 kg/hm^2、136.0 kg/hm^2，4 年平均施氮量为 130.1 kg/hm^2。2017—2020 年，畦灌条件下的总灌水量分别为 446.6 mm、457.4 mm、462.2 mm、404.6 mm，4 年平均灌水量为 442.7 mm；总施氮量分别为 152.0 kg/hm^2、136.0 kg/hm^2、150.0 kg/hm^2、150.0 kg/hm^2，4 年平均施氮量为 147.0 kg/hm^2。除 2018 年作为本研究的对照组，设置滴灌和畦灌麦田的灌溉定额和总施肥量相等之外，其余 3 年滴灌条件下的灌溉定额和总施肥量均比畦灌条件下的低 10%。

在滴灌和畦灌麦田中心分别安装一套波文比能量平衡(BREB)系统，仪器的具体安装地点见图 2-2。每套仪器由 1 个净辐射计、2 个空气温湿度传感器、2 个土壤热通量板，5 个土壤水分传感器、5 个土壤温度传感器以及 1 个数据采集器组成，各探头的型号和生产厂商见表 2-2，安装高度见图 2-3。需要注意的是，观测期内，净辐射计和空气温湿度传感器的安装高度始终随春小麦株高的增加而升高，探头与春小麦冠层之间的距离保持不变，其中，净辐射探头位于春小麦冠层上方 1.5 m 处，两个空气温湿度传感器分别位于冠层上方 0.5 m 和 1 m 处。土壤热通量板埋设在地表下方 5 cm 处。5 个土壤水分传感器和 5 个土壤温度传感器分别埋设在地表以下 20 cm、40 cm、60 cm、80 cm 和 100 cm 处。数据采集器与所有探头相连，用于记录各探头观测的数据，采样频率为 10 Hz。

表 2-2　波文比能量平衡观测系统的探头型号及生产厂商

探头名称	型号	生产厂商
四分量辐射计	CNR4	Kipp & Zonen，Netherlands
空气温湿度传感器	HMP155A	Vaisala，Vantaa，Finland
土壤热通量板	HFP01	Hukseflux，Netherlands
土壤水分传感器	CS616	Campbell Scientific，Inc. ，USA
土壤温度传感器	109L	Campbell Scientific，Inc. ，USA
数据采集器	CR1000	Campbell Scientific，Inc. ，USA

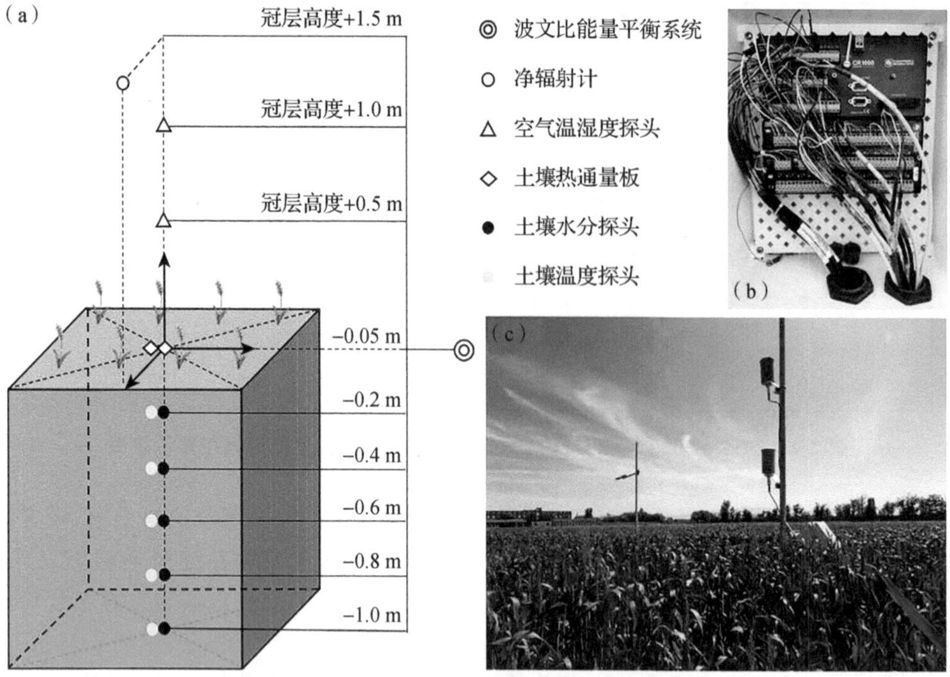

图 2-3　波文比能量平衡系统安装和现场照片

2.3　观测项目及方法

2.3.1　通量指标

利用波文比能量平衡系统对 2 种灌溉条件下的麦田通量进行长期连续对比监测，其中，春小麦冠层上方 1.5 m 处的长波辐射数据、短波辐射数据以及净辐射数据由净辐射计观测得到；地表下方 5 cm 处的土壤热通量数据由土壤热通量板观测得到；潜热通量数据和感热通量数据由净辐射、土壤热通量以及冠层上方不同高度处的空气温湿度计算得到，仪器原理与数据处理方法见本章 2.4 节。

2.3.2　田间温湿度

田间温湿度指标包括空气温湿度和土壤温湿度，均由波文比能量平衡系统观测得到，其中，冠层上方 0.5 m 处和 1 m 处的空气温度和相对湿度由空气温湿度传感器观测得到；地表以下 20 cm、40 cm、60 cm、80 cm、100 cm 处的土壤含水量和土壤温度分别由土壤水分传感器和土壤温度传感器观测得到。此外，由波文比能量平衡系统观测得到的土壤含水量数据需要用田间实测的土壤含水量数据进行校正。在滴灌麦田和畦灌麦田分别设置 6 个均匀分布的取样点，每隔 7～10 d 用土钻在现场采集地表以下 0～20 cm、21～40 cm、41～60 cm、61～80 cm、81～100 cm 处的土壤样品。采用烘箱干燥法得到地表以下 1 m 范围内不同深度范围的土壤含水量实测数据。根据取土时间划分仪器观测得到的土壤含水量，分段建立不同土层的土壤含水量观测值和实测值之间的函数关系，以此为准进行校正。

2.3.3　土壤蒸发

本研究采用微型蒸渗仪组对日尺度的土壤蒸发数据进行观测。微型蒸渗仪主要由 2 个高度为 20 cm 而直径不同的 PVC 管组成，其中，外筒直径为 11 cm，内筒直径为 10 cm。微型蒸渗仪安设在春小麦行间裸土处，安装时，取原状土放入内筒，用等径的滤纸覆盖底部土壤，并取大孔纱网固定，然后将外筒放入取走原状土之后的位置，以便在固定周边土壤的同时防止微型蒸渗仪内的土壤受外界环境干扰，最后将封好的内筒放入外筒。每种灌溉处理分别设置 3 个重复，各微型蒸渗仪的具体安装位置见图 2-4，其中，滴灌麦田的 3 个微型蒸渗仪分别安装在滴灌带下方、2 条滴灌带中间以及滴灌带附近的位置；畦灌麦田的 3 个微型蒸渗仪安装在各块畦田的中心。每天早晨 7:00

对安设在田间的 6 个微型蒸渗仪进行称重，称重时采用精度为 0.1 g 的电子天平，通过计算可得到 24 h 内的累计土壤蒸发量。

2.3.4　叶片生长指标

叶片生长指标包括叶面积指数、相对叶绿素含量和光合指标。在滴灌和畦灌条件下的试验田中分别设置 3 个取样点，每 7～10 d 在各取样点分别选取长势均匀的 3 株春小麦，共计 9 个重复。用卷尺测量每株春小麦所有叶片的长度和宽度，计算可得叶面积指数，同时用叶绿素仪测定每株春小麦叶片 2/3 处的相对叶绿素含量，计算可得整株春小麦的平均相对叶绿素含量。利用便携式光合仪（LI-COR 6400XT，Beijing Ecotek Technology Co.，Ltd.）在春小麦营养生长阶段和生殖生长阶段分别选取滴灌和畦灌春小麦田均发生灌溉事件后的晴朗无云的一天进行光合作用的观测。在滴灌试验田和畦灌试验田分别选取 3 个均匀分布的观测点，每个观测点选取 4 株长势均匀的春小麦，共计 12 个重复。从 8:00 至 20:00，每隔 2 h 对选定植株的旗叶依次进行观测，从而得到对应时间点春小麦叶片的光合速率和气孔导度。需要注意的是，本研究仅在 2020 年对春小麦叶片的光合作用进行了观测。

2.3.5　根系生长指标

根系生长指标包括平均根系直径、根长密度以及根表面积密度。在滴灌试验田和畦灌试验田分别选取 3 个均匀分布的采样区，用总长 1.2 m，底部圆柱筒内径 6.8 cm、高 20 cm 的根钻对地表以下的春小麦根系进行取样。分别于春小麦苗期末、拔节期末、抽穗期末、灌浆期末、成熟期末在每个采样区对春小麦植株正下方和行间裸土处地表以下 1 m 范围内的土壤进行取样，每组取样点的位置如图 2-4 所示，取样深度为地表以下 0～20 cm、21～40 cm、41～60 cm、61～80 cm 以及 81～100 cm。用镊子和筛网从取得的圆柱形土壤样品中分离出春小麦的根系，洗净之后均匀摆放在透明亚克力盘上，然后用根系扫描仪[Epson (China) Co.，Ltd.]依次扫描并保存成 JPG 格式的图片。将得到的 JPG 文件分别用配套的 WinRHIZO 分析软件（Regent Instrument Inc.，Canada）进行分析，从而得到不同土壤深度范围内的平均根系直径、累计根长和累计根表面积。根长密度（RLD）和根表面积密度（RSD）的计算公式如下：

$$RLD = RL/(\pi \times 3.4^2 \times 20) \quad (2\text{-}1)$$

$$RSD = RS/(\pi \times 3.4^2 \times 20) \quad (2\text{-}2)$$

式中，RLD（cm/cm^3）和 RSD（cm^2/cm^3）分别表示根长密度和根表面积密度；RL（cm）和 RS（cm^2）分别表示累计根系长度和累计根表面积。

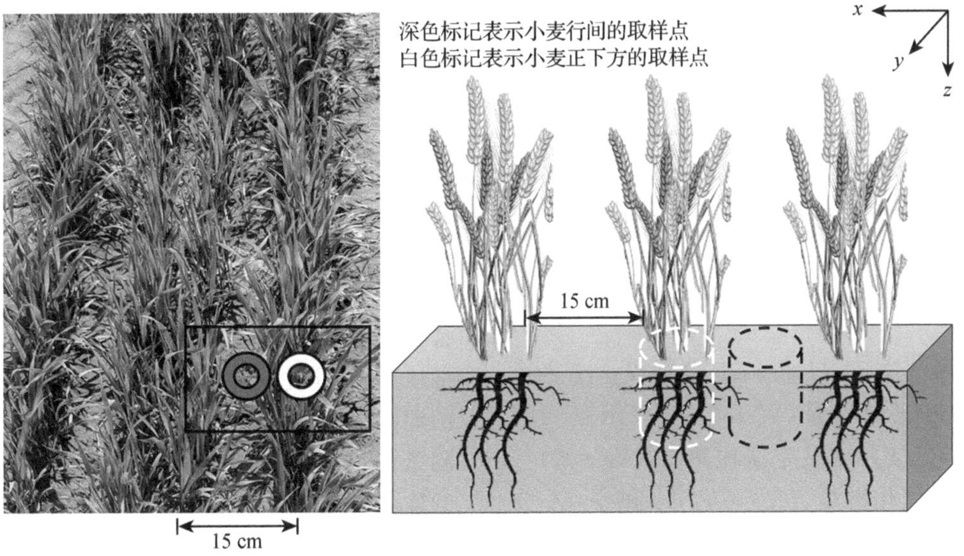

图 2-4　春小麦根系取样位置示意图

2.3.6 其他作物生长指标

测量春小麦株高时选取的植株与用于测量叶面积指数的植株相同,选取方法见本章2.3.4节。为了得到春小麦叶、茎、穗、根等部位的生物量,在滴灌和畦灌条件下的试验田中分别设置3个取样点,每7~10 d在各取样点分别选取长势均匀的9株春小麦,取样时注意将小麦主根一起挖出来。将春小麦植株分为叶、茎、穗、根4部分,分别装入档案袋,杀青后放入80 ℃的烘箱,48 h后取出称重,称重的电子天平精度为0.01 g,计算可得到春小麦植株各部位的生物量。春小麦成熟后,在每个试验区选取6个长势均匀的1 m×1 m的小区人工收割,分别测定每平方米穗数、单穗粒数、千粒重等参数,计算可得到最终产量。

2.3.7 其他气象指标

利用试验站内的自动气象站(Hobo,Onset Computer Crop.,USA)对研究区春小麦生长季内的大气压、太阳辐射、大气温度、相对湿度、降水量、2 m高度处的风速等气象因子进行长期连续观测,数据记录间隔为15 min。

2.4 仪器原理与数据处理

2.4.1 波文比能量平衡法

波文比能量平衡(BREB)法是一种间接测算蒸散的微气象学法,主要根据能量平衡定律和近地层扩散理论估算潜热通量和感热通量。波文比是感热通量和潜热通量的比值,这一概念最早由Bowen[37]于1926年研究自由水面的能量平衡时提出,其基本方程如下[112]:

$$\beta=\frac{H}{\lambda \mathrm{ET}}=\frac{\rho C_p K_h \partial T/\partial z}{\rho L_v K_w \partial e/\partial z} \tag{2-3}$$

式中,β 表示波文比;H 和 $\lambda \mathrm{ET}$ 分别表示感热通量(W/m^2)和潜热通量(W/m^2);ρ 表示空气密度(g/m^3);C_p 表示空气定压比热[J/(kg·K)];L_v 表示水的汽化潜热(J/g);$\partial T/\partial z$ 和 $\partial e/\partial z$ 分别表示近地层的位温梯度(℃/m)和比湿梯度(m^{-1});K_h 和 K_w 分别表示热量和水汽的湍流交换系数。根据莫宁-奥布霍夫相似理论,假定热量湍流交换和水汽湍流交换相似($K_h \approx K_w$),即可得到:

$$\beta=\frac{C_p \Delta T}{L_v \Delta e}=\gamma \frac{\Delta T}{\Delta e} \tag{2-4}$$

式中,γ 为湿度计常数(kPa/℃);ΔT 和 Δe 分别表示不同观测高度处的温度差(℃)和水汽压差(kPa)。另外,根据能量守恒定律可得能量平衡方程[113]:

$$R_n=H+\lambda \mathrm{ET}+G_s \tag{2-5}$$

式中,R_n 表示净辐射(W/m^2);G_s 表示土壤热通量(W/m^2)。

综上所述,通过测定净辐射、土壤热通量,以及2个不同高度处的温度差和湿度差,即可得到感热通量和潜热通量:

$$H=\frac{\beta}{1+\beta}(R_n-G_s) \tag{2-6}$$

$$\lambda \mathrm{ET}=\frac{1}{1+\beta}(R_n-G_s) \tag{2-7}$$

2.4.2 数据处理

由于实际观测环境与BREB法的假设条件并不总是完全一致,测算得到的水热通量数据会存在一定的误差。首先,BRBE法假定无平流条件下,近地层大气只因垂直的水汽和热量输送过程形成相应的垂直方向的温度梯度和湿度梯度,此时感热交换系数和潜热交换系数相等的假定是合理的,但是在有平流和非均匀下垫面的情况下,二者并不相等[21,114]。实际情况中很难有完全水平且均匀的下垫面,尤其在农田生态系统中,每次发生灌水时波文比数据均会存在较大误差。其次,感热通量和潜热通量在清晨或傍晚时数值很小且方向相反,β 接近-1,这种情况下BREB法会出现较大误差甚至失效。此外,BREB法对温湿度探头的精度要求较高[115],不同观测高度处的温湿度梯度过小时更易产生误差。基于上述限制条件,需要对观测得到的波文比数据进行必要的取舍和插补。

根据空气温湿度梯度和波文比对观测得到的数据进行方向性判断,一般有以下3种方式:

①Unland 等[116]提出，当空气温湿度梯度小于或者接近于温湿度传感器精度时，直接剔除该组数据；②Ortega-Farias 等[113]认为，可以根据波文比的大小进行数据筛选，波文比小于－0.75 时，应将对应数据直接剔除；③Perez 等[117]发现，空气温湿度梯度、波文比以及有效能量之间存在相互制约关系(图 2-5)，应基于上述指标之间的关系，同时利用潜热通量和感热通量的方向之间的关系进行数据的取舍。前两种方法缺少必要的理论基础，第三种方法具有一定的数学物理基础，同时考虑了能量通量之间的关系，可靠程度更高。本研究根据 Perez 等提出的筛选方法对观测得到的数据进行方向性判断。

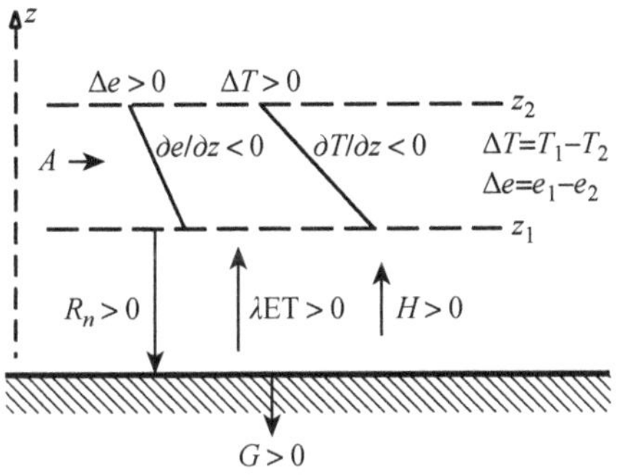

图 2-5　波文比数据方向性判断示意图[117]

根据冠层上方的空气温度差(ΔT)、水汽压差(Δe)和可利用能量通量(R_n-G_s)之间的相互制约关系，对计算得到的不同灌溉条件下的潜热通量数据和感热通量数据分别进行方向性判断，滴灌(DI)和畦灌(BI)条件下的波文比数据方向性判断表格分别见表 2-3 和表 2-4。

2017—2020 年滴灌和畦灌条件下春小麦观测期内平均每年收集到的数据分别为 4 607 组和 4 629 组，经过筛选之后合格的数据分别为 3 620 组和 3 381 组，对应的数据合格率分别为 78.09% 和 72.86%。相比畦灌，滴灌条件下波文比数据的合格率更高。此外，滴灌条件下，每年春小麦观测期内白天和夜间数据的平均合格率分别为 95.99% 和 59.26%，畦灌条件下的分别为 94.29%和 50.49%。不同灌溉条件下白天数据的合格率远高于夜间，滴灌条件下夜间数据的合格率高于畦灌。同样的，秦淑静[44]和 Hicks 等[43]的研究结果表明大气稳定性在夜间较差，导致夜间波文比数据质量更低。(R_n-G_s)>0 时，滴灌和畦灌条件下平均每年收集到的数据分别为 2 623 组和 2 657 组，经过筛选之后合格的数据分别为 2 465 组和 2 486 组，对应的数据合格率分别为 93.98%和 93.56%；(R_n-G_s)<0 时，滴灌和畦灌条件下收集到的数据分别为 1 985 组和 1 973 组，合格数据分别为 1 156 组和 895 组，对应的数据合格率分别为 58.24%和 45.36%。不同灌溉方式下，(R_n-G_s)>0 时的数据合格率远高于(R_n-G_s)<0 时的情况。滴灌条件下(R_n-G_s)<0 时的数据合格率高于畦灌，这是由于(R_n-G_s)>0 时滴灌和畦灌条件下的白天数据分别占比 88.01%和 87.13%。(R_n-G_s)<0 时滴灌和畦灌条件下的夜间数据分别占比 98.43%和 98.42%，也就是说，(R_n-G_s)>0 的情况主要集中在白天，(R_n-G_s)<0 的情况主要集中在夜间。

为进一步验证波文比能量平衡系统观测得到的蒸散发数据(ET_{BREB})的可靠性，将 10 d 尺度的 ET_{BREB} 日均值与对应期间内根据水量平衡法[118]计算得到的蒸散发数据的日均值(ET_{WB})进行比较。如图 2-6 所示，为 2017—2020 年滴灌(DI)和畦灌(BI)条件下 10 d 尺度的日平均 ET_{BREB} 与 ET_{WB} 的比较，结果表明 2 种灌溉条件下 ET_{BREB} 与 ET_{WB} 一致性较高，其中，滴灌条件下 ET_{BREB} 与 ET_{WB} 之间的一致性高于畦灌，主要原因是畦灌条件下田间深层渗漏量更高。综上，利用波文比能量平衡系统可较为准确地测算西北旱区不同灌溉条件下的春小麦田间蒸散发。

表 2-3　2017—2020 年滴灌(DI)条件下波文比数据方向性判断

可利用能	水汽压差	年份	数据总量			波文比 β	能量通量	年份	合格数据量			合格率/%		
			白天	晚上	全天				白天	晚上	全天	白天	晚上	全天
$R_n-G_s>0$	$\triangle e>0$					$-1<\beta\leqslant 0$	$\lambda ET>0$; $H\leqslant 0$	2017	580	48	628	32.17	3.08	18.68
								2018	755	292	1 047	28.70	11.09	19.89
		2017	1 783	142	1 925			2019	623	165	788	21.08	5.65	13.41
		2018	2 602	433	3 035			2020	565	39	604	28.72	1.99	15.38
		2019	2 813	410	3 223	$\beta>0$	$\lambda ET>0$; $H>0$	2017	1 189	81	1 270	65.95	5.20	37.79
		2020	1 830	106	1 936			2018	1 805	43	1 848	68.61	1.63	35.10
								2019	2 151	161	2 312	72.77	5.51	39.34
								2020	1 257	41	1 298	63.90	2.09	33.06
	$\triangle e<0$	2017	18	1	19	$\beta<-1$	$\lambda ET<0$; $H>0$	2017	2	0	2	0.11	0.00	0.06
		2018	4	8	12			2018	3	0	3	0.11	0.00	0.06
		2019	107	141	248			2019	24	28	52	0.81	0.96	0.88
		2020	75	17	92			2020	6	0	6	0.31	0.00	0.15
$R_n-G_s<0$	$\triangle e>0$	2017	1	1 370	1 371	$\beta<-1$	$\lambda ET>0$; $H<0$	2017	1	632	633	0.06	40.56	18.83
		2018	25	2 099	2 124			2018	3	1 338	1 341	0.11	50.80	25.47
		2019	33	1 813	1 846			2019	5	956	961	0.17	32.73	16.35
		2020	57	1 491	1 548			2020	1	682	683	0.05	34.81	17.40
	$\triangle e<0$					$-1<\beta\leqslant 0$	$\lambda ET<0$; $H\geqslant 0$	2017	0	4	4	0.00	0.26	0.12
								2018	0	0	0	0.00	0.00	0.00
		2017	1	45	46			2019	0	32	32	0.00	1.10	0.54
		2018	0	94	94			2020	1	1	2	0.05	0.05	0.05
		2019	3	557	560	$\beta>0$	$\lambda ET<0$; $H<0$	2017	0	17	17	0.00	1.09	0.51
		2020	5	345	350			2018	0	94	94	0.00	3.57	1.79
								2019	2	506	508	0.07	17.32	8.64
								2020	4	344	348	0.20	17.56	8.86

续表2-3

可利用能	水汽压差	年份	数据总量			波文比 β	能量通量	年份	合格数据量			合格率/%		
			白天	晚上	全天				白天	晚上	全天	白天	晚上	全天
总计		2017	1 803	1 558	3 361	**总计**		2017	1 772	782	2 554	98.28	50.19	75.99
		2018	2 631	2 634	5 265			2018	2 566	1 767	4 333	97.53	67.08	82.30
		2019	2 956	2 921	5 877			2019	2 805	1 848	4 653	94.89	63.27	79.17
		2020	1 967	1 959	3 926			2020	1 834	1 107	2 941	93.24	56.51	74.91
		平均	**2 339**	**2 268**	**4 607**			**平均**	**2 244**	**1 376**	**3 620**	**95.99**	**59.26**	**78.09**

表 2-4　2017—2020 年畦灌(BI)条件下波文比数据方向性判断

可利用能	水汽压差	年份	数据总量			波文比 β	能量通量	年份	合格数据量			合格率/%		
			白天	晚上	全天				白天	晚上	全天	白天	晚上	全天
$R_n-G_s>0$	$\triangle e>0$					$-1<\beta\leqslant 0$	$\lambda ET>0$; $H\leqslant 0$	2017	744	14	758	41.13	0.88	22.26
								2018	948	146	1 094	36.16	5.64	20.99
		2017	1 796	147	1 943			2019	801	573	1 374	26.84	19.21	23.03
		2018	2 358	221	2 579			2020	969	180	1 149	49.24	9.16	29.21
		2019	2 773	761	3 534	$\beta>0$	$\lambda ET>0$; $H>0$	2017	1 043	31	1 074	57.66	1.94	31.54
		2020	1 895	207	2 102			2018	1 391	64	1 455	53.05	2.47	27.92
								2019	1 947	136	2 083	65.25	4.56	34.91
								2020	924	24	948	46.95	1.22	24.10
	$\triangle e<0$	2017	10	5	15	$\beta<-1$	$\lambda ET<0$; $H>0$	2017	1	0	1	0.06	0.00	0.03
		2018	212	9	221			2018	1	0	1	0.04	0.00	0.02
		2019	178	16	194			2019	2	0	2	0.07	0.00	0.03
		2020	36	2	38			2020	6	0	6	0.30	0.00	0.15

续表2-4

可利用能	水汽压差	年份	数据总量			波文比 β	能量通量	年份	合格数据量			合格率/%		
			白天	晚上	全天				白天	晚上	全天	白天	晚上	全天
$R_n-G_s<0$	$\triangle e>0$	2017	3	1 420	1 423	$\beta<-1$	$\lambda ET>0$; $H<0$	2017	0	630	630	0.00	39.47	18.50
		2018	52	2 267	2 319			2018	6	1 135	1 141	0.23	43.84	21.90
		2019	33	2 079	2 112			2019	4	860	864	0.13	28.83	14.48
		2020	37	1 746	1 783			2020	1	699	700	0.05	35.55	17.79
	$\triangle e<0$					$-1<\beta\leqslant 0$	$\lambda ET<0$; $H\geqslant 0$	2017	0	0	0	0.00	0.00	0.00
								2018	0	0	0	0.00	0.00	0.00
		2017	0	24	24			2019	0	0	0	0.00	0.00	0.00
		2018	0	92	92			2020	0	0	0	0.00	0.00	0.00
		2019	0	127	127	$\beta>0$	$\lambda ET<0$; $H<0$	2017	0	13	13	0.00	0.81	0.38
		2020	0	11	11			2018	0	92	92	0.00	3.55	1.77
								2019	0	127	127	0.00	4.26	2.13
								2020	0	11	11	0.00	0.56	0.28
总计		2017	1 809	1 596	3 405	**总计**		2017	1 788	688	2 476	98.84	43.11	72.72
		2018	2 622	2 589	5 211			2018	2 346	1 437	3 783	89.47	55.50	72.60
		2019	2 984	2 983	5 967			2019	2 754	1 696	4 450	92.29	56.86	74.58
		2020	1 968	1 966	3 934			2020	1 900	914	2 814	96.54	46.49	71.53
		平均	**2 346**	**2 284**	**4 629**			**平均**	**2 197**	**1 184**	**3 381**	**94.29**	**50.49**	**72.86**

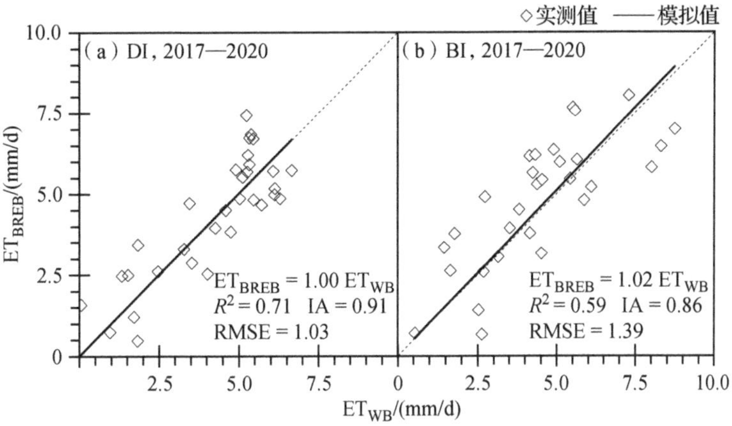

图 2-6　波文比仪器观测的日平均蒸散发数据(ET_{BREB})与水量平衡法计算的日平均蒸散发数据(ET_{WB})的比较

2.5　统计与模型评价指标

本研究采用 Microsoft Excel 软件对数据进行初步处理，结合 Origin 2018 软件制作图表，并应用 SPSS 22.0 软件对数据进行统计分析，统计指标主要包括决定系数(R^2)、平均偏差(MBE)、均方根误差(RMSE)和一致性指数(IA)，上述统计指标的计算公式分别如下所示：

$$R^2=\left[\frac{\sum_{i=1}^{N}(E_i-\bar{E})\times(O_i-\bar{O})}{\sqrt{\sum_{i=1}^{N}(E_i-\bar{E})^2}\times\sqrt{\sum_{i=1}^{N}(O_i-\bar{O})^2}}\right]^2 \tag{2-8}$$

$$\mathrm{MBE}=\frac{1}{N}\sum_{i=1}^{N}(E_i-O_i) \tag{2-9}$$

$$\mathrm{RMSE}=\sqrt{\frac{1}{N}\sum_{i=1}^{N}(E_i-O_i)^2} \tag{2-10}$$

$$\mathrm{IA}=1-\frac{\sum_{i=1}^{N}(E_i-O_i)^2}{\sum_{i=1}^{N}(|E_i-\bar{O}|+|O_i-\bar{O}|)^2} \tag{2-11}$$

式中，N 表示数据组数，E_i 和 O_i 分别表示模拟值和实测值，$\bar{E}$ 和 $\bar{O}$ 分别表示模拟值的平均值和观测值的平均值。

第 3 章　不同灌溉方式下春小麦田耗水规律研究

灌溉是维持农业生产稳定的必要条件，但灌溉水利用效率过低会造成严重的水资源浪费，而节水灌溉技术的发展和推广为缓解全球水资源短缺问题提供了方向。实际农业生产中，随着节水灌溉方式逐渐替代传统灌溉方式，农田水分和能量平衡过程以及作物生长过程必然会发生改变。灌溉水进入农田后直接影响地表以下不同深度处的土壤水分分布以及土壤温度，进而通过改变作物根系分布影响植株吸水，因此，农田水量平衡过程的变化是田间生物物理过程改变的根源。为探究田间生物物理条件和作物生长发育对节水灌溉的响应，必须充分了解水分在 SPAC 系统中的运移过程，精准量化不同灌溉条件下农田接收的水分和通过土壤蒸发、植株蒸腾、深层渗漏等途径消耗的水分。为此，本章基于 2017—2020 年滴灌和畦灌条件下麦田的降水灌溉量、土壤含水量、田间蒸散发以及深层渗漏量等水量平衡组分数据进行对比分析，同时利用 Shuttleworth-Wallace 模型对田间蒸散发数据进行分割，对比了不同灌溉条件下麦田土壤蒸发和植株蒸腾过程的差异。

3.1　春小麦田降水和灌溉情况分析

2017—2020 年滴灌（DI）和畦灌（BI）条件下春小麦全生育期降水（P）和灌溉（I）的分布情况见图 3-1。2017—2020 年观测期内的累计降水量分别为 72.6 mm、41.4 mm、110.2 mm、57.6 mm，4 年平均 70.5 mm。滴灌条件下，2017—2020 年春小麦生育期内的灌水次数分别为 6 次、7 次、7 次、7 次；平均单次灌水量分别为 55.8 mm、59.4 mm、45.1 mm、44.6 mm，4 年平均 51.1 mm；灌溉定额分别为 335.0 mm、416.0 mm、316.0 mm、312.0 mm，4 年平均 344.8 mm；总输入水量分别为 407.6 mm、457.4 mm、426.2 mm、369.6 mm，4 年平均 415.2 mm。畦灌条件下，2017—2020 年春小麦生育期内的灌水次数均为 4 次，平均单次灌水量分别为 93.5 mm、104.0 mm、88.0 mm、86.8 mm，4 年平均 93.1 mm；灌溉定额分别为 374.0 mm、416.0 mm、352.0 mm、347.0 mm，4 年平均 372.3 mm；总输入水量分别为 446.6 mm、457.4 mm、462.2 mm、404.6 mm，4 年平均 442.7 mm。

总的来说，2017—2020 年，滴灌春小麦生育期内的灌水次数比畦灌平均多 3 次，单次灌水量比畦灌平均少 42.0 mm，总输入水量比畦灌平均少 27.5 mm。

3.2　春小麦田土壤水分分布规律

2017—2020 年观测期内滴灌（DI）和畦灌（BI）条件下春小麦田地表以下 1 m 深度范围内不同土层土壤含水量（SWC）的逐日变化规律见图 3-2，各年份 0～1 m 土层土壤含水量的平均值、最大值、最小值以及波动幅度（最大值与最小值之差）见表 3-1，其中，2017 年和 2020 年由于仪器安装问题导致部分苗期数据缺失。从图 3-2 中可以看出，滴灌和畦灌条件下各年份的土壤含水量随灌溉或者降水事件的发生而明显升高，之后由于土壤蒸发、根系吸水、渗漏等原因而缓慢降低，并逐渐趋于平缓。随着土壤深度的增加，各土层平均土壤含水量逐渐升高，波动幅度逐渐减小。

在 4 年观测期内，滴灌条件下，0～20 cm、21～40 cm、41～60 cm、61～80 cm、81～100 cm 土层的平均土壤含水量分别为 0.198 cm^3/cm^3、0.219 cm^3/cm^3、0.239 cm^3/cm^3、0.274 cm^3/cm^3、

0.290 cm^3/cm^3，0～1 m 土层的平均土壤含水量为 0.244 cm^3/cm^3；畦灌条件下对应深度土层的平均土壤含水量分别为 0.226 cm^3/cm^3、0.238 cm^3/cm^3、0.258 cm^3/cm^3、0.287 cm^3/cm^3、0.286 cm^3/cm^3，0～1 m 土层的平均土壤含水量为 0.259 cm^3/cm^3。滴灌条件下地表以下 1 m 范围内，除 81～100 cm 土层，其余土层的平均土壤含水量均低于畦灌。这主要是由于畦灌条件下灌溉水受到更强的重力作用，渗漏现象更严重，相比滴灌，畦灌的灌溉水不易停留在 0～1 m 土壤中，更易渗漏进入更深层的土壤中，尤其是 2018 年滴灌和畦灌灌水量相等，且均达到最高的情况下，滴灌麦田表层土壤内多余的水分可以停留在 81～100 cm 土层，而畦灌麦田的渗漏现象则会更加严重。2017—2020 年滴灌麦田 0～1 m 土层的土壤含水量比畦灌的平均低 0.015 cm^3/cm^3，这与滴灌春小麦生育期内灌水次数比畦灌的多、单次灌水量和灌溉定额比畦灌的低有关。

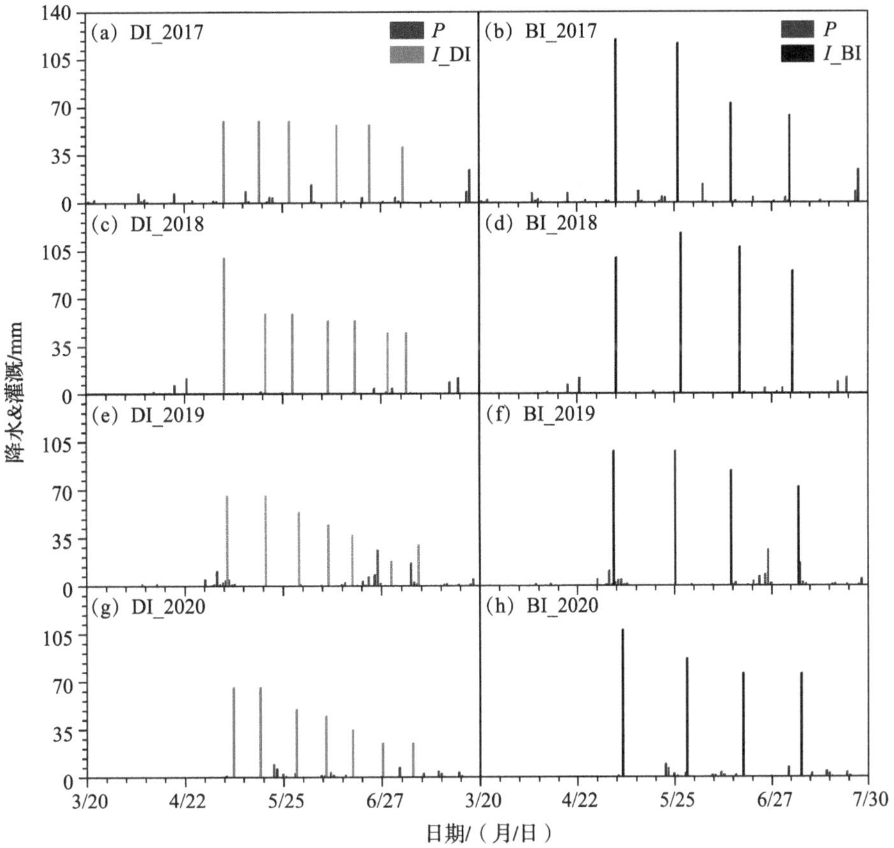

图 3-1　2017—2020 年滴灌（DI）和畦灌（BI）条件下春小麦全生育期降水（*P*）和灌溉（*I*）分布

表 3-1　2017—2020 年观测期内滴灌（DI）和畦灌（BI）条件下地表以下 0～1 m 深度土层的土壤含水量（SWC）

年份	平均值/(cm^3/cm^3)		最大值/(cm^3/cm^3)		最小值/(cm^3/cm^3)		波动幅度/(cm^3/cm^3)	
	DI	BI	DI	BI	DI	BI	DI	BI
2017	0.200	0.248	0.255	0.350	0.156	0.159	0.099	0.190
2018	0.275	0.263	0.325	0.373	0.235	0.201	0.090	0.172
2019	0.255	0.266	0.307	0.370	0.202	0.186	0.105	0.183
2020	0.247	0.259	0.295	0.364	0.178	0.197	0.117	0.167
4 年平均	**0.244**	**0.259**	**0.295**	**0.364**	**0.193**	**0.186**	**0.103**	**0.178**

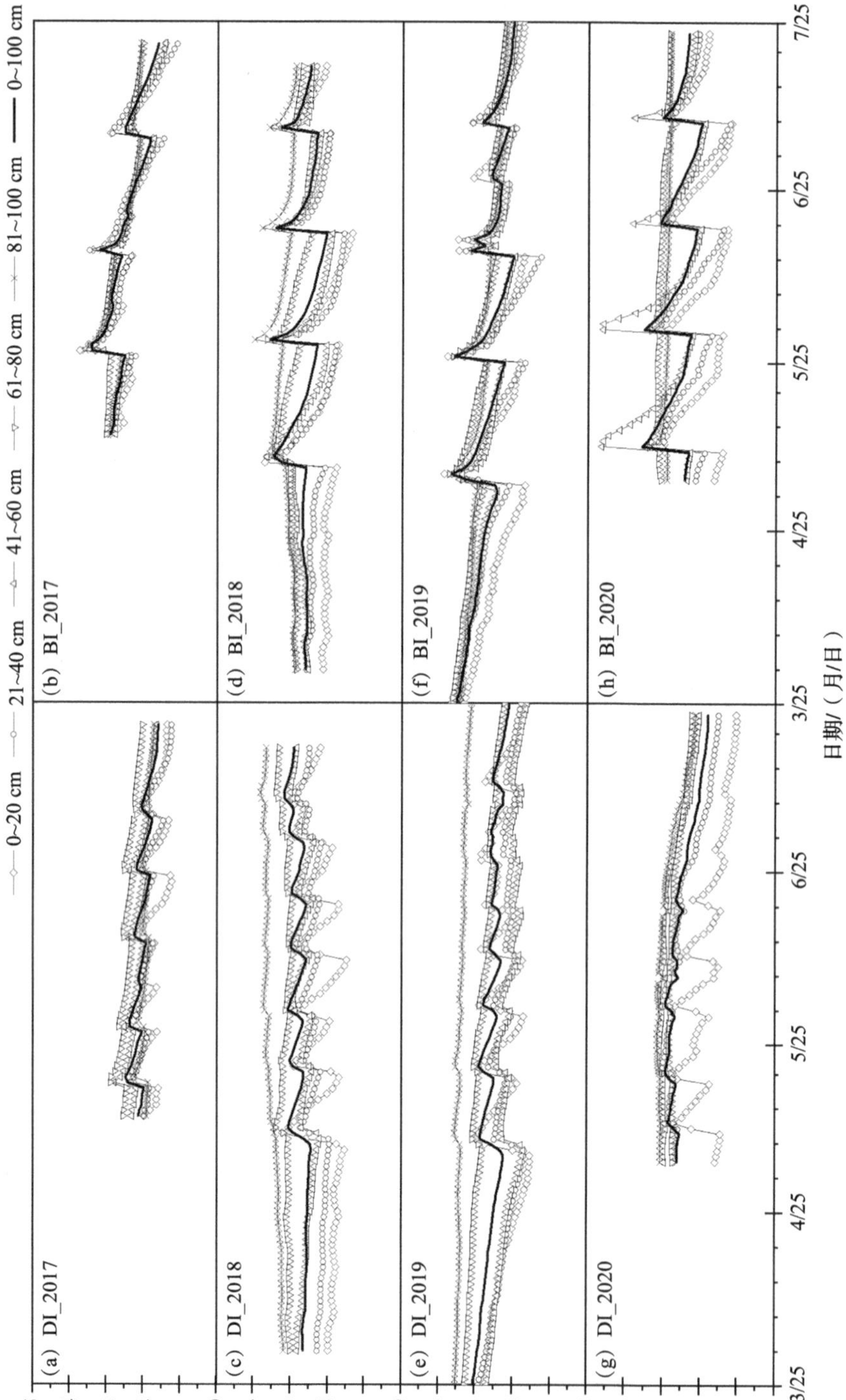

图 3-2　2017—2020 年滴灌(DI)和畦灌(BI)条件下春小麦田地表以下 0～1 m 范围内土壤含水量(SWC)的季节变化

在各年份滴灌条件下，不同土层土壤含水量的波动幅度均比畦灌小。平均来看，4年观测期内滴灌和畦灌条件下土壤含水量的波动幅度分别为0.103 cm^3/cm^3和0.178 cm^3/cm^3（表3-1）。造成这一现象的原因主要有两点：①滴灌麦田灌溉次数多而单次灌水量低，每次进入土壤的水量较少，畦灌麦田则相反；②在滴灌条件下，灌溉水通过管道缓慢而均匀地渗入植株根系附近的土壤，随着表层土壤部分水分被蒸发，部分被植株根系吸收，进入土壤深层的水分更少；相反，在畦灌条件下，大量水分在短时间内聚集在土壤表层，导致畦灌麦田的表层土壤含水量迅速达到饱和，同时表层水分会在更强的重力作用下以更快的速度渗入深层土壤。

在4年观测期内，滴灌和畦灌条件下，0～1 m土层土壤含水量的平均最大值分别为0.295 cm^3/cm^3和0.364 cm^3/cm^3；平均最小值分别为0.193 cm^3/cm^3和0.186 cm^3/cm^3，这主要是由于滴灌少量多次灌溉，土壤保持湿润的时间更久，而畦灌单次灌水量更高，土壤含水量在灌水后2～3 d内处于峰值。

适宜的土壤湿度有利于根系的生长发育[72]，频繁的干湿交替有利于根系吸水性能的提高[70]，虽然滴灌条件下土壤的平均土壤含水量比畦灌低，但是滴灌土壤的水分始终保持在更加适宜的范围内，为植株根系吸收水肥创造了更加有利的条件。此外，毛细管液面上升量与毛细管半径成反比[119]，也就是说，毛细作用随土壤孔隙的增大而减小。滴灌麦田的土壤疏松多孔，而畦灌麦田灌水之后土壤易发生板结现象，相比较之下，水分在滴灌麦田中受到的毛细力更小，有利于根系吸水效率的提高。

2017—2020年观测期内滴灌（DI）和畦灌（BI）条件下春小麦田地表以下1 m深度范围内不同土层土壤温度（T_s）的逐日变化规律见图3-3。由此可知，滴灌和畦灌条件下各年份的土壤温度随着大气温度的升高逐渐升高，且土壤温度的波动随着土壤深度的增加逐渐稳定。这是由于表层土壤直接受太阳辐射、大气温度、降水、灌溉等事件的影响，而深层土壤受外界环境的干扰程度较弱。2017—2020年观测期内，滴灌条件下0～20 cm、21～40 cm、41～60 cm、61～80 cm、81～100 cm土层的平均土壤温度分别为17.37 ℃、16.34 ℃、15.48 ℃、14.51 ℃、13.81 ℃，0～1 m土层的平均土壤温度为15.50 ℃；在畦灌条件下，对应深度土层的平均土壤温度分别为16.11 ℃、15.03 ℃、13.92 ℃、13.06 ℃、12.19 ℃，0～1 m土层的平均土壤温度为14.06 ℃。在4年观测期内，滴灌条件下，地表以下1 m范围内的各层土壤温度均高于畦灌，滴灌麦田0～1 m土层的土壤温度比畦灌的平均高1.44 ℃。研究表明，灌溉导致的土壤含水量的升高在一定程度上会降低土壤温度[120]，灌水量越多，降温效果越明显[121]。在滴灌春小麦生育期内，单次灌水量和灌溉定额更少，而畦灌条件下灌水之后各层土壤的水分含量大幅升高。平均来说，在滴灌条件下，春小麦全生育期各层土壤含水量更低，升高温度所需的热量更少，导致土壤温度的提升速度更快。在滴灌条件下，更高的土壤温度为作物生长提供了更加适宜的环境，有利于提高根系活性，促进作物吸水速率，为光合产物的生成与运输创造有利条件。

3.3 春小麦田不同时间尺度耗水规律分析

在春小麦田间通量的观测中，连续的蒸散发（ET）数据可利用波文比能量平衡系统（BREB）观测的各个指标计算得到，但是利用微型蒸渗仪观测土壤蒸发（E）时，降水和灌溉事件的发生会导致春小麦生育期内的土壤蒸发数据缺失将近一半。考虑到上述情况，本研究应用Shuttleworth-Wallace（SW）模型对2017—2020年不同灌溉方式下春小麦观测期内的田间蒸散发和土壤蒸发进行模拟，用波文比数据观测得到的田间蒸散发数据和微型蒸渗仪观测得到的土壤蒸发数据分别进行验证，并选择决定系数（R^2）、平均偏差（MBE）、均方根误差（RMSE）和一致性指数（IA）对SW模型的模拟效果进行评价。然后利用SW模型模拟得到的数据计算土壤蒸发和植株蒸腾的比例（E/T），并将其与波文比仪器实测的蒸散发数据相乘，从而得到春小麦生育期内连续的土壤蒸发数据和植株蒸腾数据。

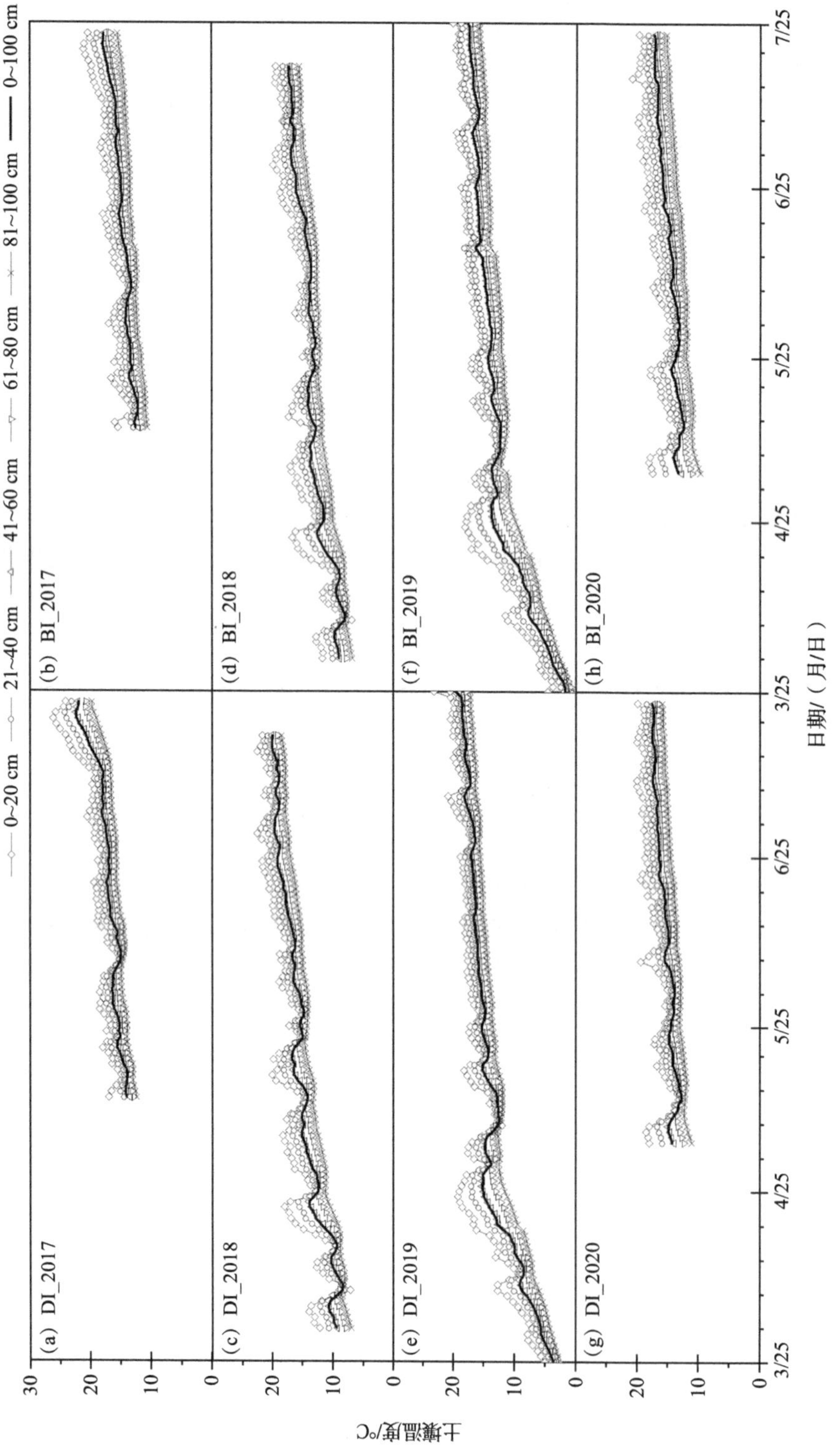

图 3-3　2017—2020 年滴灌（DI）和畦灌（BI）条件下春小麦田地表以下 0～1 m 范围内土壤温度（T_s）的季节变化

3.3.1 ET 的分割

本研究应用 Shuttleworth-Wallace（SW）模型对田间蒸散发（ET）数据进行分割，该模型的主要公式如下[122]：

$$\lambda ET=\lambda E+\lambda T=C_s PM_s+C_c PM_c \tag{3-1}$$

式中，ET、E、T 分别表示田间蒸散发（mm）、土壤蒸发（mm）、植株蒸腾（mm）；λ 表示汽化潜热（J/kg）；PM_s 和 PM_c 是类似于 Penman-Monteith 模型中用于描述来自土壤的蒸发以及来自冠层的蒸腾的参数；C_s 和 C_c 分别表示土壤表面阻力系数和冠层阻力系数。上述参数的具体计算公式如下：

$$PM_s=\frac{\Delta A+[(\rho C_p VPD-\Delta r_a^s(A-A_s))/(r_a^a+r_a^s)]}{\Delta+\gamma[1+r_s^s/(r_a^a+r_a^s)]} \tag{3-2}$$

$$PM_c=\frac{\Delta A+[(\rho C_p VPD-\Delta r_a^c A_s)/(r_a^a+r_a^c)]}{\Delta+\gamma[1+r_s^c/(r_a^a+r_a^c)]} \tag{3-3}$$

$$C_s=\frac{1}{1+[R_s R_a/R_c(R_s+R_a)]} \tag{3-4}$$

$$C_c=\frac{1}{1+[R_c R_a/R_s(R_c+R_a)]} \tag{3-5}$$

$$R_s=(\Delta+\gamma)r_a^s+\gamma r_s^s \tag{3-6}$$

$$R_c=(\Delta+\gamma)r_a^c+\gamma r_s^c \tag{3-7}$$

$$R_a=(\Delta+\gamma)r_a^a \tag{3-8}$$

式中，Δ 表示饱和水汽压曲线的斜率（kPa/K）；ρ 表示空气密度（kg/m^3）；C_p 表示空气定压比热容[J/(kg·K)]；VPD 表示饱和水汽压差（kPa）；γ 表示湿度计常数（kPa/K）；r_a^s 和 r_a^a 分别表示从土壤到冠层和从冠层到参考高度的空气动力学阻力（s/m）；r_a^c 和 r_s^c 分别表示冠层边界层阻力（s/m）和气孔阻力（s/m）；r_s^s 表示土壤表面阻力；A 和 A_s 分别表示总可用能量（W/m^2）和基底可用能量（W/m^2），计算公式如下：

$$A=R_n-G \tag{3-9}$$

$$A_s=R_{ns}-G \tag{3-10}$$

式中，R_n 表示净辐射（W/m^2）；G 表示土壤热通量（W/m^2）；R_{ns} 表示到达土壤表面的辐射（W/m^2），可根据 Beer 定律计算：

$$R_{ns}=R_n\exp(-c\,LAI) \tag{3-11}$$

式中，c 表示消光系数；LAI 表示叶面积指数（cm^2/cm^2）。

空气动力学阻力 r_a^s 和 r_a^a 的计算公式如下所示[122]：

$$\begin{cases} r_a^s=\frac{1}{4}LAI\,r_a^s(\alpha)+\frac{1}{4}(4-LAI)r_a^s(0) \\ r_a^a=\frac{1}{4}LAI\,r_a^a(\alpha)+\frac{1}{4}(4-LAI)r_a^a(0) \end{cases} 0\leqslant LAI\leqslant 4 \tag{3-12}$$

$$\begin{cases} r_a^s=r_a^s(\alpha) \\ r_a^a=r_a^a(\alpha) \end{cases} LAI>4 \tag{3-13}$$

$$r_a^s(\alpha)=\frac{\ln\{(x-d)/z_0\}}{k^2u}\frac{h}{n(h-d)}[\exp n-\exp[n\{1-(d+z_0)/h\}]] \tag{3-14}$$

$$r_a^a(\alpha)=\frac{\ln\left\{\frac{x-d}{z_0}\right\}}{k^2u}\left[\ln\frac{x-d}{h-d}+\frac{h}{n(h-d)}\times\left[\exp\left[n\left\{1-\frac{(d+z_0)}{h}\right\}\right]-1\right]\right] \tag{3-15}$$

$$r_a^s(0)=\ln(x/z_0')\ln\{(d+z_0)/z_0'\}/k^2u \tag{3-16}$$

$$r_a^a(0)=\ln(x/z_0')/k^2u-r_a^s(0) \tag{3-17}$$

式中，h 表示冠层高度（m）；x 表示参考高度（m）；d 表示零平面位移（m）；k 表示 Karman 常数；u 表示参考高度处的风速（m/s）；z_0 和 z_0'分别表示冠层和裸土的粗糙度（m）。

边界层阻力 r_a^c 可根据下式计算[122]：

$$r_a^c=r_b/2LAI \tag{3-18}$$

式中，r_b 表示平均边界层阻力（s/m）。

气孔阻力 r_s^c 与太阳辐射、水汽压差、空气温度和土壤含水量有关，其计算公式如下所示[123,124]：

$$r_s^c=\frac{r_{s,min}}{LAI}\frac{F_1}{F_2F_3F_4} \tag{3-19}$$

$$F_1=\frac{1+f}{f+(r_{s,min}/r_{s,max})} \tag{3-20}$$

$$f=\frac{0.55R_{si}}{R_{sl}}\frac{2}{LAI} \tag{3-21}$$

$$F_2=1-0.002\,5VPD \tag{3-22}$$

$$F_3=1-0.001\,6(298-T_a)^2 \tag{3-23}$$

$$F_4=\frac{(\theta_i-\theta_{WP})}{(\theta_{FC}-\theta_{WP})} \tag{3-24}$$

式中，$r_{s,\min}$ 和 $r_{s,\max}$ 分别表示最小气孔阻力(s/m)和最大气孔阻力(s/m)；R_{si} 表示入射太阳辐射(W/m^2)；R_{sl} 表示气孔开口上方的辐射阈值(W/m^2)；T_a 表示空气温度(K)；θ_i、θ_{FC}、θ_{WP} 分别表示根系活动层的平均土壤体积含水量(cm^3/cm^3)、田间持水量(cm^3/cm^3)和凋萎点(cm^3/cm^3)。

土壤表面阻力 r_s^s 可根据下式计算[125,126]：

$$r_s^s=\exp(8.206-4.225\theta_s) \tag{3-25}$$

式中，θ_s 表示土壤含水量(cm^3/cm^3)。

SW 模型输入参数的取值见表 3-2。

2017—2020 年春小麦生育期内基于 SW 模型的田间蒸散发(ET)的模拟值与波文比能量平衡系统观测得到的实测值的比较见图 3-4，对应的模拟值与实测值的统计分析见表 3-3。可以看出，各年份观测期内不同灌溉方式下 ET 的模拟值与实测值变化趋势基本一致，均随春小麦的生长逐渐升高，于 6 月春小麦处于抽穗期时达到峰值，之后缓慢降低。4 年观测期内，滴灌条件下 ET 数据的模拟值与实测值依次为 340.42 mm 和 340.16 mm、565.96 mm 和 520.43 mm、511.67 mm 和 511.67 mm、311.14 mm 和 311.14 mm；畦灌条件下的依次为 375.95 mm 和 362.04 mm、591.98 mm 和 542.70 mm、566.99 mm 和 573.83 mm、318.92 mm 和 333.56 mm。2017—2020 年观测期内，滴灌和畦灌条件下田间蒸散发数据的模拟值和实测值之间的平均误差分别为−2%和 0%。滴灌和畦灌条件下经过 4 年观测得到的 ET 数据均为 371 组，基于 SW 模型的 ET 模拟值与波文比实测值的 R^2、MBE、RMSE、IA 分别为 0.81 和 0.81、0.07 mm/d 和 0.13 mm/d、1.05 mm/d 和 1.03 mm/d、0.95 和 0.95，表明 SW 模型对不同灌溉条件下春小麦田间蒸散发的模拟效果较好。

表 3-2 Shuttleworth-Wallace 模型的输入参数

参数	含义	单位	取值	来源
c	光衰减的消光系数	—	0.43	Kemanian 等的研究[127]
C_p	空气定压比热容	J/(kg·K)	1 013	经验参数
d	零平面位移	m	$2/3h^1$	Sene 的研究[128]
G	土壤热通量	W/m^2		波文比系统实测数据
k	Karman 常数	—	0.41	Shuttleworth 和 Wallace 的研究[122]
LAI	叶面积指数	cm^2/cm^2		田间实测
n	涡流扩散消光系数	—	2.5	Brutsaert 的研究[129]
R_n	净辐射			波文比系统实测数据
r_b	平均边界层阻力	s/m	50	Brisson 等的研究[130]
$r_{s,\max}$	最大气孔阻力	s/m	2 000	Zhao 等的研究[131]
$r_{s,\min}$	最小气孔阻力	s/m	98	田间实测
T_a	空气温度	℃		波文比系统实测数据
z_0	冠层粗糙度	m	$0.05h^1$	Sene 的研究[128]
z'_0	裸土粗糙度	m	0.01	Sene 的研究[128]
γ	湿度计常数	kPa/K	0.067	经验参数
ρ	空气密度	kg/m^3	1.03	Li 等的研究[132]
θ_{FC}	根系层的田间持水量	cm^3/cm^3	0.31	田间实测
θ_s	土壤含水量	cm^3/cm^3		波文比系统实测数据
θ_{WP}	根系层的凋萎点	cm^3/cm^3	0.12	田间实测

注：h 表示春小麦冠层高度(m)。

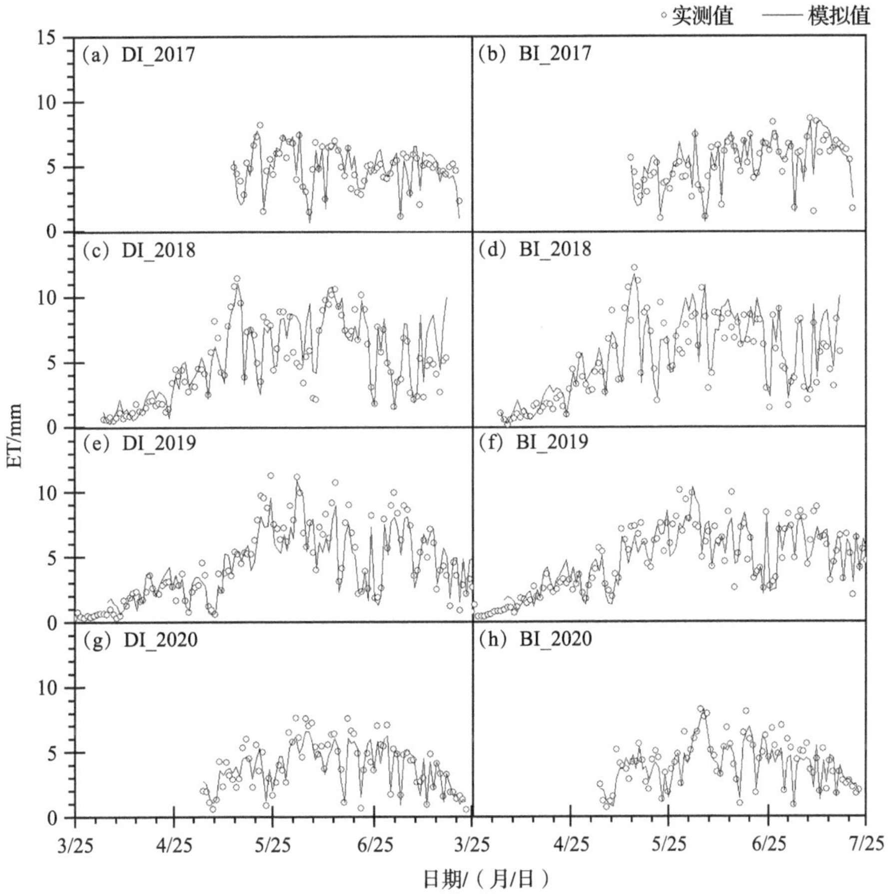

图 3-4　基于 SW 模型的春小麦田间蒸散发(ET)模拟值与波文比能量平衡系统实测值的比较

4 年观测期内，土壤蒸发（E）的模拟值与微型蒸渗仪实测值的比较见图 3-5，对应的模拟值与实测值的统计分析见表 3-3。可以看出，各年份观测期内不同灌溉方式下 E 的模拟值与实测值变化趋势基本一致，均随时间逐渐升高，于 5 月初第一次灌水后达到峰值，之后逐渐降低，并于 7 月中旬春小麦处于生育末期时略微升高。2017—2020 年观测期内，滴灌和畦灌条件下土壤蒸发数据的观测标准差依次为 0.26 mm 和 0.30 mm、0.62 mm 和 0.64 mm、0.26 mm 和 0.36 mm、0.13 mm 和 0.13 mm，4 年平均标准差分别为 0.32 mm 和 0.36 mm。2017—2020 年滴灌和畦灌条件下土壤蒸发数据的模拟值与实测值之间的平均误差依次为 4%和 5%、−6%和−15%、2%和−5%、−3%和−6%，4 年平均误差分别为−3%和−9%。滴灌和畦灌条件下经过 4 年观测得到的 E 数据分别为 157 组和 163 组，基于 SW 模型的 E 模拟值与蒸渗仪实测值的 R^2、MBE、RMSE、IA 分别为 0.82 和 0.77、−0.01 mm/d 和−0.05 mm/d、0.21 mm/d 和 0.24 mm/d、0.95 和 0.94，表明 SW 模型对不同灌溉条件下春小麦土壤蒸发的模拟效果较好。

综上所述，SW 模型可以准确模拟不同灌溉条件下春小麦全生育期的田间蒸散发和土壤蒸发，可用于西北旱区滴灌和畦灌条件下春小麦田间蒸散发数据的分割。根据 SW 模型模拟得到的土壤蒸发和植株蒸腾数据的比值，结合波文比能量平衡系统实测的田间蒸散发数据，计算可得到春小麦生育期内连续的土壤蒸发和植株蒸腾数据。

3.3.2　E 和 T 的规律分析

2017—2020 年滴灌（DI）和畦灌（BI）条件下春小麦土壤蒸发（E）的逐日变化情况见图 3-6。由此可知，不同灌溉方式下的土壤蒸发量在春小麦播种之后随着大气温度的增加而增加，直至 5 月初滴灌和畦灌条件下的试验田进行第一次灌水之后，土壤蒸发达到了全生育期的最高值。随着春小麦冠层日渐稠密，大气温度和风速对田间表层土壤的影响逐渐减弱，导致土壤蒸发量开始下降。直到春小麦叶片老化萎蔫，冠层日渐稀疏，土壤蒸发量才出现略微增加的趋势。春小麦全生育期，土壤蒸发量始终在灌溉或降水事件发生后升高，土壤蒸发与田间表层土壤的水分含量息息相关。

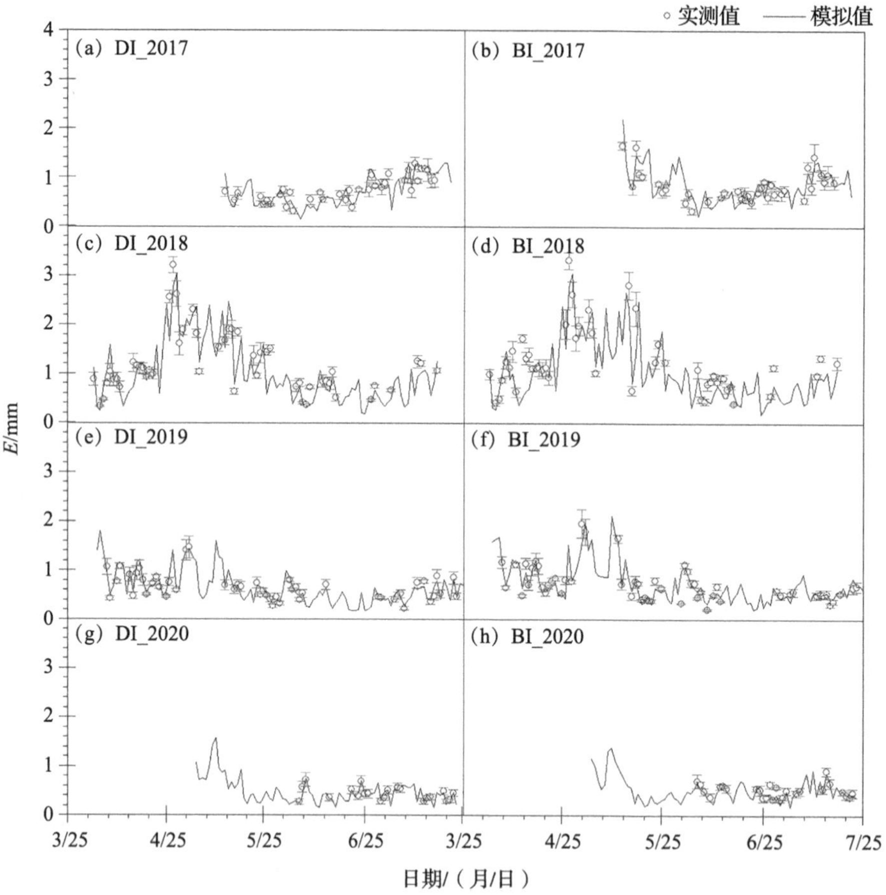

图 3-5　基于 SW 模型的春小麦土壤蒸发(*E*)模拟值与微型蒸渗仪实测值的比较

表 3-3　基于 SW 模型的春小麦田间蒸散发(ET)和土壤蒸发(*E*)的模拟值与田间实测值的统计分析

指标	年份	灌溉方式	拟合方程	*N*	R^2	MBE/(mm/d)	RMSE/(mm/d)	IA
ET	2017	DI	$ET_{SW}=1.00\ ET_{BREB}$	70	0.81	0.00	0.76	0.94
		BI	$ET_{SW}=1.03\ ET_{BREB}$	70	0.80	0.20	0.86	0.94
	2018	DI	$ET_{SW}=1.04\ ET_{BREB}$	106	0.80	0.43	1.36	0.94
		BI	$ET_{SW}=1.05\ ET_{BREB}$	106	0.82	0.46	1.30	0.95
	2019	DI	$ET_{SW}=0.93\ ET_{BREB}$	114	0.84	−0.13	1.05	0.96
		BI	$ET_{SW}=0.97\ ET_{BREB}$	114	0.80	0.00	1.00	0.95
	2020	DI	$ET_{SW}=0.94\ ET_{BREB}$	81	0.79	−0.06	0.79	0.95
		BI	$ET_{SW}=0.93\ ET_{BREB}$	81	0.80	−0.18	0.79	0.95
	2017—2020	**DI**	$\mathbf{ET_{SW}=0.98\ ET_{BREB}}$	**371**	**0.81**	**0.07**	**1.05**	**0.95**
		BI	$\mathbf{ET_{SW}=1.00\ ET_{BREB}}$	**371**	**0.81**	**0.13**	**1.03**	**0.95**

续表3-3

指标	年份	灌溉方式	拟合方程	N	R^2	MBE/(mm/d)	RMSE/(mm/d)	IA
E	2017	DI	$E_{SW}=1.04\ E_{ML}$	36	0.74	0.03	0.16	0.91
		BI	$E_{SW}=1.05\ E_{ML}$	35	0.72	0.05	0.19	0.91
	2018	DI	$E_{SW}=0.94\ E_{ML}$	50	0.76	−0.06	0.32	0.93
		BI	$E_{SW}=0.85\ E_{ML}$	48	0.74	−0.17	0.37	0.91
	2019	DI	$E_{SW}=1.02\ E_{ML}$	50	0.85	0.02	0.10	0.96
		BI	$E_{SW}=0.95\ E_{ML}$	54	0.79	−0.02	0.16	0.95
	2020	DI	$E_{SW}=0.97\ E_{ML}$	21	0.80	−0.01	0.06	0.94
		BI	$E_{SW}=0.94\ E_{ML}$	26	0.79	−0.03	0.07	0.93
	2017—2020	**DI**	$\boldsymbol{E_{SW}=0.97\ E_{ML}}$	**157**	**0.82**	**−0.01**	**0.21**	**0.95**
		BI	$\boldsymbol{E_{SW}=0.91\ E_{ML}}$	**163**	**0.77**	**−0.05**	**0.24**	**0.94**

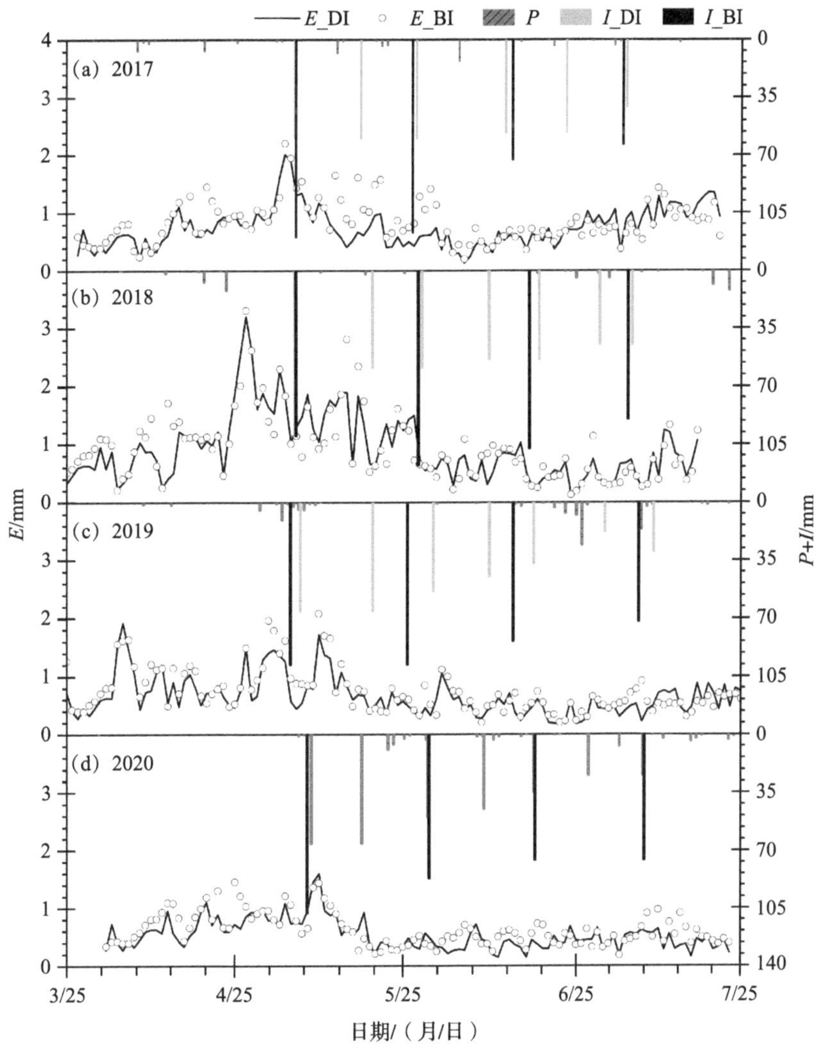

图 3-6　2017—2020 年滴灌(DI)和畦灌(BI)条件下春小麦土壤蒸发(E)的季节变化

各年份滴灌（DI）和畦灌（BI）条件下春小麦全生育期田间土壤蒸发的比较见图 3-7，可以看出 2017—2020 年滴灌条件下的土壤蒸发整体低于畦灌。2017—2020 年，滴灌和畦灌条件下春小麦全生育期的累计土壤蒸发量依次为 79.61 mm 和 97.69 mm、104.78 mm 和 113.22 mm、78.49 mm 和 93.01 mm、60.36 mm 和 72.76 mm，年均累计土壤蒸发量分别为 80.81 mm 和 94.17 mm。2017—2020 年，滴灌比畦灌的累计土壤蒸发量依次低 18.08 mm、8.44 mm、14.52 mm、12.40 mm，4 年平均低 13.36 mm。需要注意的是，2018 年滴灌和畦灌春小麦的灌溉定额相等，滴灌条件下的累计土壤蒸发量依旧低于畦灌。造成滴灌条件下土壤蒸发量更少的原因主要有以下几点：①滴灌的灌溉定额低于畦灌，春小麦全生育期平均土壤含水量更低，研究表明，土壤含水量越低，土壤蒸发越少[133]；②滴灌和畦灌条件下水分进入土壤的方式不同。滴灌条件下单次灌水量较低，灌溉水通过干管进入田间铺设的滴灌带，最终从滴头流出，缓慢湿润植株根系附近的土壤，更多的水分被植株根系吸收。相反，畦灌条件下单次灌水量很高，短时间内大量水分聚集并停留在土壤表面，待水分完全入渗，表层土壤长期处于湿润状态，这一过程中大量灌溉水蒸发进入空气。许多研究表明，滴灌显著降低土壤蒸发量[134,135]，Wang 等[61]通过多年连续的大面积观测对比试验发现，滴灌比畦灌每年平均减少土壤蒸发 30 mm。本章结果中滴灌平均减少土壤蒸发 13.36 mm，远低于 Wang 等的试验结果，主要原因有以下几点：①覆膜处理可大幅减少土壤蒸发，本书比较的是无膜滴灌和无膜畦灌之间的差距；②滴灌和畦灌的总灌溉量相差较小，仅有 27.5 mm；③滴灌麦田平均土壤温度和空气温度比畦灌的分别高 1.44 ℃和 0.59 ℃，加速了田间水分的蒸发。

2017—2020 年滴灌（DI）和畦灌（BI）条件下春小麦不同生育期的累计土壤蒸发量（$\sum E$）、平均土壤蒸发速率（E）以及各生育期累计土壤蒸发量占全生育期的比例如表 3-4 所示。由此可知，随着春小麦生育期的推进，各生育期的累计土壤蒸发量及其占全生育期的比例，以及平均蒸发速率均呈先减少后增加的变化趋势，其最高值多出现在苗期，最低值则出现在抽穗-灌浆期。例外情况是 2018 年，这一年滴灌和畦灌的最高蒸发速率均出现在拔节期。滴灌和畦灌春小麦播种前一周均有灌水，而播种后的第一次灌水发生在苗期末，在此期间，春小麦刚出苗，冠层稀疏，田间表层土

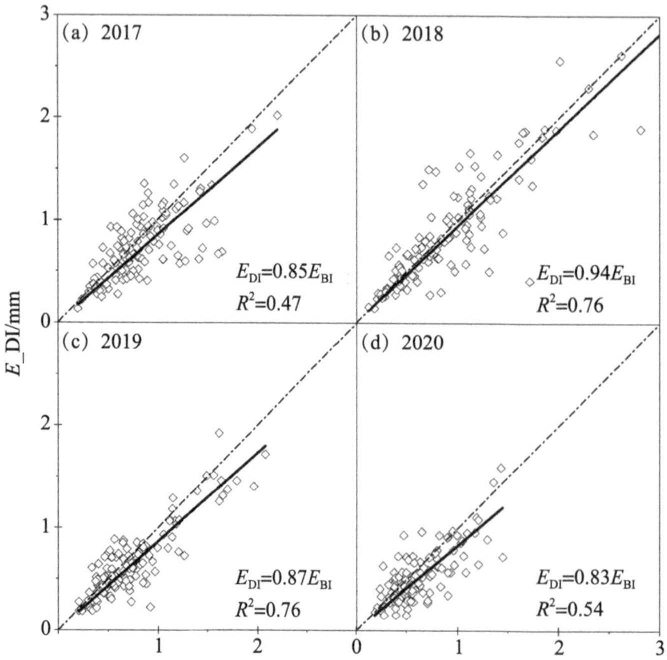

图 3-7　2017—2020 年滴灌（DI）和畦灌（BI）条件下春小麦土壤蒸发（E）的比较

壤直接与大气接触，且春小麦苗期的持续时间远多于其他生育阶段，因此不同灌溉方式下春小麦苗期的累计土壤蒸发量和平均蒸发速率均最高。此外，2018 年滴灌和畦灌的灌溉定额最高，春小麦苗期末-拔节期的灌水量远高于其他年份，导致拔节期表层土壤长期处于湿润状态，进而导致该时段内的土壤蒸发速率处于较高水平。之后随着春小麦植株的生长发育，冠层逐渐稠密，直至抽穗期末达到峰值，密闭的冠层透气性和透光性较弱，很大程度隔绝了外界环境对田间表层土壤的影响，导致该生育阶段的土壤蒸发最少。滴灌和畦灌试验田的最后一次灌溉事件均发生在春小麦成熟期初，且此时春小麦叶片开始萎蔫，冠层比较稀疏，从而造成累计土壤蒸发量和平均土壤蒸发速率的增加。

2017—2020 年，滴灌条件下春小麦苗期、拔节期、抽穗期、灌浆期、成熟期的平均累积土壤蒸发量比畦灌条件下的分别低 5.00 mm、4.51 mm、

表 3-4　2017—2020 年滴灌(DI)和畦灌(BI)条件下春小麦不同生育期的土壤蒸发(E)

年份	生育阶段	$\sum E$/mm		E/(mm/d)		$\sum E/\sum E$ 全生育期/%	
		DI	BI	DI	BI	DI	BI
2017	苗期	36.23	40.17	0.81	0.89	45.51	41.12
	拔节期	9.32	20.14	0.62	1.06	11.70	20.62
	抽穗期	9.11	11.71	0.48	0.56	11.44	11.98
	灌浆期	9.98	10.37	0.67	0.69	12.53	10.62
	成熟期	14.98	15.30	0.94	0.96	18.81	15.66
	全生育期	**79.62**	**97.69**	**0.72**	**0.84**	**100.00**	**100.00**
2018	苗期	52.55	56.54	1.05	1.13	50.15	49.94
	拔节期	18.17	22.90	1.30	1.27	17.34	20.22
	抽穗期	12.03	11.67	0.80	0.69	11.48	10.31
	灌浆期	10.08	8.95	0.53	0.45	9.62	7.91
	成熟期	11.94	13.15	0.60	0.66	11.40	11.62
	全生育期	**104.77**	**113.22**	**0.89**	**0.91**	**100.00**	**100.00**
2019	苗期	39.19	46.30	0.83	0.99	49.93	49.78
	拔节期	10.97	13.23	0.73	0.74	13.97	14.23
	抽穗期	9.91	11.54	0.52	0.58	12.62	12.41
	灌浆期	7.07	10.04	0.37	0.50	9.00	10.79
	成熟期	11.37	11.89	0.57	0.57	14.48	12.79
	全生育期	**78.49**	**93.01**	**0.65**	**0.74**	**100.00**	**100.00**
2020	苗期	30.97	35.89	0.74	0.85	51.32	49.33
	拔节期	6.64	6.84	0.44	0.40	11.00	9.41
	抽穗期	6.77	9.36	0.38	0.49	11.22	12.86
	灌浆期	7.83	9.68	0.41	0.48	12.97	13.30
	成熟期	8.15	10.99	0.43	0.55	13.50	15.10
	全生育期	**60.36**	**72.76**	**0.53**	**0.62**	**100.00**	**100.00**

续表3-4

年份	生育阶段	$\sum E$/mm		E/(mm/d)		$\sum E/\sum E$ 全生育期/%	
		DI	BI	DI	BI	DI	BI
4年平均	苗期	39.73	44.73	0.86	0.97	49.17	47.50
	拔节期	11.27	15.78	0.76	0.88	13.95	16.76
	抽穗期	9.45	11.07	0.53	0.58	11.70	11.76
	灌浆期	8.74	9.76	0.49	0.52	10.81	10.36
	成熟期	11.61	12.83	0.62	0.67	14.36	13.63
	全生育期	**80.81**	**94.17**	**0.70**	**0.78**	**100.00**	**100.00**

1.62 mm、1.02 mm、1.22 mm，全生育期累计低 13.37 mm；对应时段的平均土壤蒸发速率分别低 0.11 mm/d、0.12 mm/d、0.05 mm/d、0.03 mm/d、0.05 mm/d，全生育期平均低 0.08 mm/d。平均来说，滴灌条件下各生育期的累计土壤蒸发量和平均蒸发速率始终低于畦灌。首先，研究表明土壤含水量和土壤蒸发量随灌溉量的增加而升高[81,136]。本章结果中，滴灌条件下土壤平均含水量更低，而畦灌条件下灌水之后田间表层土壤长期处于湿润状态，全生育期平均土壤含水量较高。其次，滴灌条件下春小麦提前成熟，全生育期长度更短，这也是滴灌麦田全生育期累计土壤蒸发量更低的原因之一。另外，在滴灌条件下，只有拔节期和抽穗期的累计土壤蒸发量占全生育期土壤蒸发总量的比例低于畦灌，这是由于滴灌麦田拔节-抽穗期的累计灌水量更低且灌水频率更高导致了更多灌溉水渗入土壤并被植株根系吸收，从而减少了土壤蒸发。而滴灌条件下春小麦灌浆-成熟期的土壤蒸发比例更高则是由于滴灌条件下土壤温度更高。另外，滴灌春小麦提前成熟，叶片先于畦灌春小麦萎蔫，田间冠层覆盖度的降低有利于土壤蒸发的进行。

植株蒸腾的变化过程与作物叶片的生长发育过程联系紧密。2017—2020 年滴灌（DI）和畦灌（BI）条件下春小麦植株蒸腾（T）的逐日变化情况见图 3-8。由此可知，春小麦出苗后，不同灌溉方式下的植株蒸腾量随着春小麦叶片的生长发育逐渐增加，直至 6 月春小麦的营养生长达到最旺盛，叶面积指数达到峰值时，植株蒸腾量也达到了全生育期的最高值，此后随着春小麦叶片的凋萎，植株蒸腾量日渐减少。2017—2020 年滴灌（DI）和畦灌（BI）条件下春小麦全生育期植株蒸腾的比较见图 3-9，可以看出各年份滴灌条件下春小麦的植株蒸腾整体低于畦灌。2017—2020 年，滴灌和畦灌条件下春小麦全生育期的累计植株蒸腾量依次为 311.23 mm 和 348.88 mm、417.20 mm 和 458.86 mm、442.83 mm 和 484.82 mm、293.08 mm 和 312.56 mm，年均累计植株蒸腾量为 366.09 mm 和 401.29 mm。2017—2020 年，滴灌比畦灌的累计植株蒸腾量依次低 37.65 mm、41.66 mm、41.99 mm、19.48 mm，4 年平均低 35.20 mm，造成这一结果的主要原因是滴灌春小麦的叶面积指数始终低于畦灌。有研究表明少量多次的灌溉会增加叶面积指数[137]，在本研究中滴灌反而降低了叶面积，具体原因会在第 6 章第 6.2 节进行解释。

2017—2020 年滴灌（DI）和畦灌（BI）条件下春小麦不同生育期的累计植株蒸腾量（$\sum T$）、平均植株蒸腾速率（T）以及各生育期累计植株蒸腾量占全生育期的比例如表 3-5 所示。由此可知，随着春小麦生育期的推进，各生育期累计植株蒸腾量及其占全生育期的比例，以及平均蒸腾速率整体呈先增加后减少的变化趋势，其最高值多出现在抽穗期。春小麦苗期持续时间最长，但是由于此时春小麦刚出苗，且苗期末才进行第一次灌水，所以苗期累计植株蒸腾量最低。第一次灌溉事件发生之后，春小麦进入拔节期，叶片快速生长，直至抽穗期，春小麦叶片处于最旺盛的生长状态，此时植株蒸腾量以及蒸腾速率也达到峰值。植株进入生殖生长阶段后，叶片开始老化萎蔫并逐渐凋落，植株吸水能力变弱，导致灌浆-成熟期的植株蒸腾量以及平均蒸腾速率逐渐下降。

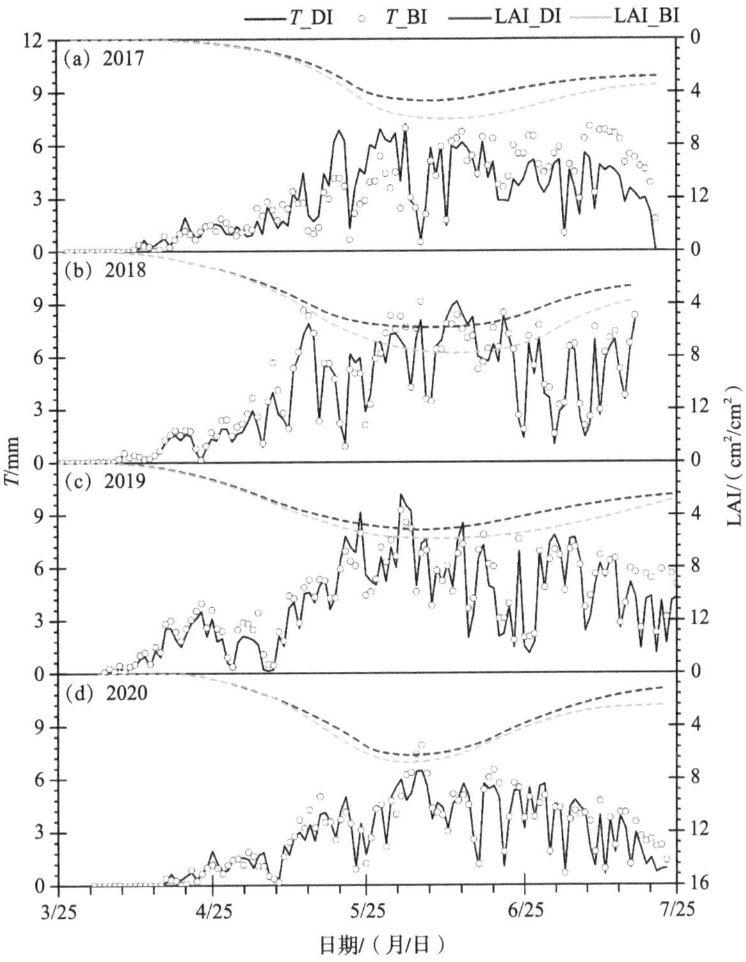

图 3-8　2017—2020 年滴灌(DI)和畦灌(BI)条件下春小麦植株蒸腾(T)的季节变化

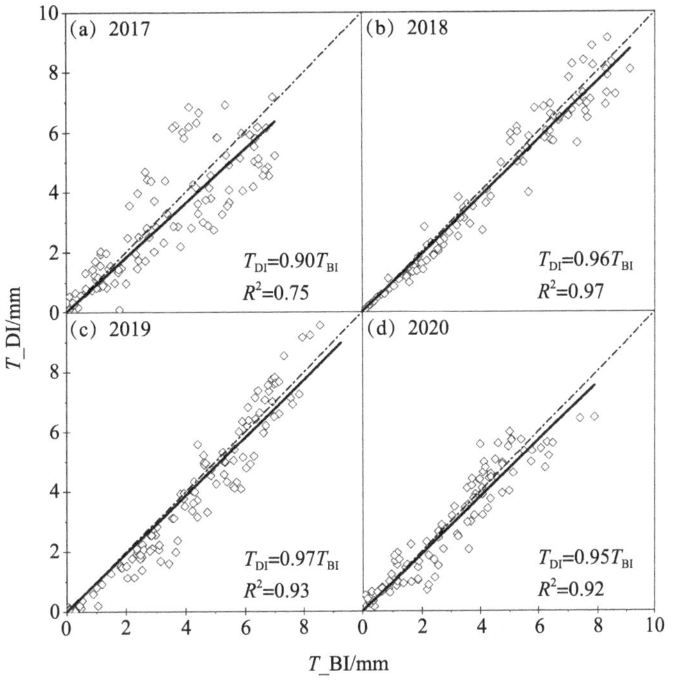

图 3-9　2017—2020 年滴灌(DI)和畦灌(BI)条件下春小麦植株蒸腾(T)的比较

表 3-5 2017—2020 年滴灌(DI)和畦灌(BI)条件下春小麦不同生育期的植株蒸腾(T)

年份	生育阶段	ΣT/mm		T/mm/d		$\Sigma T/\Sigma T$ 全生育期/%	
		DI	BI	DI	BI	DI	BI
2017	苗期	36.86	40.93	0.82	0.91	11.84	11.73
	拔节期	64.69	54.70	4.31	2.88	20.78	15.68
	抽穗期	94.24	94.73	4.96	4.51	30.28	27.15
	灌浆期	55.98	77.74	3.73	5.18	17.99	22.28
	成熟期	59.46	80.78	3.72	5.05	19.11	23.15
	全生育期	**311.23**	**348.88**	**2.83**	**3.01**	**100.00**	**100.00**
2018	苗期	47.54	47.34	0.95	0.95	11.39	10.32
	拔节期	85.11	107.72	6.08	5.98	20.40	23.48
	抽穗期	71.90	111.97	4.79	6.59	17.23	24.40
	灌浆期	139.60	110.54	7.35	5.53	33.46	24.09
	成熟期	73.05	81.28	3.65	4.06	17.51	17.71
	全生育期	**417.20**	**458.86**	**3.54**	**3.67**	**100.00**	**100.00**
2019	苗期	43.90	58.86	0.93	1.25	9.91	12.14
	拔节期	87.87	106.33	5.86	5.91	19.84	21.93
	抽穗期	132.46	124.18	6.97	6.21	29.91	25.61
	灌浆期	94.93	100.12	5.00	5.01	21.44	20.65
	成熟期	83.67	95.34	4.18	4.54	18.89	19.66
	全生育期	**442.83**	**484.82**	**3.69**	**3.85**	**100.00**	**100.00**
2020	苗期	30.26	31.83	0.72	0.76	10.33	10.18
	拔节期	46.60	58.49	3.11	3.44	15.90	18.71
	抽穗期	94.57	92.96	5.25	4.89	32.27	29.74
	灌浆期	78.81	85.41	4.15	4.27	26.89	27.33
	成熟期	42.83	43.87	2.25	2.19	14.61	14.04
	全生育期	**293.08**	**312.56**	**2.59**	**2.65**	**100.00**	**100.00**
4 年平均	苗期	39.64	44.74	0.86	0.97	10.83	11.15
	拔节期	71.07	81.81	4.82	4.54	19.41	20.39
	抽穗期	98.29	105.96	5.54	5.50	26.85	26.41
	灌浆期	92.33	93.45	5.13	4.98	25.22	23.29
	成熟期	64.75	75.32	3.45	3.91	17.69	18.77
	全生育期	**366.09**	**401.29**	**3.18**	**3.31**	**100.00**	**100.00**

2017—2020 年,滴灌条件下春小麦苗期、拔节期、抽穗期、灌浆期、成熟期的平均累积植株蒸腾量比畦灌条件下的分别低 5.10 mm、10.74 mm、7.67 mm、1.12 mm、10.57 mm,全生育期累计低 35.20 mm;对应时段的平均植株蒸腾速率分别低 0.11 mm/d、高 0.28 mm/d、高 0.04 mm/d、高 0.15 mm/d、低 0.46 mm/d,全生育期平均低 0.13 mm/d。平均来说,滴灌条件下各生育期的累计植株蒸腾量始终低于畦灌,除拔节-灌浆期外,其他生育阶段的平均蒸腾速率也低于畦灌。造成滴灌春小麦各生育期累计植株蒸腾量更低的原因为:①研究表明,叶面积是影响植株蒸腾速率

的重要因素之一[138]，而滴灌春小麦全生育期的叶面积指数始终低于畦灌；②从拔节期开始，滴灌春小麦各个生育期长度比畦灌的短 1～2 d，全生育期累计短 5～7 d。在春小麦拔节-灌浆期内，滴灌麦田的累计灌水量和灌水频率均高于畦灌，且滴灌的灌水特点导致植株根系吸收水分的效率更高，有利于叶片进行蒸腾作用。另外，较高的环境温度也有利于叶片进行蒸腾作用[138]，滴灌条件下的土壤温度和植株冠层温度均高于畦灌，也是造成滴灌春小麦拔节-灌浆期内植株蒸腾速率更高的原因。

3.3.3　ET 规律分析

2017—2020 年滴灌（DI）和畦灌（BI）条件下春小麦田间蒸散发（ET）的逐日变化情况见图 3-10。由此可知，不同灌溉条件下的田间蒸散发量随着灌溉事件的发生和春小麦的生长发育逐渐升高，直至 6 月达到峰值，此后春小麦开始老化，植株根系吸水能力减弱，叶片逐渐凋萎，导致田间蒸散发量开始降低。2017—2020 年滴灌（DI）和畦灌（BI）条件下春小麦全生育期田间蒸散发的比较见图 3-11，可以看出各年份滴灌条件下春小麦的田间蒸散发整体低于畦灌。2017—2020 年，滴灌和畦灌条件下春小麦全生育期的累计田间蒸散发量依次为 390.84 mm 和 446.57 mm、521.97 mm 和 572.07 mm、521.32 mm 和 577.83 mm、353.44 mm 和 385.32 mm，年均累计田间蒸散发量分别为 446.89 mm 和 495.45 mm。2017—2020 年，滴灌比畦灌的累计田间蒸散发量依次低 55.73 mm、50.10 mm、56.51 mm、31.88 mm，4 年平均低 48.56 mm，造成这一结果的主要原因是滴灌春小麦全生育期的土壤蒸发量和植株蒸腾量都低于畦灌。本研究中滴灌减少田间蒸散发的结论与 Guo 等[81]和 Wang 等[77]的研究结果一致，但是滴灌减少耗水的程度远低于其他研究。比如，Sugita 等[135]研究发现滴灌比畦灌减少田间蒸散发将近 1/2，这一数据远高于本研究，主要原因有以下 3 点：①滴灌和畦灌麦田生长季的总灌水量仅相差 27.5 mm，远低于其他研究；②本研究中畦灌春小麦叶片的生长发育更为旺盛，滴灌条件下较低的冠层覆盖度和更加频繁的灌溉导致更多的土壤蒸发；③很多研究的数据主要来自小区试验，田间蒸散发多根据水量平衡法计算得到[58,60,81]，而本研究在大面积试验田中开展通量对比观测，显著提高了蒸散发数据的可靠性。

春小麦生育期内田间土壤蒸发和植株蒸腾的变化直接影响田间蒸散发的变化。2017—2020 年滴灌（DI）和畦灌（BI）条件下春小麦不同生育期的累计田间蒸散发量（$\sum$ET）、平均蒸散发速率（ET）以及各生育期累计田间蒸散发量占全生育期的比例如表 3-6 所示。由此可知，随着春小麦生育期的推进，各生育期累计田间蒸散发量及其占全生育期的比例，以及平均蒸散发速率整体呈先升高后降低的变化趋势，其最高值多出现在抽穗期。2017—2020 年，滴灌条件下春小麦苗期、拔节期、抽穗期、灌浆期、成熟期的平均累计田间蒸散发量比畦灌条件下的分别低 10.10 mm、15.25 mm、9.28 mm、2.14 mm、11.79 mm，全生育期累计低 48.56 mm；对应时段的平均蒸散发速率分别低 0.21 mm/d、高 0.16 mm/d、低 0.01 mm/d、高 0.11 mm/d、低 0.51 mm/d，平均低 0.21 mm/d。平均来说，滴灌条件下各生育期的累计田间蒸散发量始终低于畦灌，且只有苗期和成熟期的平均蒸散发速率更低。首先，滴灌条件下春小麦各生育阶段的累计土壤蒸发量和累计植株蒸腾量均低于畦灌，从而造成累计田间蒸散发更低。其次，春小麦苗期的土壤蒸发速率和植株蒸腾速率均更低，另外，由于春小麦提前进入成熟期，植株吸水能力变弱，且滴灌麦田的平均土壤含水量更低，导致这一阶段的平均土壤蒸发速率和植株蒸腾速率均更低。春小麦拔节-灌浆期滴灌麦田蒸散发速率更高主要是由于对应时段的植株蒸腾速率更高，具体原因已在前文作过解释。

各年份滴灌（DI）和畦灌（BI）条件下春小麦不同生育期土壤蒸发量（E）和植株蒸腾量（T）占全生育期田间蒸散发量（ET）的比例如图 3-12 所示。由此可知，随着春小麦生育期的推进，不同生育阶段田间土壤蒸发量占总蒸散发量的比例（E/ET）呈先降低后升高的变化趋势，E/ET 的最高值和最低值分别出现在苗期和抽穗-灌浆期，相反，植株蒸腾量占总蒸散发量的比例（T/ET）呈先升高后降低的变化趋势，T/ET 的最高值和最低值多出现在抽穗期和苗期。这一变化规律与两种灌溉方式下不同生育期的累计土壤蒸发量和植株蒸腾量的变化规律相同。

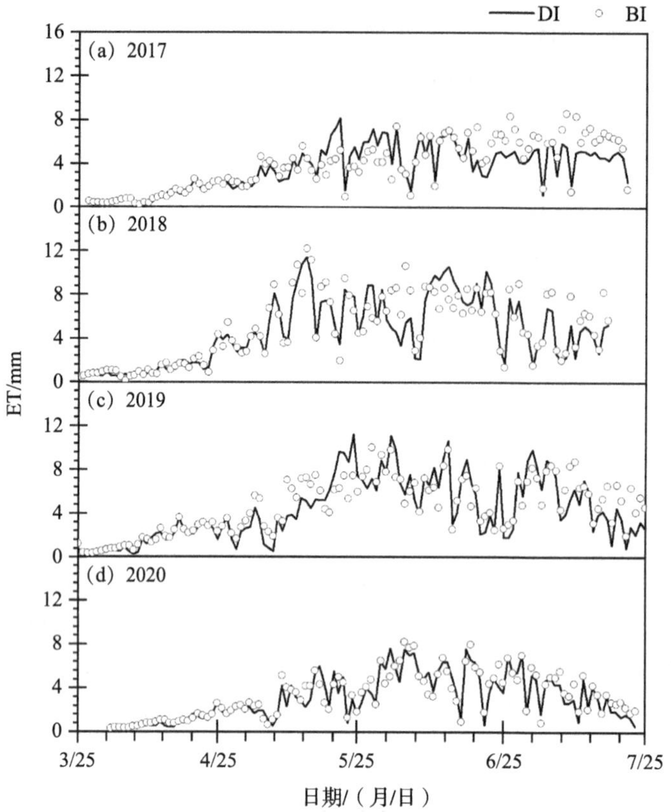

图 3-10　2017—2020 年滴灌(DI)和畦灌(BI)条件下春小麦田间蒸散发(ET)的季节变化

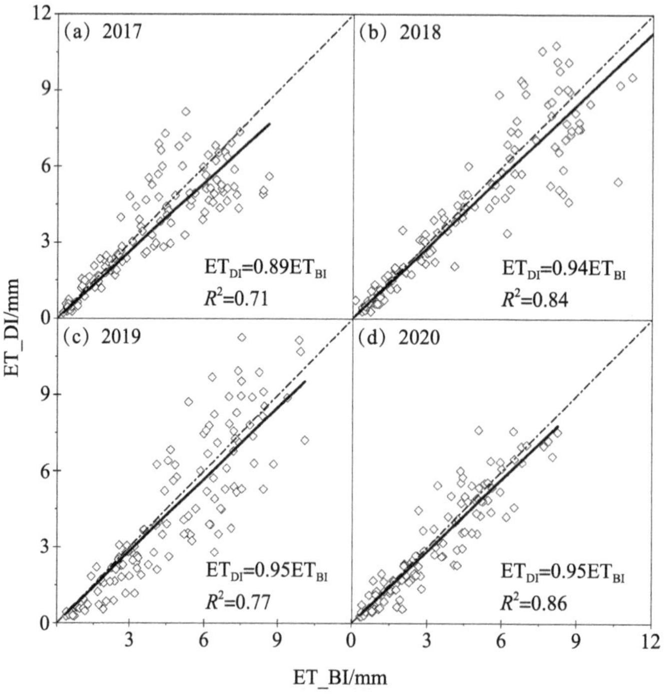

图 3-11　2017—2020 年滴灌(DI)和畦灌(BI)条件下春小麦田间蒸散发(ET)的比较

表 3-6　2017—2020 年滴灌(DI)和畦灌(BI)条件下春小麦不同生育期的田间蒸散发(ET)

年份	生育阶段	ΣET/mm		ET/(mm/d)		ΣET/ΣET 全生育期/%	
		DI	BI	DI	BI	DI	BI
2017	苗期	73.09	81.10	1.62	1.80	18.70	18.16
	拔节期	74.01	74.83	4.93	3.94	18.94	16.76
	抽穗期	103.35	106.44	5.44	5.07	26.44	23.84
	灌浆期	65.96	88.11	4.40	5.87	16.88	19.73
	成熟期	74.44	96.08	4.65	6.01	19.05	21.52
	全生育期	**390.84**	**446.57**	**3.55**	**3.85**	**100.00**	**100.00**
2018	苗期	100.09	103.88	2.00	2.08	19.17	18.16
	拔节期	103.28	130.62	7.38	7.26	19.79	22.83
	抽穗期	83.93	123.65	5.60	7.27	16.08	21.61
	灌浆期	149.68	119.49	7.88	5.97	28.68	20.89
	成熟期	84.99	94.44	4.25	4.72	16.28	16.51
	全生育期	**521.97**	**572.07**	**4.42**	**4.58**	**100.00**	**100.00**
2019	苗期	83.09	105.16	1.77	2.24	15.94	18.20
	拔节期	98.83	119.56	6.59	6.64	18.96	20.69
	抽穗期	142.37	135.72	7.49	6.79	27.31	23.49
	灌浆期	102.00	110.15	5.37	5.51	19.57	19.06
	成熟期	95.03	107.23	4.75	5.11	18.23	18.56
	全生育期	**521.32**	**577.83**	**4.34**	**4.59**	**100.00**	**100.00**
2020	苗期	61.24	67.72	1.46	1.61	17.33	17.57
	拔节期	53.24	65.33	3.55	3.84	15.06	16.96
	抽穗期	101.34	102.32	5.63	5.39	28.67	26.56
	灌浆期	86.64	95.09	4.56	4.75	24.51	24.68
	成熟期	50.98	54.86	2.68	2.74	14.42	14.24
	全生育期	**353.44**	**385.32**	**3.13**	**3.27**	**100.00**	**100.00**
4 年平均	苗期	79.37	89.47	1.73	1.94	17.76	18.06
	拔节期	82.34	97.59	5.58	5.42	18.43	19.70
	抽穗期	107.75	117.03	6.07	6.08	24.11	23.62
	灌浆期	101.07	103.21	5.61	5.50	22.62	20.83
	成熟期	76.36	88.15	4.07	4.58	17.09	17.79
	全生育期	**446.89**	**495.45**	**3.88**	**4.09**	**100.00**	**100.00**

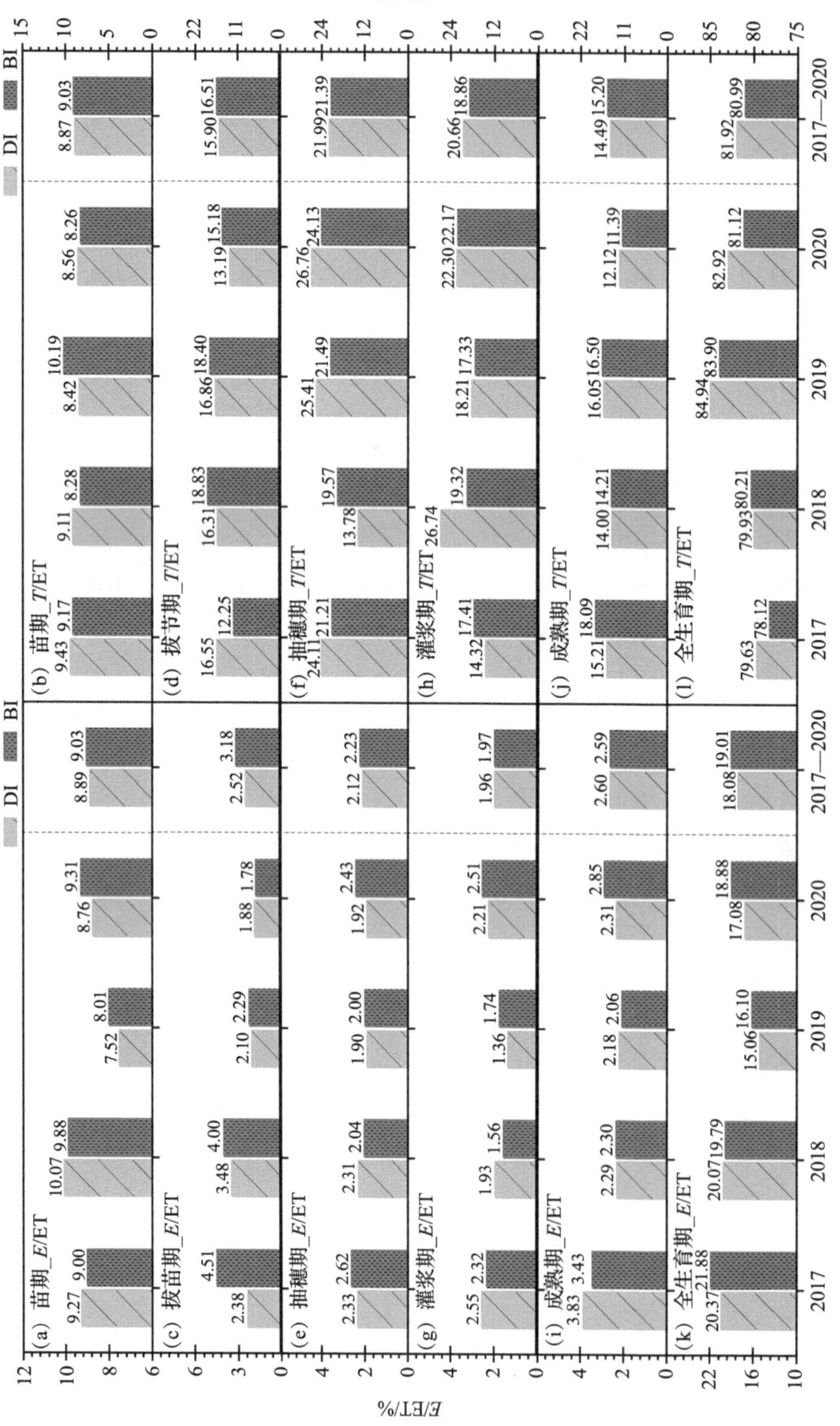

图 3-12　2017—2020 年滴灌(DI)和畦灌(BI)条件下春小麦不同生育期土壤蒸发(*E*)和植株蒸腾(*T*)占全生育期田间蒸散发(ET)的比例

2017—2020 年，滴灌和畦灌条件下春小麦全生育期 E/ET 的比例依次为 20.37%和 21.88%、20.07%和 19.79%、15.06%和 16.10%、17.08%和 18.88%，年均 E/ET 分别为 18.08% 和 19.01%；滴灌条件下的 E/ET 比畦灌的依次低 1.51%、高 0.28%、低 1.04%、低 1.80%，4 年平均低 0.93%。对应年份滴灌和畦灌之间 T/ET 的差值与 E/ET 的差值相反。滴灌条件下，春小麦全生育期从土壤中蒸发的水量占总耗水的比例更低，田间更多水分被用于植株蒸腾。仅 2018 年滴灌麦田全生育期的 E/ET 高于畦灌，这是由于 2018 年滴灌和畦灌灌溉定额相等，滴灌条件下苗期末第一次灌溉的水量以及抽穗-灌浆期的累计灌水量远高于其他年份，从而导致土壤蒸发量更高。2017—2020 年，滴灌条件下春小麦苗期、拔节期、抽穗期、灌浆期、成熟期的平均 E/ET 比畦灌条件下的分别低 0.14%、0.66%、0.11%、0.01%、高 0.01%，全生育期累计低 0.93%；对应时段的平均 T/ET 比畦灌条件下的分别低 0.16%、低 0.61%、高 0.60%、高 1.80%、低 0.71%，全生育期累计高 0.93%。

平均来看，除成熟期以外，其他生育阶段滴灌条件下的 E/ET 始终低于畦灌，除抽穗-灌浆期以外，其他生育阶段滴灌的 T/ET 更低，且滴灌和畦灌条件下各生育期 E/ET 的差异在拔节期达到最大，T/ET 的差异则在灌浆期达到最大。麦田在苗期末发生第一次灌水后，滴灌和畦灌的土壤蒸发量均达到峰值，两种灌溉方式下土壤蒸发的差异也在此时开始增加，且滴灌各生育阶段的累计土壤蒸发量始终更低，所以滴灌的 E/ET 始终低于畦灌，且二者 E/ET 的差值在拔节期达到最高。滴灌麦田成熟期的 E/ET 略高于畦灌与滴灌条件下春小麦提前进入成熟期有关。春小麦抽穗-灌浆期作物叶片生长最为旺盛，植株蒸腾处于较高水平，滴灌春小麦全生育期的灌溉定额低于畦灌，但是拔节-灌浆期的累计灌水量更高，少量多次的灌水特点有利于更多的水分被植株根系吸收和利用，从而造成滴灌条件下春小麦在抽穗-灌浆期的 T/ET 更高。相比畦灌，滴灌春小麦在抽穗-灌浆期吸收了更多的水分用于植株蒸腾。

不同灌溉方式下全生育期累计植株蒸腾量占田间总耗水的 80%以上，考虑到叶片是植株进行蒸腾作用的主要器官，为探究不同灌溉方式下田间蒸散发的分配规律，将 E/ET 和 T/ET 分别与对应的叶面积指数（LAI）进行拟合（图 3-13），拟合曲线的参数以及拟合效果的评价见表 3-7。根据图表可知，滴灌和畦灌条件下，E/ET 和 T/ET 与 LAI 之间均存在指数函数的关系，对应的决定系数（R^2）均在 0.75 以上，拟合效果较好。随着叶面积指数的增加，作物冠层逐渐稠密，农田的通风性和透气透光性变差，土壤蒸发量逐渐减少，对应的，E/ET 整体呈降低趋势，并在 LAI＞2.5 cm^2/cm^2 时逐渐趋于稳定，T/ET 的变化趋势则与 E/ET 完全相反。春小麦出苗之后，叶面积指数从 0 开始逐渐增加，此时 E/ET 远高于 T/ET，二者的差距随着 LAI 的升高逐渐减小。滴灌条件下，LAI＝0.72 cm^2/cm^2 时，E 和 T 分别占总耗水的 50%，此后田间更多的水分用于植株蒸腾；而畦灌条件下 LAI＝0.85 cm^2/cm^2 时，E/ET 和 T/ET 的拟合曲线才开始交汇。相比传统畦灌，滴灌减少了无效的土壤蒸发，创造了有利于作物根系吸水的土壤环境，更早地将更多水分用于植株进行蒸腾作用。

表 3-7　2017—2020 年滴灌（DI）和畦灌（BI）条件下春小麦田间蒸散发的分配与叶面积指数（LAI）的拟合曲线参数

灌溉处理	y 轴	N	拟合曲线公式：$y=a-b*c^x$			R^2
			a	b	c	
DI	E/ET	459	0.13	−0.73	0.39	0.75
	E/ET	459	0.87	0.73	0.39	0.75
BI	E/ET	459	0.12	−0.77	0.43	0.83
	E/ET	459	0.88	0.77	0.43	0.83

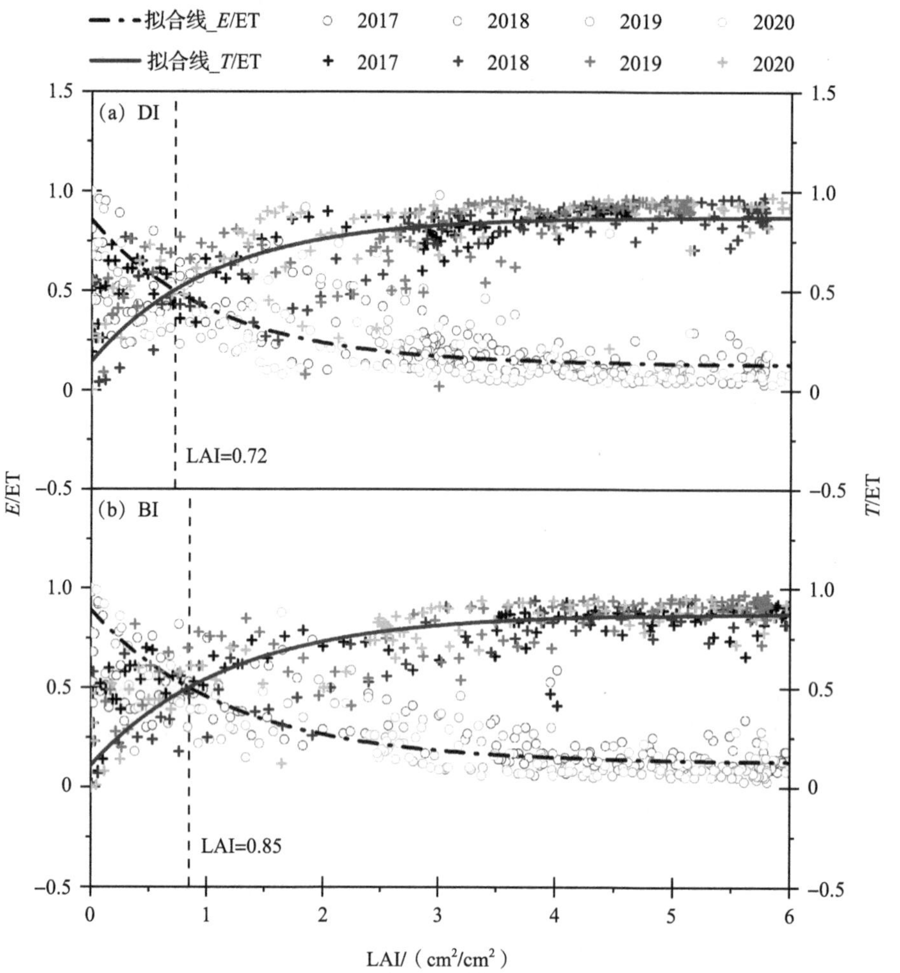

图 3-13　2017—2020 年滴灌(DI)和畦灌(BI)条件下春小麦田间蒸散发的分配与叶面积指数(LAI)之间的关系

3.4　不同灌溉方式对春小麦田水量平衡的影响

基于水量平衡法计算 2017—2020 年滴灌(DI)和畦灌(BI)条件下春小麦全生育期的水量平衡各分量，结果如表 3-8 所示。2017—2020 年，滴灌和畦灌条件下各年份春小麦全生育期的降水量相等，年均降水量均为 70.45 mm，年均灌水量分别为 344.75 mm 和 372.25 mm，农田总输入水量分别为 415.20 mm 和 442.70 mm，年均总耗水量分别为 446.89 mm 和 495.45 mm，0～1 m 土层储水量的变化量分别为－57.59 mm 和－99.96 mm，深层渗漏量分别为 25.90 mm 和 47.21 mm。对农田水分输入项而言，滴灌条件下的灌溉定额比畦灌平均低 7.39%，农田总输入水量比畦灌平均低 6.21%；对农田水分输出项而言，滴灌条件下的农田总耗水比畦灌平均少 9.80%，春小麦全生育期地表以下 0～1 m 深度的土层储水量比畦灌多 42.38%，农田深层渗漏量比畦灌平均少 45.14%。滴灌条件下的水分入渗缓慢且平稳，更多水分储存在土壤中被植株根系吸收，而畦灌条件下的水分很难储存在土壤中，深层渗漏现象更加严重。

总之，相比较畦灌，滴灌提高植株根系的吸水效率，平均降低田间总耗水 9.80%，减少深层渗漏量 45.14%，显著提高了灌溉水的利用效率。

3.5　本章小结

为探究灌溉方式对田间水量平衡过程的影响，本章对 2017—2020 年滴灌和畦灌条件下麦田

表 3-8　2017—2020 年滴灌(DI)和畦灌(BI)条件下春小麦全生育期的水量平衡情况

年份	P/mm	I/mm		ET/mm		ΔW/mm		D/mm	
		DI	BI	DI	BI	DI	BI	DI	BI
2017	72.60	335.00	374.00	390.84	446.57	−19.73	−62.14	36.49	62.17
2018	41.40	416.00	416.00	521.97	572.07	−82.03	−156.11	17.45	41.44
2019	110.20	316.00	352.00	521.32	577.83	−113.93	−142.72	18.80	27.09
2020	57.60	312.00	347.00	353.44	385.32	−14.69	−38.86	30.86	58.14
4 年平均	**70.45**	**344.75**	**372.25**	**446.89**	**495.45**	**−57.59**	**−99.96**	**25.90**	**47.21**

的降水灌溉量、土壤含水量、田间蒸散发以及深层渗漏量等水量平衡组分进行比较，同时基于波文比能量平衡系统观测的田间蒸散发数据和微型蒸渗仪观测得到的土壤蒸发数据验证了 Shuttleworth-Wallace(SW)模型在灌溉麦田中的适用性，并在此基础上对田间蒸散发数据进行分割，分析了滴灌和畦灌条件下土壤蒸发和植株蒸腾的差异及其影响因素，主要得到了以下结论。

①滴灌改变田间水量平衡过程。与传统畦灌相比，滴灌平均降低春小麦生长季内的灌溉量 7.39%，降低田间耗水量 9.80%，降低深层渗漏量 45.14%，显著减少了灌溉水的损失。由灌溉导致的土壤水分分布的改变是田间水量平衡发生变化的根源，滴灌平均降低地表以下 0～1 m 土层的土壤平均含水量 5.81%，降低最高土壤含水量 18.83%，提高最低土壤含水量 3.55%，从而减少土壤含水量的波动幅度 42.21%，滴灌条件下的麦田土壤水分的变化始终处于更适宜作物根系生长的范围。

②SW 模型对西北旱区滴灌和畦灌条件下春小麦田间蒸散发和土壤蒸发过程的模拟效果较好，可用于当地麦田蒸散发数据的分割。

③滴灌平均降低春小麦生长季内的田间蒸散发 48.56 mm，其中土壤蒸发量和植株蒸腾量分别降低 13.36 mm 和 35.20 mm。滴灌主要通过限制叶片生长，降低植株蒸腾的方式减少田间耗水。与此同时，滴灌减少土壤蒸发占田间耗水的比例，尤其在抽穗-灌浆期，这也是春小麦生殖生长的关键阶段。在滴灌条件下，更多的水分被用于植株蒸腾，有利于产量的形成。

第 4 章 不同灌溉方式下春小麦田辐射传输规律研究

农田下垫面由表层土壤和植株冠层构成，灌溉通过改变土壤水分含量和植株地上部冠层的生长发育影响农田下垫面性质，进而改变田间辐射平衡过程，并最终影响农田小气候。厘清不同灌溉方式对田间辐射平衡过程的影响是探究农田水热传输机制的基础，同时也可以为量化区域尺度上节水灌溉农田与未来气候环境之间的相互作用关系提供一定的理论基础。为此，本章对比分析了 2017—2020 年滴灌和畦灌条件下麦田的太阳短波辐射、地表反射辐射、天空长波辐射以及地表长波辐射等辐射平衡组分的季节变化及其影响因素，并比较了两种灌溉条件下春小麦不同生育期内田间辐射平衡过程的差异。

4.1 滴灌和畦灌对春小麦田短波辐射的影响

短波辐射包括向下的太阳短波辐射和向上的地表反射辐射，田间反射率(α)表示农田反射的短波辐射占太阳短波辐射的比例，计算公式如下：

$$\alpha = USR/DSR \qquad (4\text{-}1)$$

式中，USR(W/m^2)和 DSR(W/m^2)分别表示农田(地表)反射的短波辐射和接收的太阳短波辐射。

2017—2020 年滴灌(DI)和畦灌(BI)条件下春小麦生育期内的太阳短波辐射(DSR)地表反射辐射(USR)以及田间反射率(α)的逐日变化情况见图 4-1，由此可知，两种灌溉方式下太阳短波辐射和地表反射辐射的变化趋势基本一致。太阳短波辐射随季节的变化缓慢升高，直至夏季 6 月达到峰值，随后缓慢降低。农田下垫面由土壤和作物冠层构成，二者共同影响农田对太阳短波辐射的反射。春小麦出苗之前，表层土壤性质是影响田间反射率的主要因素，出苗之后，田间表层土壤性质与作物冠层发育情况共同影响田间反射率。随着春小麦的生长发育，冠层完全覆盖农田，此时表层土壤性质对田间反射率的影响微乎其微。待春小麦进入成熟期，叶片由绿转黄并逐渐凋萎，冠层日渐稀疏，影响田间反射率的主要因素成为了表层土壤和作物冠层。本研究中，麦田 5 月初第一次灌水之前，田间反射率逐渐降低，但由于太阳短波辐射的升高，地表反射辐射呈缓慢增加的变化趋势。随着春小麦进入快速生长阶段，植株冠层日渐稠密，田间反射率和地表反射辐射逐渐增加，直至 6 月初达到峰值，之后又因春小麦叶片颜色的加深和叶面积的降低而逐渐降低。春小麦于 7 月进入成熟期，叶片变黄凋落，此时田间反射率和地表反射短波辐射再次升高。

各年份滴灌(DI)和畦灌(BI)条件下太阳短波辐射(DSR)和地表反射辐射(USR)的比较如图 4-2 所示，平均来说，两种灌溉方式下麦田接收的太阳短波辐射的差异极小，而滴灌条件下农田反射的短波辐射始终更低。2017—2020 年，滴灌和畦灌条件下春小麦全生育期的太阳短波辐射依次为 267.03 W/m^2 和 268.67 W/m^2、266.95 W/m^2 和 261.40 W/m^2、269.12 W/m^2 和 265.53 W/m^2、245.16 W/m^2 和 244.22 W/m^2，4 年平均太阳短波辐射分别为 262.07 W/m^2 和 259.96 W/m^2；对应年份的地表反射辐射依次为 50.07 W/m^2 和 53.84 W/m^2、40.27 W/m^2 和 43.50 W/m^2、39.71 W/m^2 和 43.36 W/m^2、44.40 W/m^2 和 47.16 W/m^2，4 年平均地表反射辐射分别为 43.61 W/m^2 和 46.96 W/m^2；相应地，各年份的田间反射率依次为 0.190 和 0.202、0.152 和 0.169、0.148 和 0.165、0.183 和 0.195，4 年平均

田间反射率分别为 0.168 和 0.183。各年份滴灌和畦灌条件下太阳短波辐射的平均差距不到 1%,可忽略不计,而滴灌条件下的地表反射辐射比畦灌的平均低 7.13%,对应的田间反射率比畦灌的平均低 7.86%,这与两种灌溉条件下水分湿润表层土壤的方式以及春小麦冠层生长发育的过程不同有关。研究表明,土壤含水量的降低会导致反射率升高,且土壤缺水时植株叶片反射率会增大[139]。滴灌灌水频率较高,表层土壤长期处于湿润状态,随着春小麦叶片的生长发育,冠层对田间反射率的影响程度逐渐加深,而滴灌条件下田间土壤水分状况良好,植株受到水分胁迫的概率更低。另外,滴灌条件下更小更轻的叶片导致更高的叶倾角,这也是造成滴灌麦田反射率更低的因素之一。

图 4-3 为 2017—2020 年滴灌(DI)和畦灌(BI)条件下春小麦全生育期太阳短波辐射(DSR)和地表反射辐射(USR)累计值的对比,可以看出各年份滴灌的太阳短波辐射累计值和地表反射辐射累计值始终更低。滴灌和畦灌条件下春小麦全生育期太阳短波辐射的年均累计值分别为 2 529.91 MJ 和 2 649.26 MJ,滴灌比畦灌低 119.35 MJ;对应的地表反射辐射的年均累计值分别为 421.11 MJ 和 474.71 MJ,滴灌比畦灌低 53.60 MJ。2017—2020 年,滴灌麦田全生育期的累计太阳短波辐射和地表反射辐射比畦灌的平均低 4.51% 和 11.29%。滴灌春小麦提前成熟,生育期总长度比畦灌的短 5～7 d,导致全生育期内累计太阳辐射更低,与此同时,滴灌的田间反射率更低,进一步减少了全生育期的累计地表反射辐射。

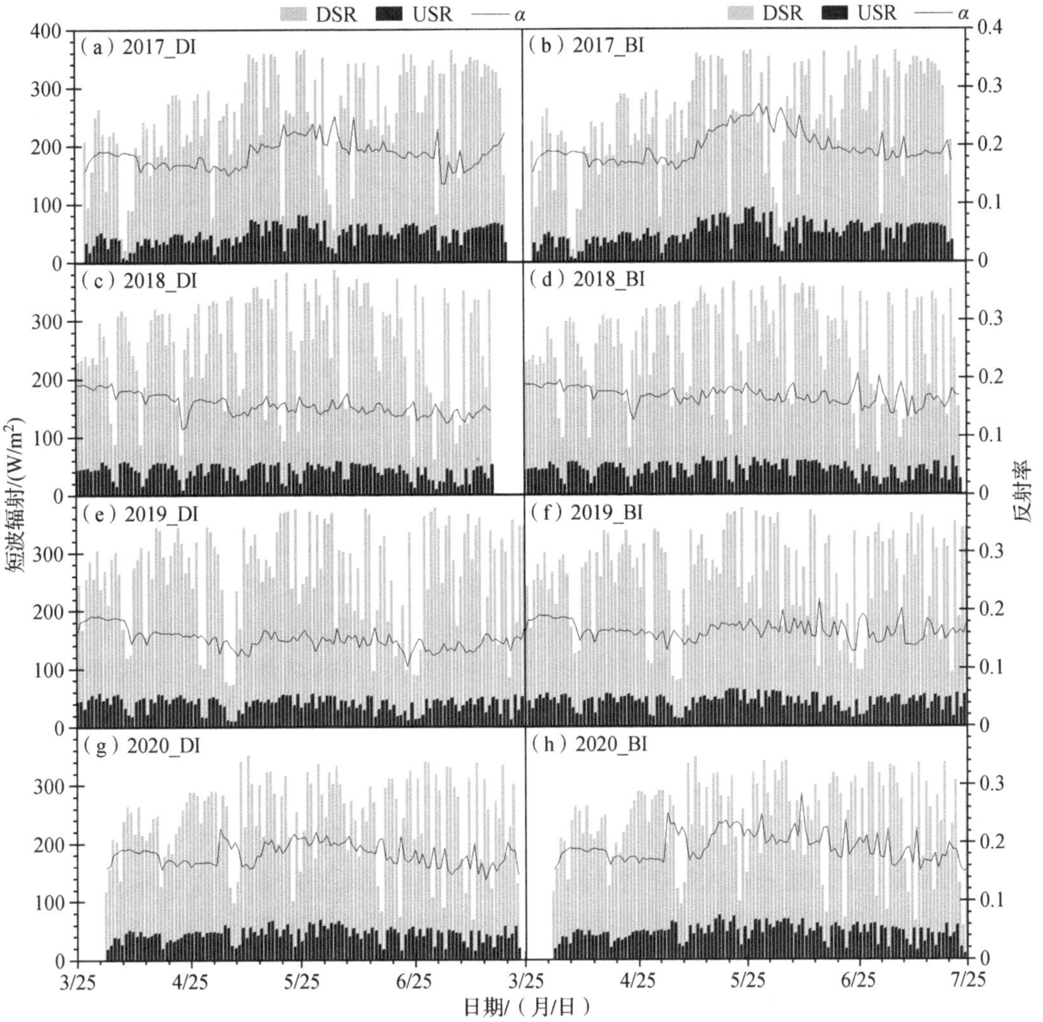

图 4-1　2017—2020 年滴灌(DI)和畦灌(BI)条件下太阳短波辐射(DSR),地表反射辐射(USR)以及田间反射率(α)的季节变化

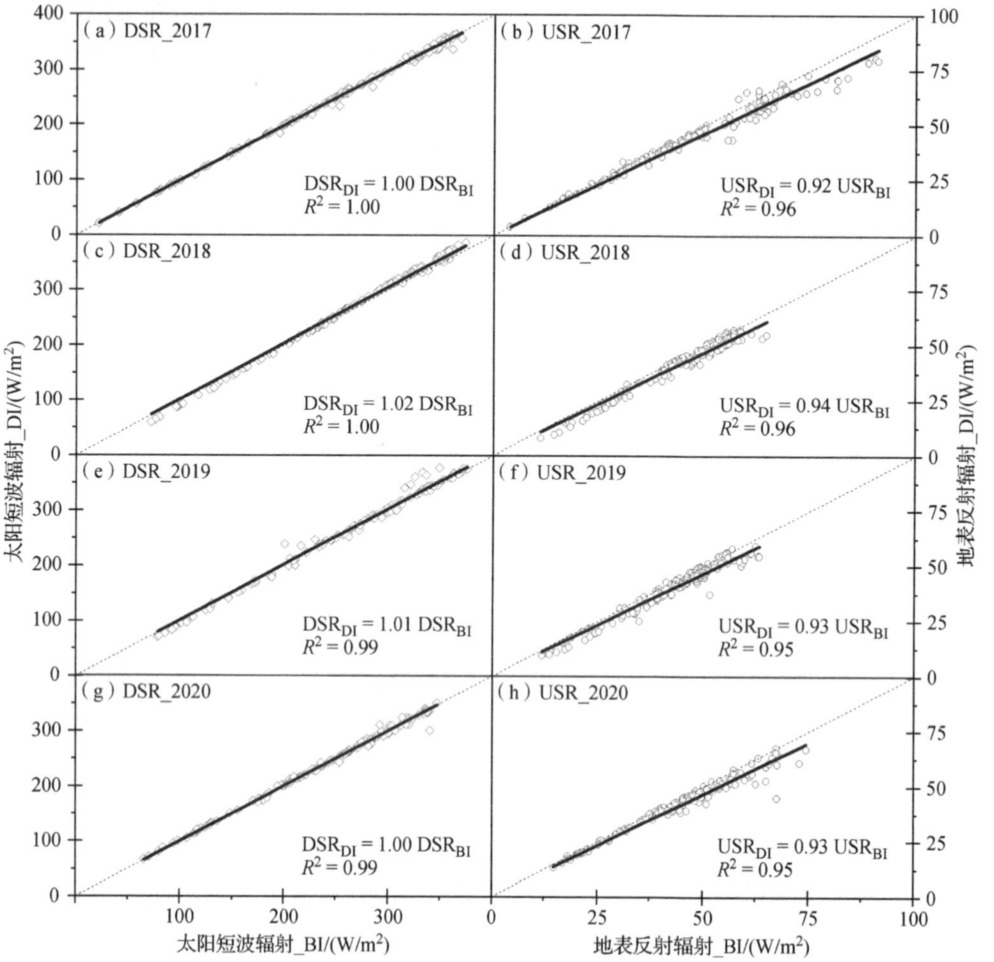

图 4-2　2017—2020 年滴灌(DI)和畦灌(BI)条件下太阳短波辐射(DSR)和地表反射辐射(USR)的比较

春小麦生育期内，农田长期被植株冠层覆盖，叶面积指数是影响田间反射率的主要因素，为探究二者之间的关系，对 2017—2020 年不同灌溉方式下春小麦的叶面积指数(LAI)和田间反射率(α)的逐日变化情况进行比较(图 4-4)。全生育期内，滴灌和畦灌条件下田间反射率的变化过程可分为 4 个阶段:第一阶段从春小麦播种开始，田间反射率随着 LAI 的升高而降低，二者为负相关关系;第二阶段从 5 月初苗期末第一次灌水开始，田间反射率随着 LAI 的快速升高逐渐增加，二者为正相关关系;第三阶段从 5 月下旬春小麦进入抽穗期开始，此时春小麦的生长进入最旺盛时期，之后 LAI 随着叶片的萎缩逐渐降低，对应时段的田间反射率也随之降低，二者为正相关关系;第四阶段从 7 月春小麦进入成熟期后开始，随着叶片变黄凋萎，LAI 降低，田间反射率出现升高的变化趋势，二者呈负相关关系。

由对比滴灌和畦灌条件下田间反射率变化的各阶段起止时间可知，两种灌溉方式下第一阶段的结束时间相同，滴灌第二阶段持续时间更短，导致第三阶段和第四阶段的开始时间随之提前。滴灌和畦灌的田间反射率从 5 月初发生第一次灌水事件之后出现差异，此后均随春小麦叶片的生长逐渐升高，且畦灌的田间反射率增加速度更快。但是滴灌提前结束拔节期，田间反射率的变化提前进入了第三阶段，此时畦灌反射率仍在增加，而滴灌反射率已经开始出现下降趋势。另外，虽然滴灌田间反射率的变化先于畦灌进入第四阶段，此时田间反射率随着 LAI 的降低逐渐增加，但滴灌的田间反射率从第一次灌水结束之后始终低于畦灌，导致第四阶段结束时仍处于比畦灌更低的水平。总之，从第一次灌水事件开始，滴灌条件下田间反射率始终更低，更多太阳短波辐射被农田接收。

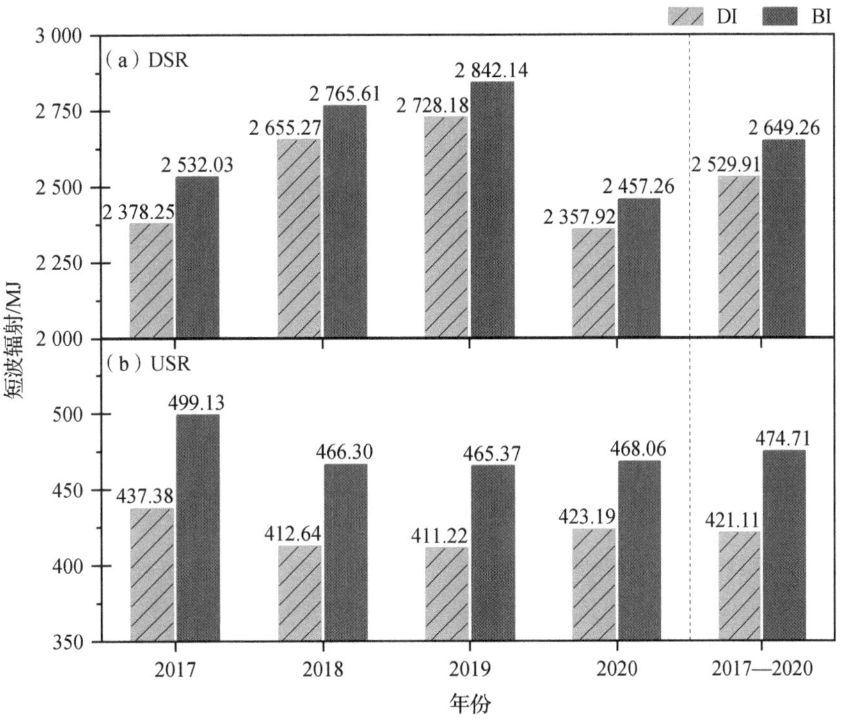

图 4-3　2017—2020 年滴灌(DI)和畦灌(BI)条件下春小麦全生育期太阳短波辐射(DSR)及地表反射辐射(USR)累计值的对比

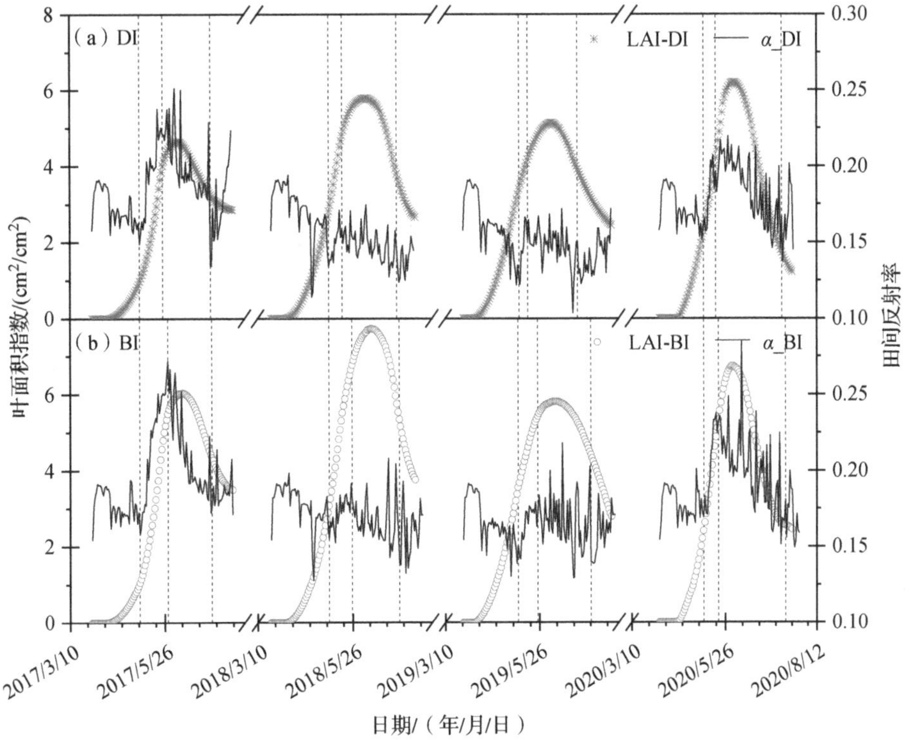

图 4-4　2017—2020 年滴灌(DI)和畦灌(BI)条件下春小麦叶面积指数(LAI)与田间反射率(α)的关系

4.2 滴灌和畦灌对春小麦田长波辐射的影响

农田长波辐射包括向下的天空长波辐射和向上的地表长波辐射，主要受空气温度和地表温度影响，考虑到不同灌溉条件下的田间空气温度和地表温度存在差异，天空长波辐射和地表长波辐射也会随之出现差异。2017—2020 年滴灌(DI)和畦灌(BI)条件下春小麦全生育期内天空长波辐射(DLR)和地表长波辐射(ULR)的逐日变化情况见图 4-5，由此可知，两种灌溉方式下天空长波辐射和地表长波辐射的整体变化趋势基本一致，均随着大气温度的升高逐渐增加。

各年份滴灌(DI)和畦灌(BI)条件下天空长波辐射(DLR)和地表长波辐射(ULR)的比较如图 4-6 所示，平均来说，滴灌条件下的天空长波辐射略高于畦灌，两种灌溉条件下的地表长波辐射没有明显差异。2017—2020 年，滴灌和畦灌条件下春小麦全生育期的天空长波辐射依次为 344.69 W/m^2 和 344.27 W/m^2、349.24 W/m^2 和 348.40 W/m^2、350.79 W/m^2 和 339.10 W/m^2、333.61 W/m^2 和 329.76 W/m^2，4 年平均天空长波辐射分别为 344.58 W/m^2 和 340.38 W/m^2；对应年份的地表长波辐射依次为 402.92 W/m^2 和 401.29 W/m^2、404.46 W/m^2 和 407.72 W/m^2、400.12 W/m^2 和 403.20 W/m^2、405.93 W/m^2 和 404.69 W/m^2，4 年平均地表长波辐射分别为 403.36 W/m^2 和 404.22 W/m^2。2017—2020 年滴灌条件下的天空长波辐射比畦灌的平均高 1.23%，而两种灌溉方式下农田长波辐射的平均差距不到 1%。天空长波辐射主要受空气温度的影响。2017—2020 年，滴灌和畦灌条件下春小麦全生育期冠层上方的空气温度依次为 18.17 ℃和

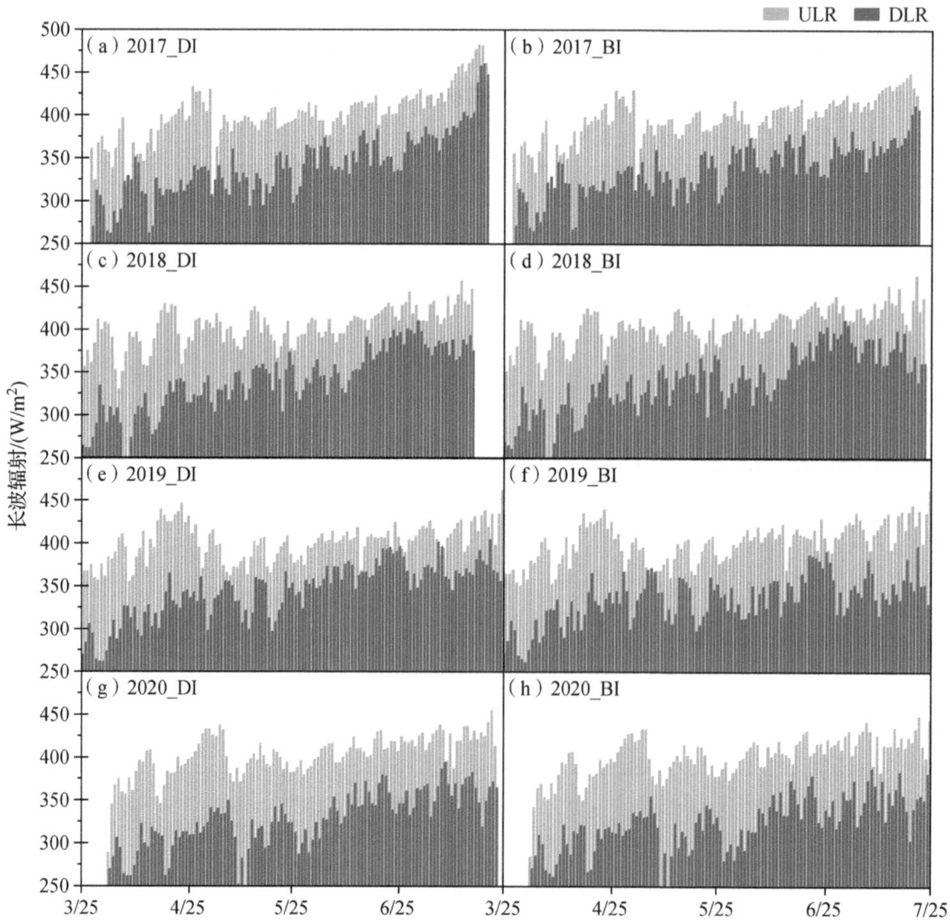

图 4-5　2017—2020 年滴灌(DI)和畦灌(BI)条件下天空长波辐射(DLR)和地表长波辐射(ULR)的季节变化

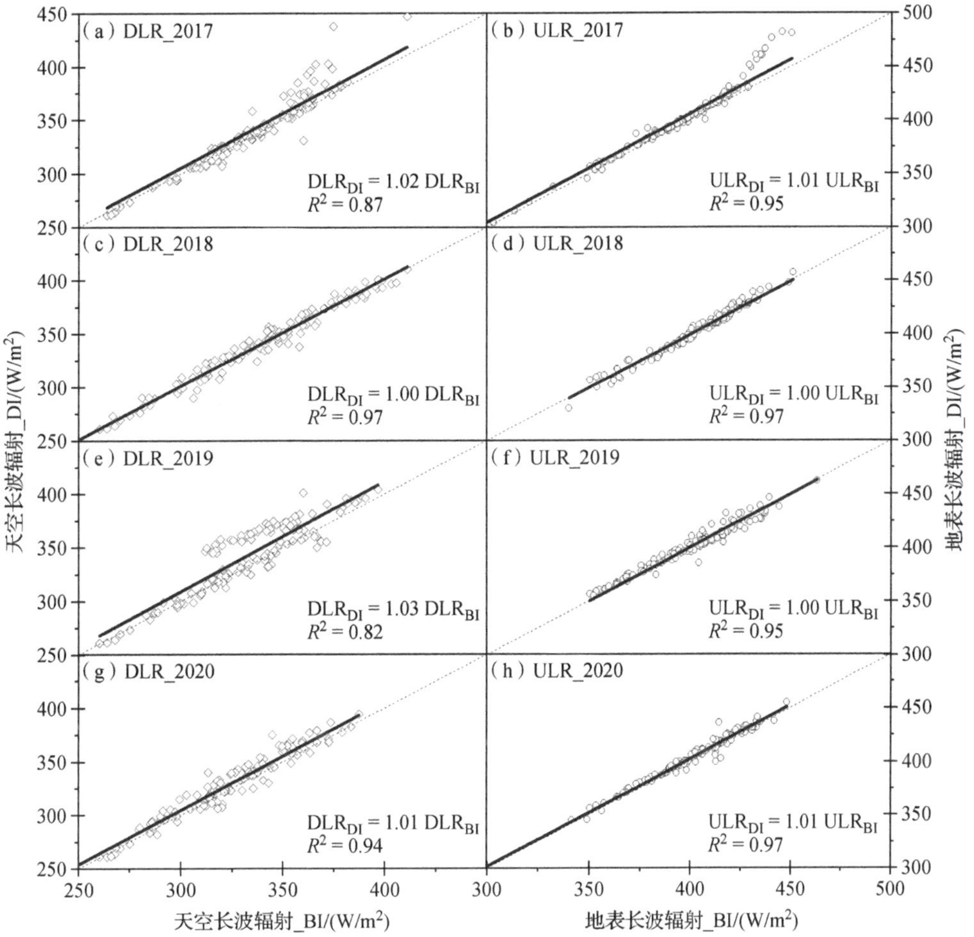

图 4-6　2017—2020 年滴灌(DI)和畦灌(BI)条件下天空长波辐射(DLR)和地表长波辐射(ULR)的比较

17.01 ℃、17.01 ℃和 16.60 ℃、16.21 ℃和 16.03 ℃、17.57 ℃和 16.97 ℃，4 年平均冠层上方温度分别为 17.24 ℃和 16.65 ℃。各年份滴灌条件下春小麦全生育期的冠层上方的空气温度比畦灌的平均高 0.59 ℃。滴灌麦田中更高的空气温度导致更高的天空长波辐射。

图 4-7 为 2017—2020 年滴灌（DI）和畦灌（BI）条件下春小麦全生育期天空长波辐射（DLR）和地表长波辐射（ULR）累计值的对比，可以看出各年份滴灌的天空长波辐射累计值和地表长波辐射累计值均低于畦灌。滴灌和畦灌条件下春小麦全生育期天空长波辐射的年均累计值分别为 3 354.80 MJ 和 3 499.39 MJ，滴灌麦田比畦灌麦田低 144.59 MJ；地表长波辐射的年均累计值分别为 3 981.36 MJ 和 4 190.64 MJ，滴灌麦田比畦灌麦田低 209.28 MJ。2017—2020 年，滴灌麦田全生育期的累计天空长波辐射和地表长波辐射比畦灌的平均低 4.13%和 4.99%。相比畦灌，滴灌条件下的天空长波辐射通量平均高 1.23%，两者之间地表长波辐射的差异则不足 1%，但滴灌春小麦全生育期的长度比畦灌的短 5～7 d，两种灌溉方式下长波辐射的差距并不足以抵消生育期长度对长波辐射累计值的影响。

农田长波辐射主要影响因素是田间温度，为探究长波辐射和田间温度之间的关系，分别对 2017—2020 年不同灌溉方式下天空长波辐射（DLR）和空气温度（T_a）之间的关系以及地表长波辐射（ULR）与表层土壤温度（T_s）之间的关系进行分析（图 4-8）。由此可知，天空长波辐射和田间空气温度存在显著正相关关系，滴灌和畦灌条件下的相关系数分别达到了 0.79 和 0.76；地表长波辐射和表层土壤温度同样存在显著正相关关系，滴灌和畦灌条件下的相关系数分别为 0.71 和 0.59。相比天空长波辐射与田间温度的关系，不同灌溉条件下春小麦田的地表长波辐射与田间温度的相关系数更小，这可能与冠层的阻隔作用有关。

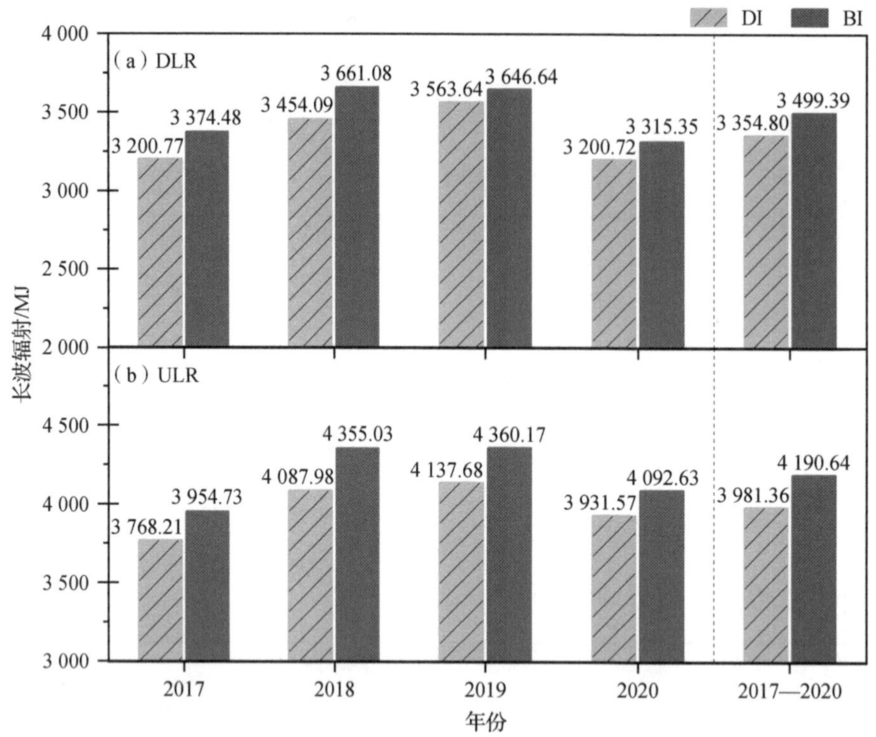

图 4-7　2017—2020 年滴灌(DI)和畦灌(BI)条件下春小麦全生育期天空长波辐射(DLR)及地表长波辐射(ULR)累计值的对比

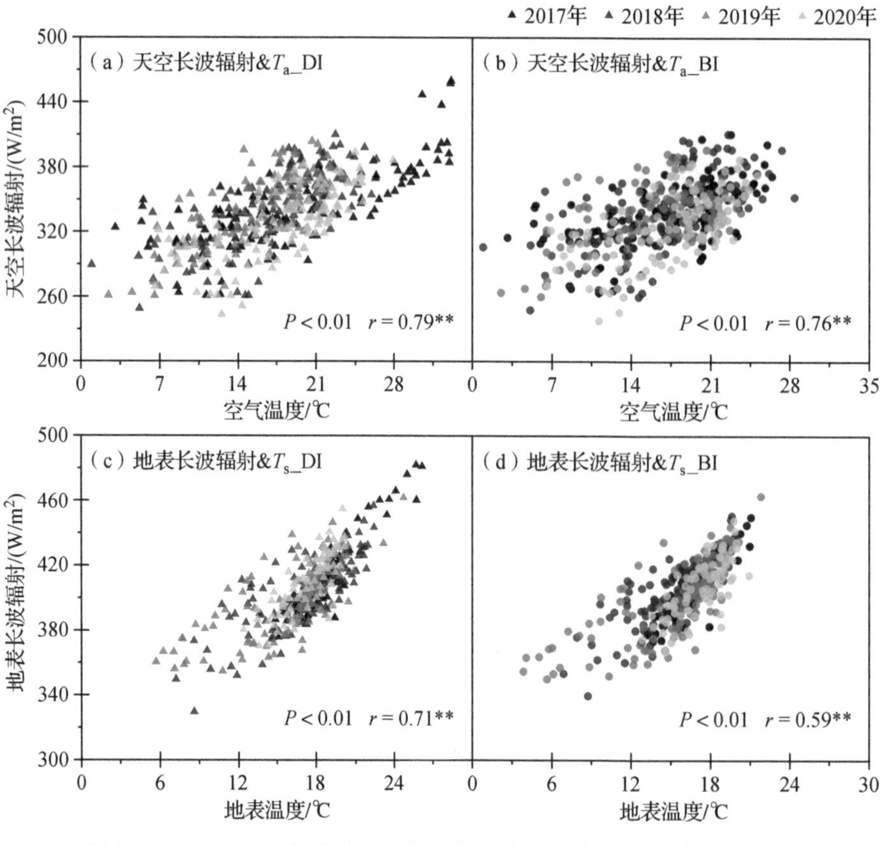

图 4-8　2017—2020 年滴灌(DI)和畦灌(BI)条件下天空长波辐射(DLR)及地表长波辐射(ULR)与田间温度的关系

4.3　滴灌和畦灌对春小麦田净辐射的影响

净辐射(R_n)代表农田最终得到的辐射能量，包括净短波辐射和净长波辐射，具体计算公式如下：

$$R_n = R_{nS} + R_{nL} \tag{4-2}$$

$$R_{nS} = DSR - USR \tag{4-3}$$

$$R_{nL} = DLR - ULR \tag{4-4}$$

式中，R_{nS}(W/m^2)表示净短波辐射，为太阳短波辐射(DSR，W/m^2)和地表反射辐射(USR，W/m^2)的差值；R_{nL}(W/m^2)表示净长波辐射，为天空长波辐射(DLR，W/m^2)和地表长波辐射(ULR，W/m^2)的差值。

2017—2020 年滴灌(DI)和畦灌(BI)条件下春小麦全生育期内农田净短波辐射(R_{nS})和净长波辐射(R_{nL})，以及对应的净辐射(R_n)的逐日变化情况见图 4-9。由此可知，两种灌溉方式下净短波辐射、净长波辐射以及净辐射的整体变化趋势基本一致，其中，净长波辐射整体呈逐渐降低的变化趋势，方向与净短波辐射的相反，其绝对值在 5—6 月最低，而净短波辐射和净辐射方向相同，均随时间呈先增加后缓慢降低的变化趋势。

各年份滴灌(DI)和畦灌(BI)条件下净短波辐射(R_{nS})、净长波辐射(R_{nL})以及净辐射(R_n)的比较如图 4-10 所示，平均来说，滴灌麦田的净短波辐射始终高于畦灌，净长波辐射的绝对值多低于畦灌，田间最终获得的净辐射始终更高。2017—2020 年，滴灌和畦灌条件下全生育期的净短波辐射依次为 216.96 W/m^2 和 214.83 W/m^2、

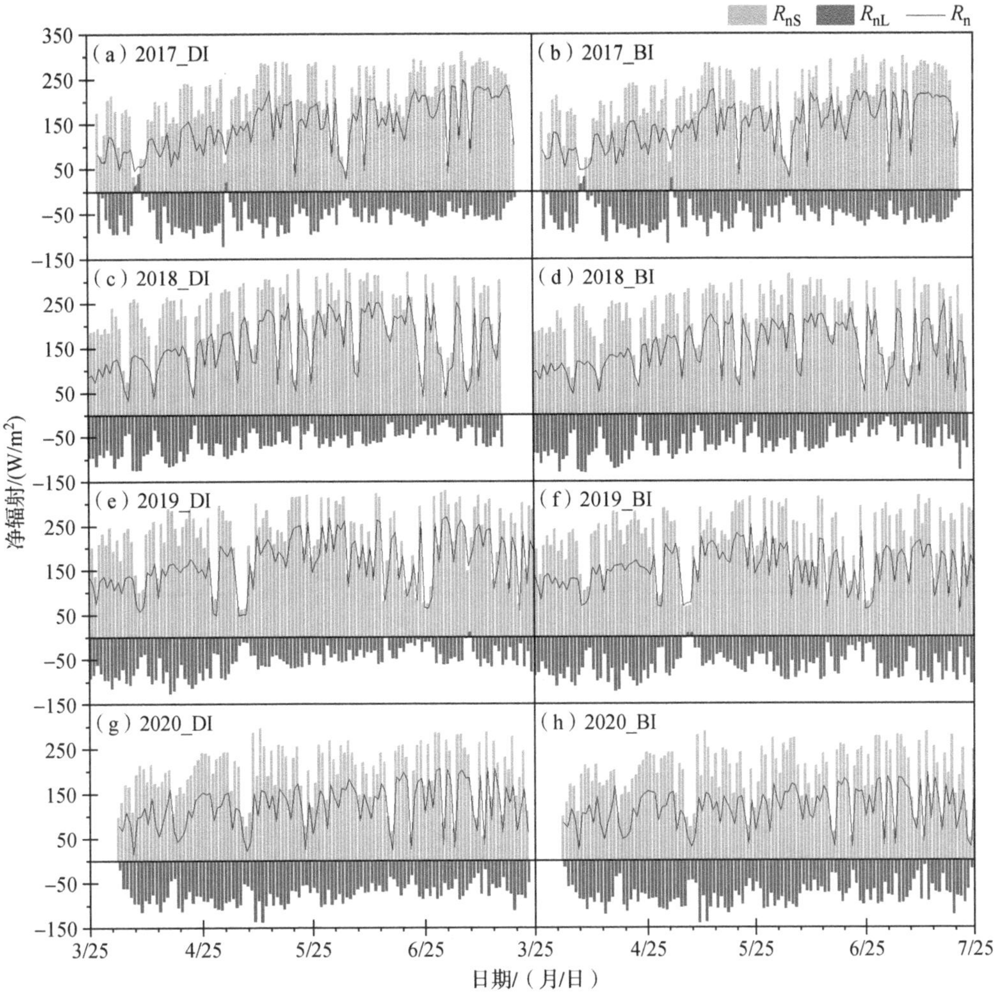

图 4-9　2017—2020 年滴灌(DI)和畦灌(BI)条件下春小麦农田净短波辐射(R_{nS})、净长波辐射(R_{nL})及净辐射(R_n)的季节变化

226.68 W/m² 和 217.91 W/m²、229.41 W/m² 和 222.17 W/m²、200.76 W/m² 和 197.06 W/m²，4 年平均净短波辐射分别为 218.45 W/m² 和 212.99 W/m²；对应年份的净长波辐射依次为 −58.23 W/m² 和 −57.03 W/m²、−55.21 W/m² 和 −59.31 W/m²、−49.33 W/m² 和 −64.10 W/m²、−72.31 W/m² 和 −74.93 W/m²，4 年平均净长波辐射分别为 −58.77 W/m² 和 −63.84 W/m²；对应的净辐射依次为 158.72 W/m² 和 157.81 W/m²、171.47 W/m² 和 158.59 W/m²、180.09 W/m² 和 158.08 W/m²、128.45 W/m² 和 122.14 W/m²，4 年平均净辐射分别为 159.68 W/m² 和 149.15 W/m²。2017—2020 年滴灌条件下的净短波辐射比畦灌的平均高 2.56%；净长波辐射的绝对值比畦灌的平均低 7.94%；对应的净辐射比畦灌的平均高 7.06%。这主要是由于第一次灌水之后，滴灌麦田的田间反射率始终低于畦灌，导致更低的地表反射辐射，并最终造成农田获得的净短波辐射更高。与此同时，滴灌条件下的田间温度更高，农田保存辐射能量的能力更强，从而导致更高的天空长波辐射和更高的净长波辐射。

图 4-11 为 2017—2020 年滴灌（DI）和畦灌（BI）条件下春小麦全生育期的净短波辐射（R_{nS}）、净长波辐射（R_{nL}）以及净辐射（R_n）累计值的对比，可以看出各年份滴灌的净短波辐射累计值略低于畦灌，而净长波辐射累计值为负值，滴灌条件下的绝对值始终更低，两种灌溉条件下的麦田最终获得的净辐射累计值差异不明显。滴灌和畦灌条件下春小麦全生育期净短波辐射的年均累计值分别为 2 108.80 MJ 和 2 174.55 MJ，滴灌麦田比畦灌麦田低 65.75 MJ；净长波辐射的年均累计值分别为 −626.56 MJ 和 −691.25 MJ，滴灌麦田比畦灌麦田高 64.69 MJ，对应的净辐射的年均累计值分别为 1 482.25 MJ 和 1 483.29 MJ，滴灌麦田比畦灌麦田低 1.04MJ。2017—2020 年，滴灌麦田全生育期的累计净短波辐射、净长波辐射和净辐射比畦灌的平均低 3.02%、高 9.36% 和低 0.07%。相比畦灌，滴灌条件下的净短波辐射通量和净长波辐射通量分别高 2.56% 和 7.94%，最终导致滴灌麦田的净辐射通量平均高 7.06%，二者之间净辐射通量的差异正好与生育期长度对净辐射累计值的影响相抵消。

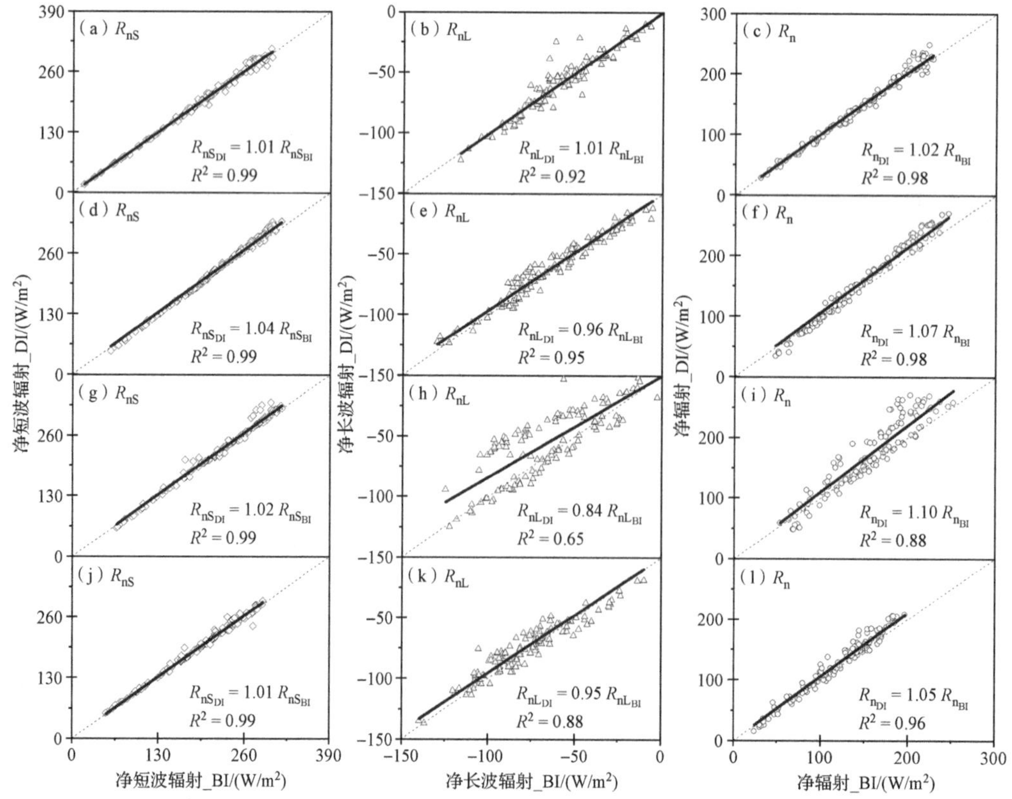

图 4-10 2017—2020 年滴灌（DI）和畦灌（BI）条件下春小麦农田净短波辐射（R_{nS}）、净长波辐射（R_{nL}）及净辐射（R_n）的比较

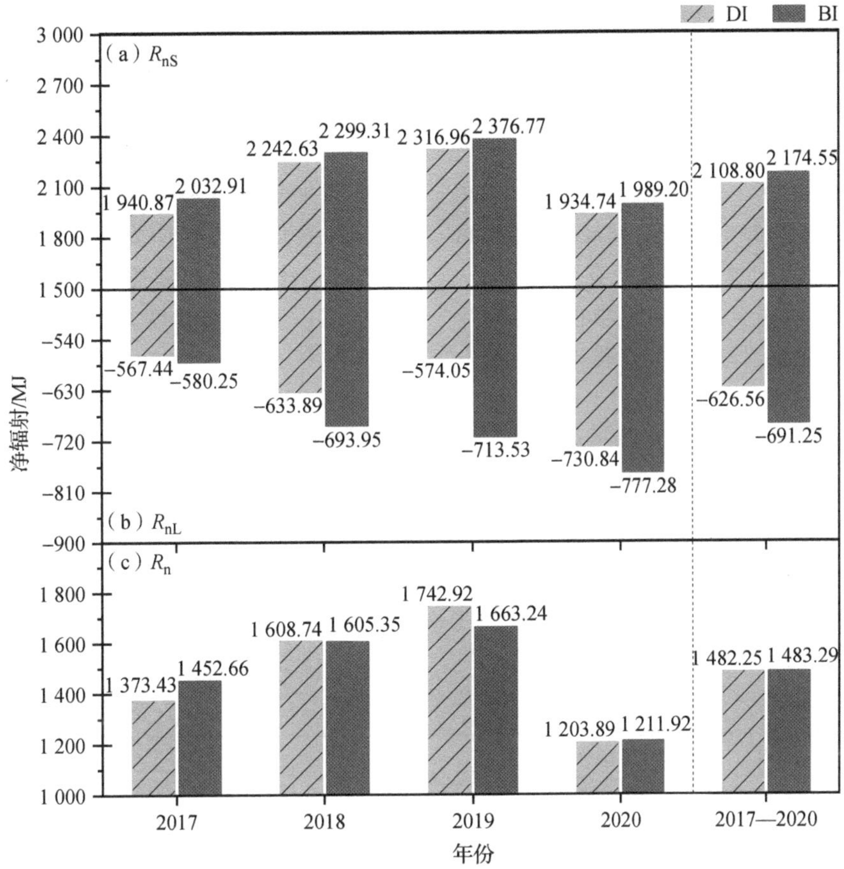

图 4-11　2017—2020 年滴灌(DI)和畦灌(BI)条件下春小麦全生育期的净短波辐射(R_{nS})、净长波辐射(R_{nL})及净辐射(R_n)累计值的对比

4.4　不同灌溉方式对春小麦田辐射平衡的影响

2017—2020 年滴灌(DI)和畦灌(BI)条件下春小麦各生育期的辐射收支情况如表 4-1 所示。由此可知,随着春小麦生育期的推进,各生育期的太阳短波辐射和地表短波辐射,及其对应的净短波辐射整体呈先增加后降低的趋势,其最高值多出现在拔节-抽穗期,最低值均出现在苗期;天空长波辐射和地表长波辐射呈不断升高的趋势,对应的净长波辐射则表现出先降低后增加的变化规律,其绝对值的最低值多出现在灌浆期;农田最终吸收的净辐射变化规律与短波辐射的一致,均随春小麦生育期的推进表现出先增加后降低的变化趋势,其最高值多出现在灌浆期。

两种灌溉条件各生育期的太阳短波辐射相差不大,2017—2020 年,滴灌条件下春小麦苗期、拔节期、抽穗期、灌浆期、成熟期的平均地表反射辐射比畦灌条件下的分别低 1.10 W/m^2、5.52 W/m^2、3.64 W/m^2、1.87 W/m^2、4.63 W/m^2,全生育期平均低 3.35 W/m^2;对应生育阶段的净短波辐射比畦灌条件下的分别高 2.32 W/m^2、10.62 W/m^2、1.51 W/m^2、11.13 W/m^2、1.71 W/m^2,全生育期平均高 5.46 W/m^2。平均来看,滴灌麦田全生育期的地表反射辐射低于畦灌,对应的净短波辐射始终更高,其中,滴灌春小麦拔节期和成熟期的净短波辐射与畦灌的差距最大。滴灌和畦灌条件下的太阳短波辐射相差不足 1%,导致两种灌溉条件下的净短波辐射出现差异的主要因素是滴灌条件下更低的田间反射率。图 4-12 为滴灌(DI)和畦灌(BI)条件下春小麦不同生育期的平均田间反射率,由此可知,滴灌条件下春小麦苗期、拔节期、抽穗期、灌浆期、成熟期的平均田间反射率比畦灌的分别高 3.31%、11.26%、6.84%、8.29%、9.29%,全生育期平均高 7.86%。同净短波辐射类似，两种灌溉条件下田间反射率的差距在拔节期和成熟期最高。这是由于苗期末滴灌和畦灌同时进行第一次灌水，此时正处于春小麦的关键生长阶段，灌水之后麦田表层土壤水分情况和作物生长情况出现明显差异。而抽穗期开始，春小麦进入生长旺盛阶段，叶面积指数达到峰值，此时滴灌和畦灌条件下的田间反射率均处在较高水平，二者间的差异减少。直至成熟期滴灌春小麦的叶片提前枯黄凋萎，冠层逐渐稀疏，滴灌和畦灌春小麦田间反射率间的差距再次增大。

2017—2020 年，滴灌条件下春小麦苗期、拔节期、抽穗期、灌浆期、成熟期的平均天空长波辐射比畦灌的分别低 1.06 W/m^2、高 0.17 W/m^2、高 6.87 W/m^2、高 1.44 W/m^2、高 13.59 W/m^2，全生育期平均高 4.20 W/m^2；平均地表长波辐射比畦灌的分别高 2.43 W/m^2、高 1.15 W/m^2、低 3.85 W/m^2、低 4.58 W/m^2、高 0.51 W/m^2，全生育期平均低 0.87 W/m^2；对应生育阶段的净长波辐射比畦灌平均低 3.49 W/m^2、低 0.98 W/m^2、高 10.73 W/m^2、高 6.01 W/m^2、高 13.08 W/m^2，全生育期平均高 5.07 W/m^2。平均来看，滴灌麦田全生育期的天空长波辐射和净长波辐射更高，地表长波辐射则在抽穗-灌浆期低于畦灌，这与田间温度以及土壤温度与空气温度的差值（T_s-T_a）有关。2017—2020 年，滴灌条件下春小麦苗期、拔节期、抽穗期、灌浆期、成熟期的平均空气温度比畦灌的分别高 0.18 ℃、低 0.06 ℃、高 0.05 ℃、高 1.21 ℃、高 1.70 ℃，全生育期平均高 0.62 ℃，相应地，滴灌各个生育期的天空长波辐射始终更高。此外，滴灌条件下相应生育阶段内的表层土壤温度比畦灌的分别高 0.61 ℃、1.31 ℃、1.06 ℃、0.72 ℃、1.10 ℃，全生育期平均高 0.96 ℃；

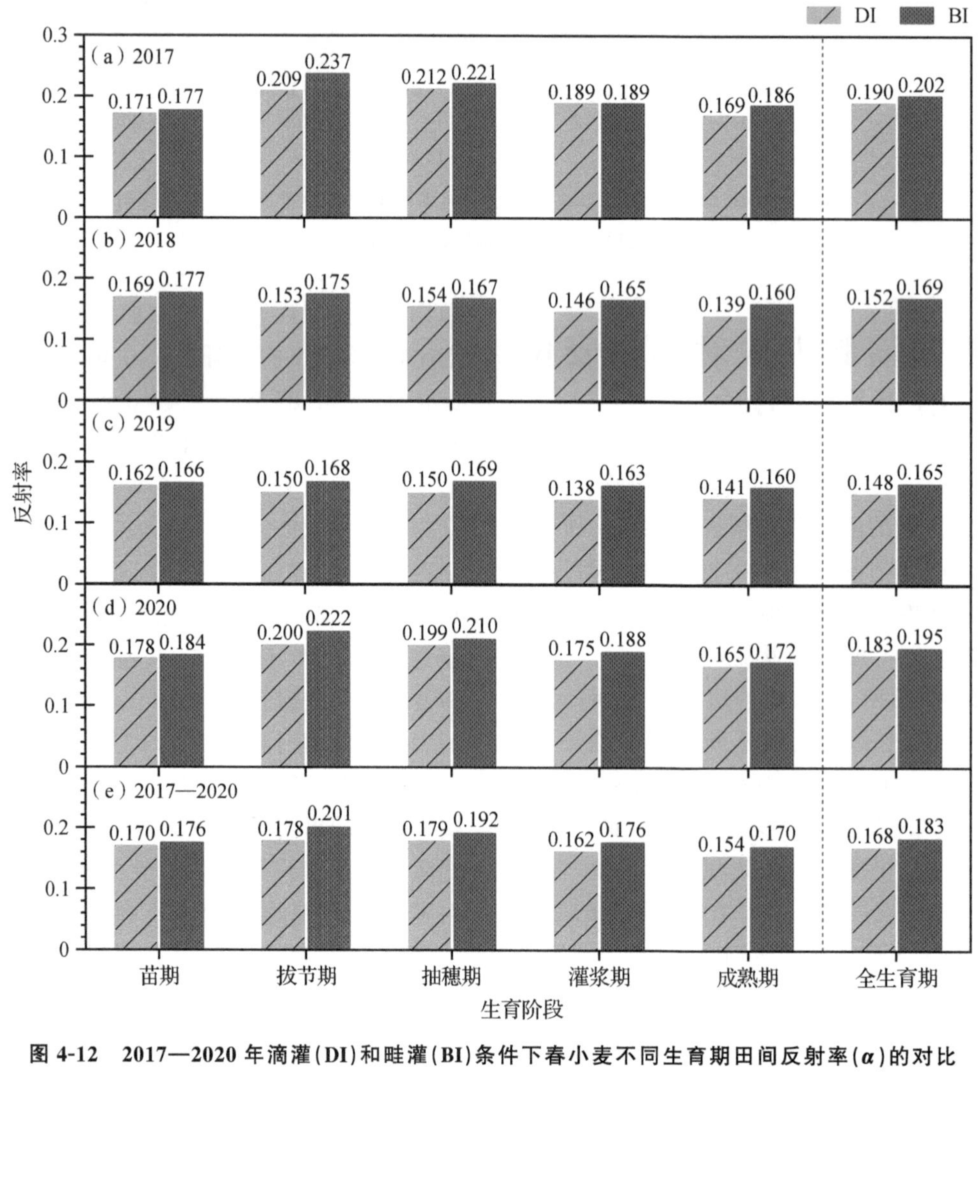

图 4-12　2017—2020 年滴灌(DI)和畦灌(BI)条件下春小麦不同生育期田间反射率(α)的对比

表 4-1　2017—2020 年滴灌(DI)和畦灌(BI)条件下春小麦全生育期的辐射平衡情况

年份	生育阶段	短波辐射/(W/m²)				长波辐射/(W/m²)				净辐射/(W/m²)					
		DSR		USR		DLR		ULR		R_{nS}		R_{nL}		R_n	
		DI	BI	DI	BI	DI	BI	DI	BI	DI	BI	DI	BI	DI	BI
2017	苗期	207.41	207.41	35.19	36.41	313.62	314.44	378.68	376.22	172.22	171.00	−65.06	−61.79	107.16	109.21
	拔节期	299.87	297.16	61.99	69.91	322.59	328.79	393.33	392.00	237.87	227.25	−70.74	−63.21	167.14	164.04
	抽穗期	243.99	239.88	50.39	51.75	351.04	352.76	400.29	398.51	193.60	188.13	−49.24	−45.75	144.36	142.38
	灌浆期	283.49	293.85	53.25	54.86	354.74	353.60	409.57	410.14	230.24	238.99	−54.83	−56.55	175.41	182.45
	成熟期	300.40	305.07	49.55	56.27	381.45	371.75	432.75	429.59	250.85	248.80	−51.30	−57.84	199.55	190.96
	全生育期	**267.03**	**268.67**	**50.07**	**53.84**	**344.69**	**344.27**	**402.92**	**401.29**	**216.96**	**214.83**	**−58.23**	**−57.03**	**158.72**	**157.81**
2018	苗期	247.72	244.39	42.03	43.12	306.47	307.57	388.27	388.20	205.69	201.28	−81.80	−80.63	123.89	120.65
	拔节期	281.33	268.49	42.56	46.48	341.91	341.61	397.46	397.66	238.77	222.01	−55.55	−56.05	183.22	165.96
	抽穗期	282.37	308.48	42.77	51.00	344.00	336.90	396.20	405.57	239.61	257.49	−52.21	−68.67	187.40	188.82
	灌浆期	294.06	236.01	42.44	37.88	369.17	384.50	413.53	420.28	251.63	198.13	−44.35	−35.78	207.27	162.35
	成熟期	229.24	249.62	31.52	39.00	384.67	371.44	426.84	426.88	197.72	210.62	−42.17	−55.44	155.54	155.18
	全生育期	**266.95**	**261.40**	**40.27**	**43.50**	**349.24**	**348.40**	**404.46**	**407.72**	**226.68**	**217.91**	**−55.21**	**−59.31**	**171.47**	**158.59**
2019	苗期	248.03	247.01	40.35	41.05	317.16	318.97	393.52	388.76	207.68	205.96	−76.35	−69.79	131.32	136.18
	拔节期	303.62	300.43	45.49	50.48	333.26	332.54	388.74	387.13	258.13	249.95	−55.48	−54.59	202.64	195.35
	抽穗期	290.04	277.48	43.08	45.92	357.07	335.62	399.36	405.33	246.96	231.56	−42.29	−69.70	204.67	161.86
	灌浆期	224.50	229.31	30.35	36.33	373.47	358.89	403.76	411.78	194.15	192.98	−30.29	−52.89	163.86	140.08
	成熟期	279.42	273.43	39.28	43.01	373.00	349.47	415.21	422.98	240.14	230.42	−42.21	−73.51	197.93	156.91
	全生育期	**269.12**	**265.53**	**39.71**	**43.36**	**350.79**	**339.10**	**400.12**	**403.20**	**229.41**	**222.17**	**−49.33**	**−64.10**	**180.09**	**158.08**

续表4-1

年份	生育阶段	短波辐射/(W/m²)				长波辐射/(W/m²)				净辐射/(W/m²)					
		DSR		USR		DLR		ULR		R_{nS}		R_{nL}		R_n	
		DI	BI	DI	BI	DI	BI	DI	BI	DI	BI	DI	BI	DI	BI
2020	苗期	229.22	228.67	40.50	41.87	302.14	302.66	388.22	385.79	188.72	186.80	−86.08	−83.13	102.64	103.68
	拔节期	253.55	251.88	50.18	55.42	315.94	310.10	396.12	394.26	203.36	196.46	−80.18	−84.16	123.19	112.30
	抽穗期	257.47	256.53	50.98	53.10	333.16	332.50	403.27	405.12	206.49	203.44	−70.11	−72.63	136.38	130.81
	灌浆期	251.19	257.02	42.39	46.84	353.30	347.94	416.65	419.60	208.80	210.18	−63.35	−71.66	145.45	138.52
	成熟期	234.39	226.98	37.96	38.55	363.52	355.62	425.38	418.68	196.43	188.44	−61.86	−63.06	134.57	125.37
	全生育期	**245.16**	**244.22**	**44.40**	**47.16**	**333.61**	**329.76**	**405.93**	**404.69**	**200.76**	**197.06**	**−72.31**	**−74.93**	**128.45**	**122.14**
4年平均	苗期	233.09	231.87	39.52	40.61	309.85	310.91	387.17	384.74	193.58	191.26	−77.32	−73.83	116.25	117.43
	拔节期	284.59	279.49	50.06	55.57	328.43	328.26	393.91	392.76	234.53	223.92	−65.49	−64.50	169.05	159.41
	抽穗期	268.47	270.59	46.80	50.44	346.32	339.44	399.78	403.63	221.66	220.15	−53.46	−64.19	168.20	155.97
	灌浆期	263.31	254.05	42.11	43.98	362.67	361.23	410.88	415.45	221.20	210.07	−48.21	−54.22	173.00	155.85
	成熟期	260.86	263.78	39.58	44.21	375.66	362.07	425.04	424.53	221.28	219.57	−49.38	−62.46	171.90	157.11
	全生育期	**262.07**	**259.96**	**43.61**	**46.96**	**344.58**	**340.38**	**403.36**	**404.22**	**218.45**	**212.99**	**−58.77**	**−63.84**	**159.68**	**149.15**

($T_s - T_a$)在春小麦苗期之后为负值，滴灌各生育期的($T_s - T_a$)比畦灌的分别高 0.43 ℃、高 1.37 ℃、高 1.00 ℃、低 0.49 ℃、低 0.59 ℃，全生育期平均高 0.34 ℃。长波辐射与田间温度表现出显著的正相关关系，滴灌条件下春小麦灌浆期前后的空气温度和地表温度都更高，但是滴灌在该段时间内的累计灌水量和灌溉频率均更高，在一定程度上影响了土壤温度的持续上升，导致地气温差减少，最终造成滴灌麦田的地表长波辐射更低。

总的来说，滴灌条件下春小麦苗期、拔节期、抽穗期、灌浆期、成熟期的平均净辐射比畦灌的分别低 1.17 W/m^2、高 9.64 W/m^2、高 12.24 W/m^2、高 17.15 W/m^2、高 14.79 W/m^2，全生育期平均高 10.53 W/m^2。滴灌春小麦在苗期末灌水之后，尤其在灌浆-成熟期，获得的辐射能量始终更高。

4.5　本章小结

为探究灌溉方式对田间辐射平衡过程的影响，本章对 2017—2020 年滴灌和畦灌条件下麦田的太阳短波辐射、地表反射辐射、天空长波辐射以及地表长波辐射等辐射平衡组分进行了比较分析，同时对比了不同灌溉条件下田间反射率的差异及其影响因素，主要得到了以下结论。

①灌溉方式对农田接收到的太阳短波辐射影响不大，但滴灌降低田间反射率 7.86%，导致地表反射辐射平均减少 7.13%，净短波辐射平均增加 2.56%。植株冠层发育情况是影响田间反射率的主要因素，滴灌麦田反射率更低的主导原因是滴灌促使春小麦从营养生长阶段提前进入生殖生长阶段，冠层覆盖度显著降低，叶倾角显著增加。

②滴灌对地表长波辐射没有明显影响，平均增加天空长波辐射 1.23%，最终增加净长波辐射 7.94%。长波辐射和田间温度存在显著正相关关系，滴灌平均提高春小麦冠层上方空气温度 0.59 ℃，平均提高土壤温度 1.26 ℃，滴灌条件下更高的田间温度是净长波辐射增加的主要原因。

③滴灌平均增加农田净辐射 7.06%，主要是由于滴灌改变农田下垫面特征，提高了净短波辐射。滴灌麦田在春小麦灌浆-成熟期获得的净辐射明显高于其他生育阶段，更加充足的辐射能量为作物生殖生长阶段产量的形成创造了有利条件。

第5章　不同灌溉方式下春小麦田能量传输规律研究

净辐射和潜热通量在农田地表能量平衡中起主导作用。灌溉方式通过改变农田下垫面性质影响田间辐射平衡过程和农田最终收获的净辐射，与此同时，潜热通量对灌溉事件存在显著响应。田间蒸散发可看作与潜热通量线性相关，其实质是能量交换，这是唯一连接水循环和能量循环的关键气候变量，且感热通量在有效能量中的占比与田间温度联系紧密，探究不同灌溉条件下田间能量传输过程的差异有助于理解灌溉方式对农田水热传输过程的影响机制。为此，本章对2017—2020年滴灌和畦灌条件下麦田净辐射、土壤热通量以及有效能量进行对比分析，并讨论了两种灌溉条件下能量分配过程的差异及其影响因素。

5.1　春小麦田有效能量变化规律

2017—2020年滴灌（DI）和畦灌（BI）条件下春小麦田间净辐射（R_n）和土壤热通量（G_s）的逐日变化情况如图5-1所示，据此可知，两种灌溉条件下净辐射和土壤热通量的变化趋势相同。净辐射随时间整体呈先增大后缓慢降低的趋势，峰值出现在6月，且5月第一次灌水之后，滴灌麦田的净辐射始终高于畦灌，具体原因已在第4章进行过分析，此处不再赘述。随着春小麦的生长，不同灌溉条件下土壤热通量的波动幅度逐渐降低。这是由于春小麦在5月进入快速生长阶段前，冠层稀疏，表层土壤直接受大气影响，热交换剧烈。随着春小麦的生长发育，冠层日渐稠密，在一定程度上隔绝了表层土壤和大气的接触，从而降低了土壤热通量的波动。

自5月开始灌水之后，滴灌条件下的土壤热通量略高于畦灌，且滴灌土壤热通量的波动始终更大，主要有几点原因：①灌溉对农田有冷却作用[140]，而滴灌单次灌水的冷却作用弱于畦灌，导致田间表层土壤温度更高，所以滴灌更高的灌水频率造成表层土壤热交换更剧烈，但并未降低日平均土壤热通量；②灌水之后，滴灌麦田表层土壤疏松多孔，透气性强；相反，畦灌条件下土壤会发生板结现象，不利于表层土壤和大气之间进行热交换；③滴灌春小麦的叶面积指数低于畦灌，冠层的透气透光性更强。

农田净辐射扣除土壤热通量即为农田有效能量，2017—2020年滴灌（DI）和畦灌（BI）条件下春小麦田间有效能量（R_n-G_s）的逐日变化情况见图5-2。滴灌和畦灌条件下的田间有效能量的变化规律与净辐射相似，均随时间呈先增加后减少的变化趋势，峰值出现在6月。此外，从5月第一次灌水之后开始，滴灌条件下的净辐射和土壤热通量均更高，由于土壤热通量数值较小，最终导致滴灌麦田的有效能量更高。

图5-3和图5-4分别表示2017—2020年不同灌溉条件下春小麦全生育期净辐射（R_n）、土壤热通量（G_s）以及田间有效能量（R_n-G_s）的日均值和对应累计值的对比。滴灌条件下各年份春小麦全生育期的净辐射、土壤热通量和有效能量的日均值始终高于畦灌。2017—2020年，滴灌和畦灌条件下净辐射的平均值分别为159.68 W/m^{2}和149.15 W/m^2，滴灌比畦灌高10.53 W/m^2；土壤热通量的平均值分别为6.30 W/m^{2}和5.00 W/m^2，滴灌比畦灌高1.30 W/m^2；有效能量的平均值分别为153.38 W/m^{2}和144.15 W/m^2，滴灌比畦灌高9.23 W/m^2。滴灌条件下春小麦全生育期的净辐射、土壤热通量、有效能量的日均值比畦灌的分别高7.06%、25.97%、6.40%。滴灌通过降低地表反射率增加净短波辐射，通过提高田间温度增加净长波辐射，导致农田净辐射增加，并最终

实现了农田有效能量的提高。滴灌和畦灌条件下各年份春小麦全生育期净辐射的累计值差值很小，导致两种灌溉条件下田间有效能量的累计值相差不大。只有 2017 年滴灌的土壤热通量远高于畦灌，这与滴灌生育末期田间温度升高，对应的天空长波辐射和地表长波辐射远高于畦灌有关。2017—2020 年，滴灌和畦灌条件下春小麦全生育期净辐射的累计值分别为 1 482.25 MJ 和 1 483.29 MJ，滴灌比畦灌低 1.04 MJ；土壤热通量的累计值分别为 65.78 MJ 和 58.70 MJ，滴灌比畦灌高 7.08 MJ；有效能量的累计值分别为 1 416.46 MJ 和 1 424.59 MJ，滴灌比畦灌低 8.13 MJ。滴灌条件下春小麦全生育期的净辐射、土壤热通量、有效能量的累计值比畦灌的分别低 0.07%、高 12.06%、低 0.57%。这主要是由于滴灌条件下春小麦早熟 5～7 d，滴灌和畦灌之间生育期长度的差距抵消了净辐射和有效能量日均值之间的差距。

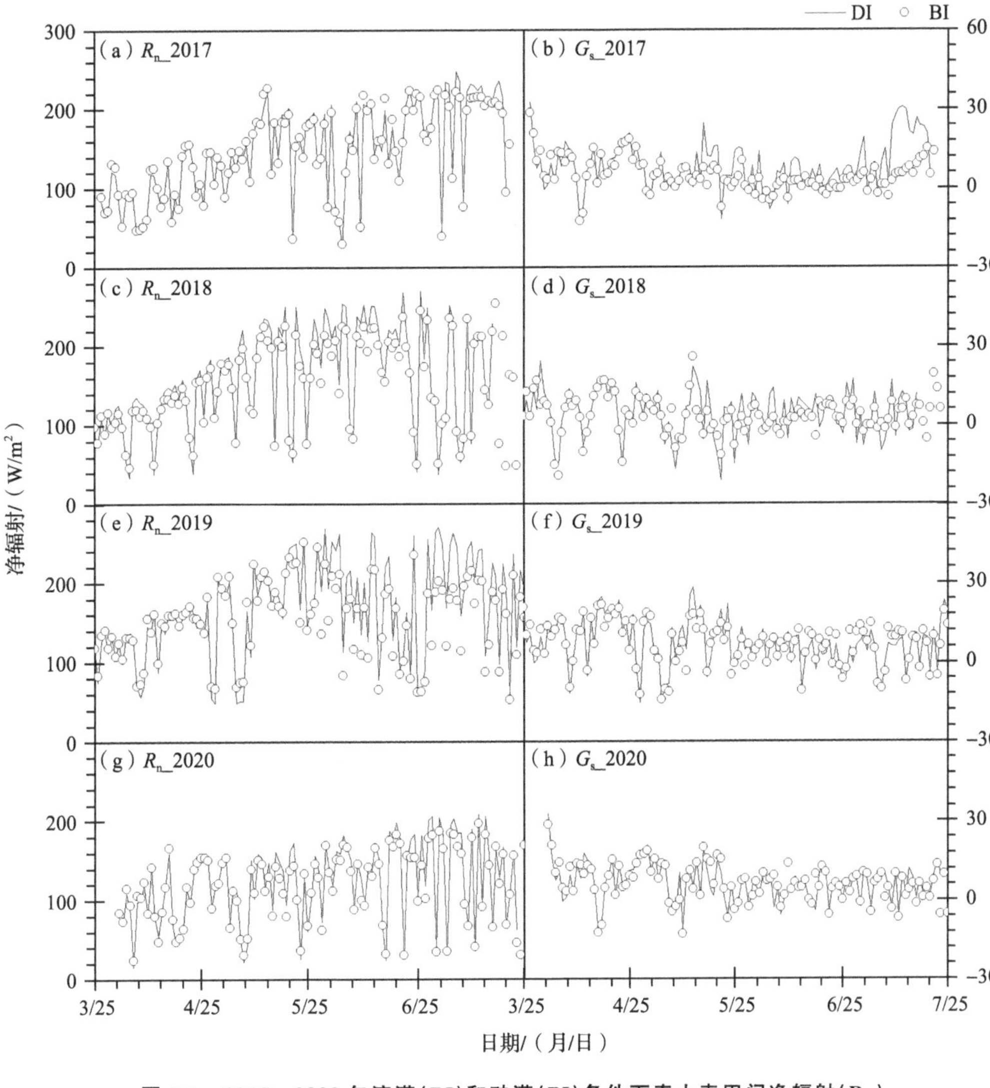

图 5-1　2017—2020 年滴灌（DI）和畦灌（BI）条件下春小麦田间净辐射（R_n）和土壤热通量（G_s）的季节变化

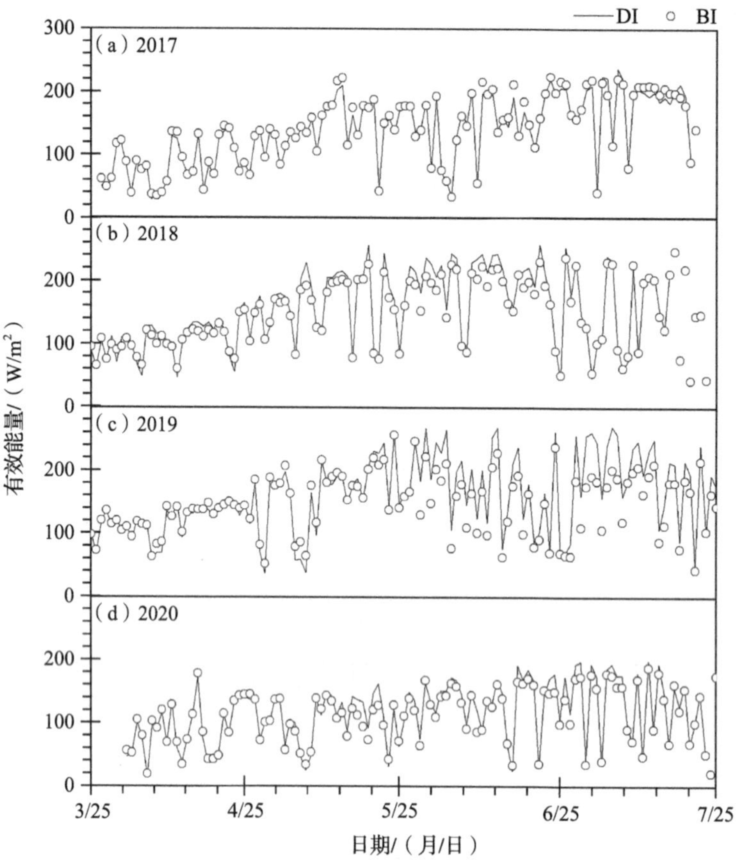

图 5-2　2017—2020 年滴灌(DI)和畦灌(BI)条件下春小麦农田有效能量的季节变化

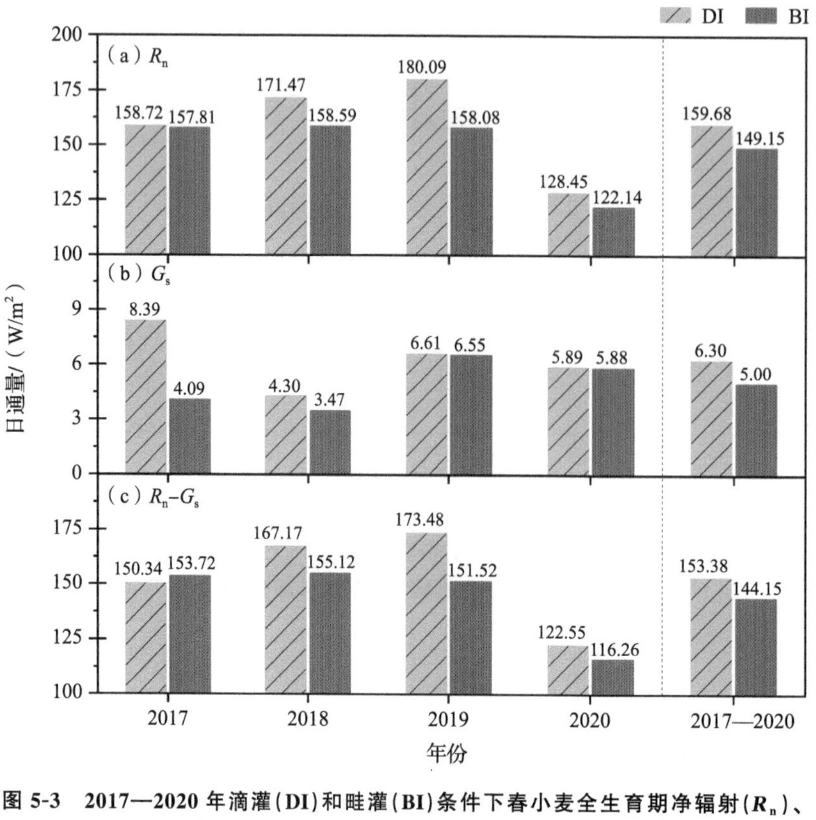

图 5-3　2017—2020 年滴灌(DI)和畦灌(BI)条件下春小麦全生育期净辐射(R_n)、土壤热通量(G_s)及有效能量(R_n-G_s)日均值的对比

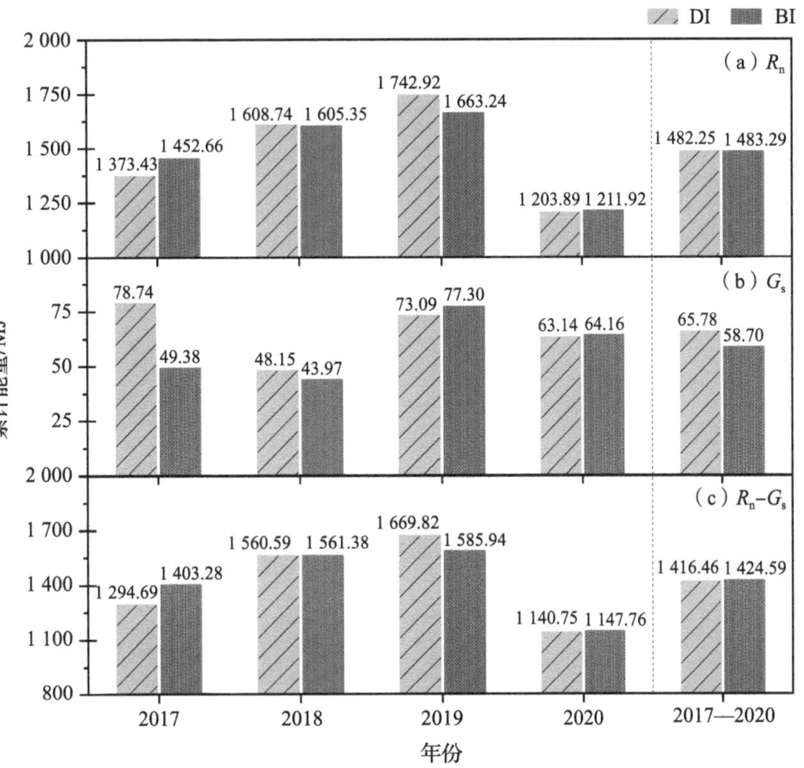

图 5-4　2017—2020 年滴灌(DI)和畦灌(BI)条件下春小麦全生育期净辐射(R_n)、土壤热通量(G_s)及有效能量(R_n-G_s)累计值的对比

5.2　春小麦田潜热通量和感热通量变化规律

2017—2020 年滴灌(DI)和畦灌(BI)条件下春小麦农田潜热通量(λET)和感热通量(H)的逐日变化情况见图 5-5,据此可知,两种灌溉条件下潜热通量和感热通量的变化趋势相反。随着春小麦的生长发育,潜热通量整体呈先增加后降低的变化趋势,峰值出现在 6 月;相反,感热通量随时间整体呈先降低后升高的变化趋势,最低值出现在 6 月。潜热通量是由于水汽相变产生的下垫面和大气之间的热量交换,而水分从土壤和叶片表面蒸发进入大气的过程需要能量[64],潜热通量的变化规律与田间耗水规律相同,二者均随着灌水降水事件的发生和叶片的生长发育逐渐增加,并在 7 月份末次灌水之后随着土壤含水量的减少和叶片的萎蔫凋落逐渐降低。感热通量是由温度变化引起的下垫面和大气之间湍流形式的热交换,其变化规律与潜热通量相反。同样地,冯禹等[141]的研究结果表明,潜热通量明显增加时,感热通量和土壤热通量均会降低。本研究中,春小麦第一次灌水之前,田间蒸散发作用弱,用于水汽相变的能量较少,此时感热通量处于较高水平。随着灌水事件的发生和春小麦叶片的生长发育,潜热通量逐渐增加;相应地,感热通量逐渐降低,直至春小麦在 6 月进入生长阶段最旺盛的时期,潜热通量达到峰值,感热通量则处于最低水平。此后,随着春小麦叶片的萎蔫,用于水汽相变过程的能量减少,感热通量开始上升。

相比畦灌,自 5 月第一次灌水之后,滴灌条件下的潜热通量始终更低,感热通量始终更高,这与滴灌麦田的土壤水分状况和植株生长情况有关。研究发现,叶片作为植株进行蒸腾作用的主要器官,其面积越小,蒸腾越低[138,142]。滴灌条件下春小麦冠层始终不如畦灌的稠密,叶面积指数更低,且滴灌单次灌水量和灌溉定额均更低,从而造成滴灌麦田耗水量更少,进而导致更低的潜热通量。同样地,Li 等[143]利用 MODIS 得到的 LAI 数据作为 WRF 模型的初始边界条件,模拟结果表明,

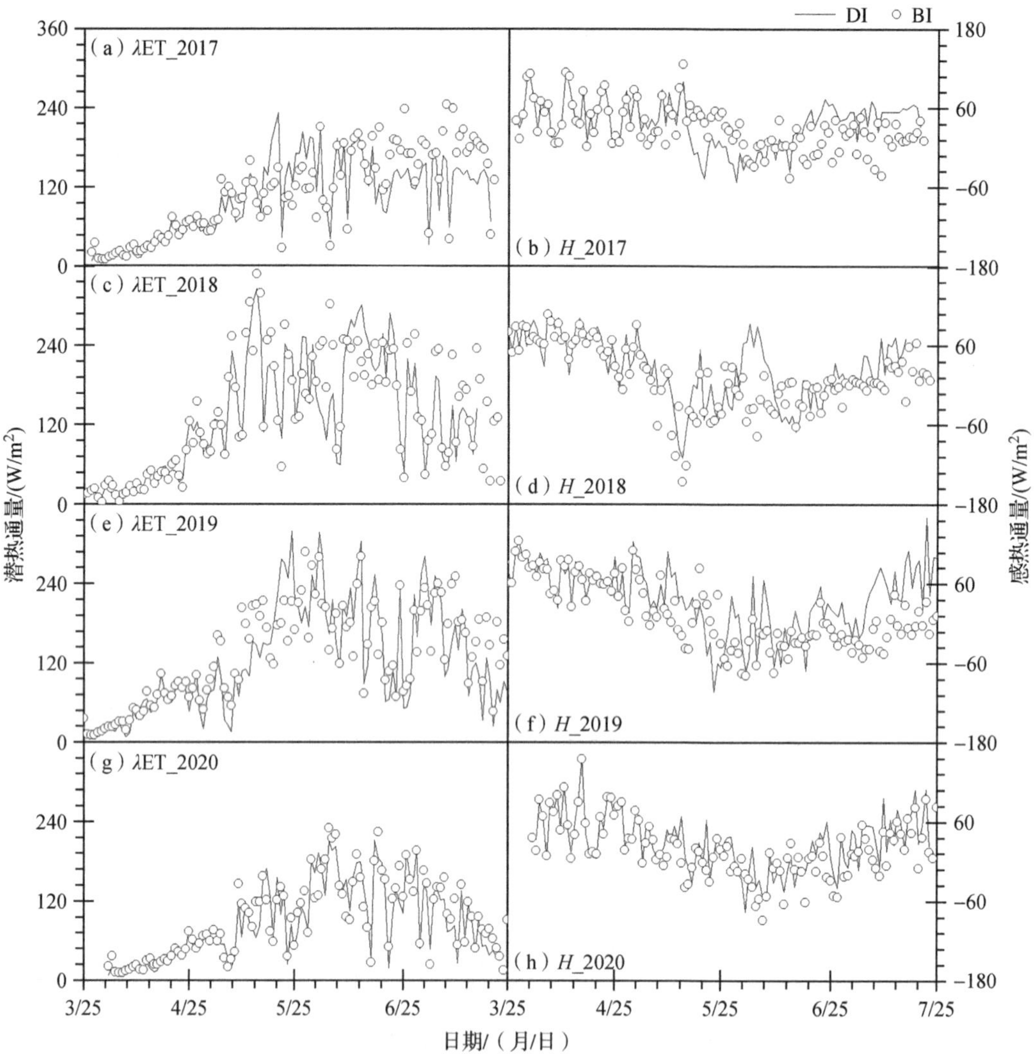

图 5-5　2017—2020 年滴灌(DI)和畦灌(BI)条件下春小麦农田潜热通量(λET)和感热通量(*H*)的季节变化

更高的 LAI 导致更高的潜热通量和更低的感热通量。本研究中，滴灌条件下更多有效能量用于农田下垫面和大气之间的热交换，从而实现了田间温度的提高。

图 5-6 和图 5-7 分别为 2017—2020 年不同灌溉条件下春小麦全生育期潜热通量(λET)与感热通量(*H*)的日均值和对应累计值的对比。滴灌条件下各年份春小麦全生育期潜热通量的日均值和累计值始终低于畦灌，感热通量的日均值和累计值始终更高。2017—2020 年，滴灌和畦灌条件下的潜热通量平均值分别为 130.68 W/m^2 和 134.55 W/m^2，滴灌比畦灌低 3.87 W/m^2；感热通量平均值分别为 22.70 W/m^2 和 9.61 W/m^2，滴灌比畦灌高 13.09 W/m^2。滴灌条件下春小麦全生育期的潜热通量和感热通量的日均值比畦灌的分别低 2.87%和高 136.32%。同样地，Zhang 等[144]利用改进的陆面模型(耦合 WRF-Noah 模型)模拟了典型的山地-绿洲-沙漠系统中漫灌和滴灌对地表水热传输的影响，结果表明传统漫灌条件下灌区的潜热通量比滴灌条件下的平均高 13.77 W/m^2，感热通量比滴灌条件下的平均低 30.19 W/m^2。农田下垫面温度的变化与感热通量联系紧密，滴灌减少田间蒸散发，水汽相变过程需要的能量减少，更多有效能量用于加热农田，有利于作物生长和产量形成。4 年观测期内，滴灌和畦灌春小麦冠层上方的平均空气温度分别为 17.24 ℃和 16.65 ℃，滴灌比畦灌高 0.59 ℃；平均表层土壤温度分别为 17.37 ℃和 16.11 ℃，滴灌比畦灌高 1.26 ℃，对应的表层土壤和空气温度之差分别为 0.13 ℃和 −0.55 ℃，滴灌比畦灌高

0.68 ℃。滴灌的田间温度差高于畦灌，下垫面和大气之间湍流形式的热交换更强，感热通量更高。2017—2020 年，滴灌和畦灌条件下的潜热通量累计值分别为 1 097.11 MJ 和 1 218.58 MJ，滴灌比畦灌低 121.47 MJ；感热通量累计值分别为 319.35 MJ 和 206.01 MJ，滴灌比畦灌高 113.34 MJ。滴灌条件下春小麦全生育期的潜热通量和感热通量的累计值比畦灌的分别低 9.97%和高 55.02%。滴灌比畦灌的生育期长度短 5～7 d，进一步拉大了两种灌溉条件下春小麦全生育期潜热通量累计值的差距。

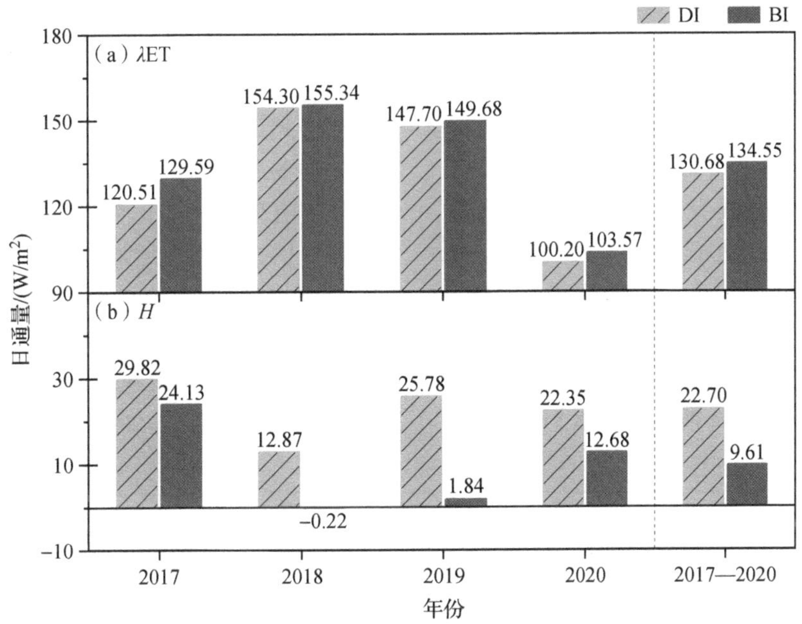

图 5-6　2017—2020 年滴灌(DI)和畦灌(BI)条件下春小麦全生育期潜热通量(λET)和感热通量(*H*)的日均值的对比

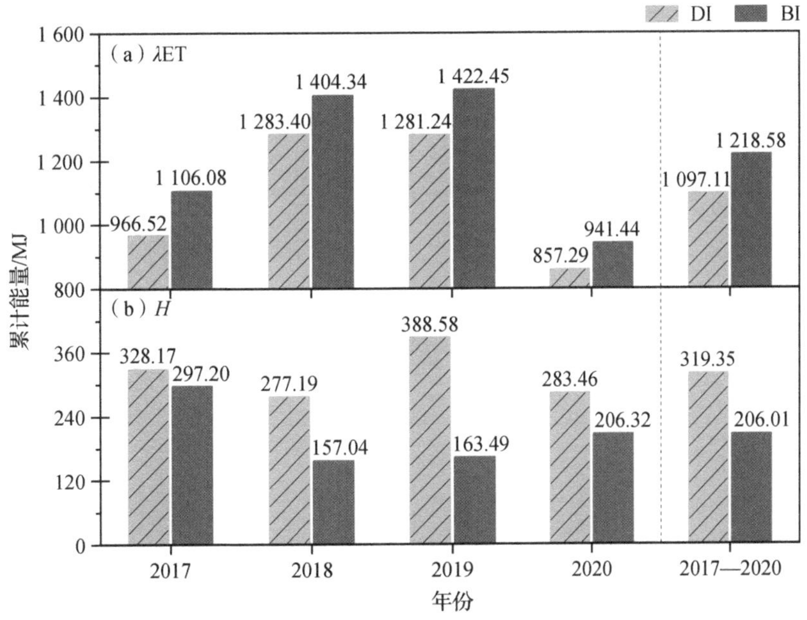

图 5-7　2017—2020 年滴灌(DI)和畦灌(BI)条件下春小麦全生育期潜热通量(λET)和感热通量(*H*)的累计值的对比

5.3 春小麦田能量分配情况

农田有效能量主要分配于潜热通量和感热通量，如图 5-8 所示，为 2017—2020 年滴灌(DI)和畦灌(BI)条件下潜热通量(λET)和感热通量(H)占农田有效能量比例的季节变化。随着春小麦的生长发育，潜热通量占农田有效能量的比例[$\lambda ET/(R_n-G_s)$]整体呈先增大后减小的变化趋势；相反，感热通量占农田有效能量的比例[$H/(R_n-G_s)$]整体呈先减少后升高的变化趋势，6 月 $\lambda ET/(R_n-G_s)$ 达到最高值的同时，$H/(R_n-G_s)$ 出现最低值。滴灌和畦灌的第一次灌溉均发生在 5 月初苗期末，此前，田间耗水少，分配到潜热通量的有效能量少，感热通量占田间有效能量的比例处于全生育期的最高水平。开始灌水之后，春小麦进入快速生长阶段，田间耗水逐渐升高，潜热通量占有效能量的比例增加，并于春小麦生长到达最旺盛阶段时达到全生育期最高水平；与此同时，感热通量的占比下降至全生育期最低水平，甚至出现负值。这是由于 5—6 月麦田灌水频繁，土壤长期处于湿润状态，且植株蒸腾作用最强，田间大量水汽从表层土壤和叶片表面逸散进入大气，尤其在灌水前后，这一过程需要的能量甚至会超过田间有效能量。最后，随着春小麦叶片的枯萎凋零以及土壤含水量的持续降低，潜热通量占有效能量的比例逐渐下降，感热通量占有效能量的比例逐渐增加。由此可知，灌水之后，滴灌条件下的 $\lambda ET/(R_n-G_s)$ 始终低于畦灌，$H/(R_n-G_s)$ 始终更高，且出现负值的时间明显更少。一方面，潜热通量的增加会导致地表温度和感热通量的降低[62]，而滴灌条件下田间耗水低于

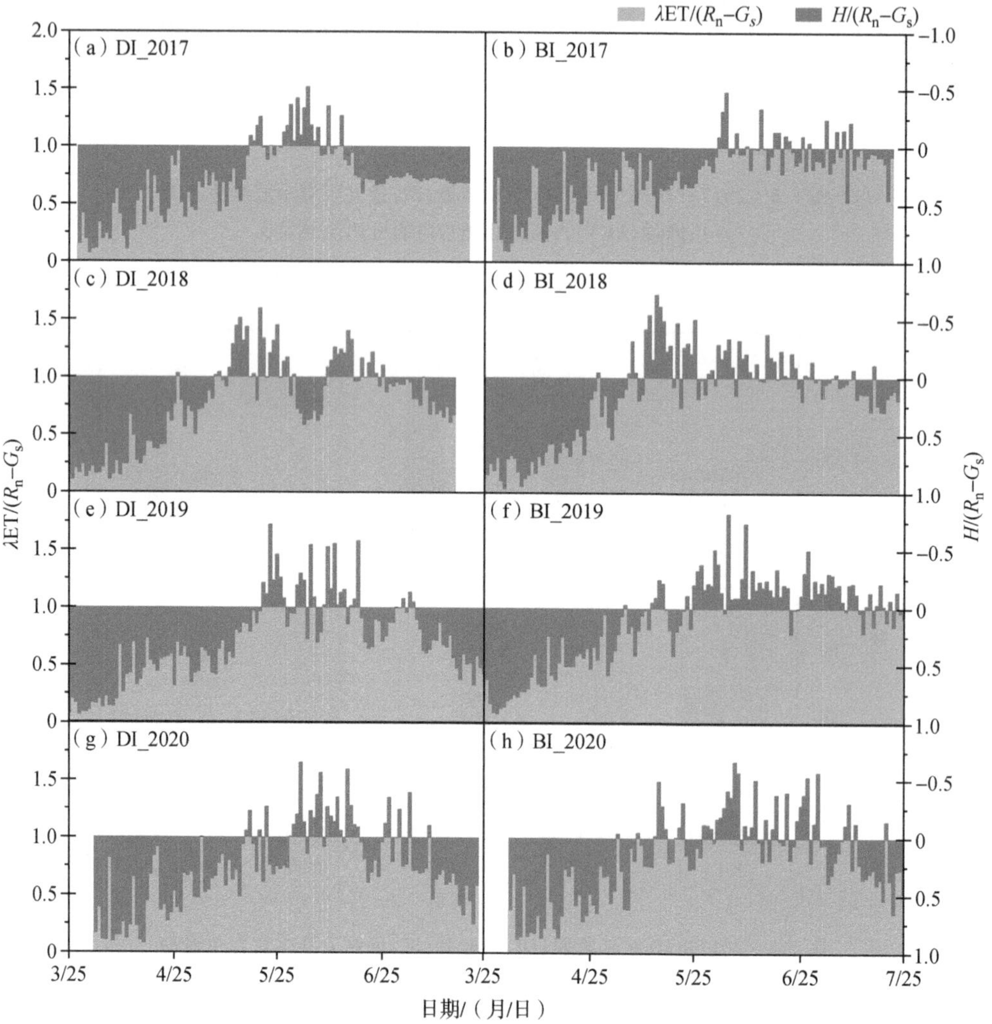

图 5-8　2017—2020 年滴灌(DI)和畦灌(BI)条件下春小麦农田有效能量分配比的季节变化

畦灌，意味着滴灌麦田的蒸散发过程消耗的能量更少；另一方面，滴灌对农田的降温作用弱于传统灌溉[144]。滴灌的灌溉水通过主管道和滴灌带，从滴头流出并缓慢湿润土壤，而畦灌条件下大量水分在短时间内快速渗入农田，滴灌灌溉水对土壤的冷却作用弱于畦灌，滴灌条件下的田间温度始终更高。此外，7 月滴灌和畦灌同时进行最后一次灌水，滴灌的单次灌水量远低于畦灌，且滴灌春小麦植株提前开始老化，最终导致滴灌春小麦收获前感热通量占有效能量的比例明显高于畦灌。

各年份滴灌（DI）和畦灌（BI）条件下春小麦全生育期潜热通量（λET）和感热通量（H）占农田有效能量的比例如图 5-9 所示，由此可知，滴灌条件下潜热通量占田间有效能量的比例始终更低，而感热通量的占比始终更高。2017—2020 年，滴灌和畦灌春小麦全生育期的 $\lambda \mathrm{ET}/(R_n-G_s)$ 依次为 0.80 和 0.83、0.89 和 0.95、0.82 和 0.99、0.82 和 0.90，4 年平均 $\lambda \mathrm{ET}/(R_n-G_s)$ 分别为 0.83 和 0.91；对应年份的 $H/(R_n-G_s)$ 依次为 0.20 和 0.17、0.11 和 0.05、0.18 和 0.01、0.18 和 0.10，4 年平均 $H/(R_n-G_s)$ 分别为 0.17 和 0.09。张友良等[53]利用波文比能量平衡系统对膜下滴灌紫薯田的水热通量进行观测，发现潜热通量占农田能量支出的 69.12%，远低于本研究田间潜热通量的占比，主要是由于本研究中春小麦并没有覆膜处理，而覆膜显著降低田间土壤蒸发[145]。2017—2020 年，滴灌条件下 $\lambda \mathrm{ET}/(R_n-G_s)$ 和 $H/(R_n-G_s)$ 分别比畦灌的低 0.08 和高 0.08，也就是说，灌溉方式从畦灌转变为滴灌后，会多出 8% 的有效能量分配至感热通量，有利于田间温度的升高。田间有效能量的主要来源是净辐射，而净辐射主要以潜热的形式加湿大气[146]，滴灌条件下分配至潜热通量的辐射能量更少，降低田间湿度，导致植株生长环境更加干燥。

5.4　不同灌溉方式对春小麦田能量平衡的影响

2017—2020 年滴灌（DI）和畦灌（BI）条件下春小麦各生育期的能量平衡情况如表 5-1 所示，随着春小麦生育期的推进，不同灌溉条件下的净辐射均呈先升高后降低的变化趋势，最高值多出现在抽穗-灌浆期；土壤热通量表现出先降低后升高的趋势，最低值多出现在抽穗期；潜热通量呈先升高后降低的趋势，最高值多出现在抽穗期；感热通量表现出先降低后升高的变化趋势，最低值多出现在抽穗期。春小麦进入抽穗期后，其生长发育从营养生长阶段步入生殖生长阶段，此时灌水较为频繁，植株冠层发育最为旺盛，土壤热通量下降至全生育期的最低值，与此同时，潜热通量达到峰值，相应地，感热通量达到最低。

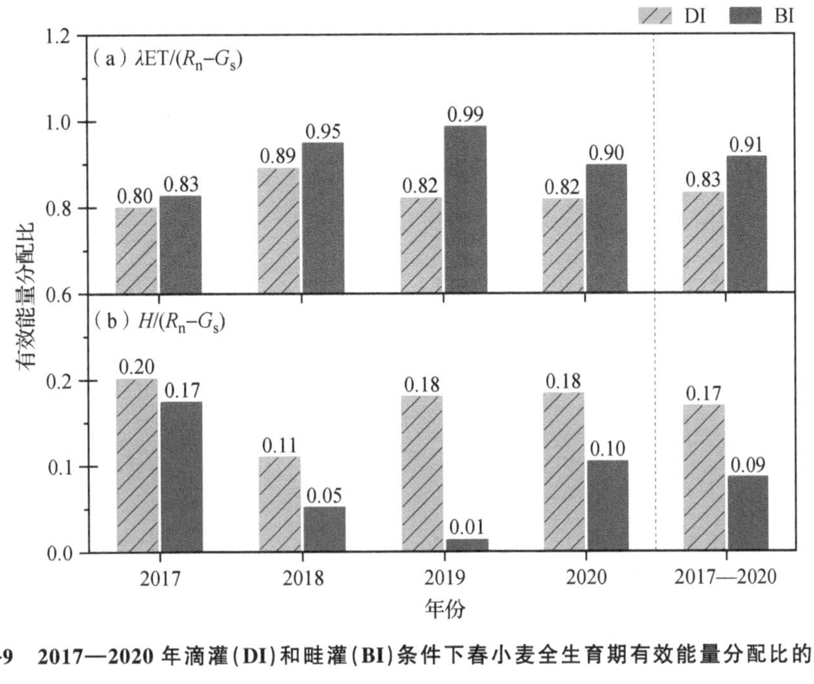

图 5-9　2017—2020 年滴灌（DI）和畦灌（BI）条件下春小麦全生育期有效能量分配比的对比

表 5-1　2017—2020 年滴灌(DI)和畦灌(BI)条件下春小麦全生育期能量平衡情况

年份	生育阶段	R_n/(W/m²)		G_s/(W/m²)		λET/(W/m²)		H/(W/m²)	
		DI	BI	DI	BI	DI	BI	DI	BI
2017	苗期	107.16	109.21	8.38	8.14	46.71	53.04	52.07	48.03
	拔节期	167.14	164.04	8.99	3.25	145.13	114.58	13.01	46.22
	抽穗期	144.36	142.38	3.69	0.21	153.43	143.63	−12.76	−1.47
	灌浆期	175.41	182.45	4.86	2.24	124.37	165.68	46.18	14.53
	成熟期	199.55	190.96	16.01	6.60	132.93	171.04	50.60	13.32
	全生育期	**158.72**	**157.81**	**8.39**	**4.09**	**120.51**	**129.59**	**29.82**	**24.13**
2018	苗期	123.89	120.65	5.69	5.66	56.84	58.47	61.36	56.52
	拔节期	183.22	165.96	3.72	1.87	210.05	206.61	−30.55	−42.52
	抽穗期	187.40	188.82	3.01	1.55	159.32	207.09	25.07	−19.82
	灌浆期	207.27	162.35	5.69	3.63	224.30	170.11	−22.72	−11.38
	成熟期	155.54	155.18	3.36	4.67	121.00	134.44	31.18	16.08
	全生育期	**171.47**	**158.59**	**4.30**	**3.47**	**154.30**	**155.34**	**12.87**	**−0.22**
2019	苗期	131.32	136.18	9.33	9.21	50.50	63.97	71.49	62.99
	拔节期	202.64	195.35	11.72	7.78	187.80	189.46	3.12	−1.89
	抽穗期	204.67	161.86	5.34	5.16	213.11	191.08	−13.78	−34.38
	灌浆期	163.86	140.08	2.88	4.30	152.35	156.42	8.63	−20.63
	成熟期	197.93	156.91	3.77	6.31	134.75	147.47	59.42	3.13
	全生育期	**180.09**	**158.08**	**6.61**	**6.55**	**147.70**	**149.68**	**25.78**	**1.84**
2020	苗期	102.64	103.68	8.64	8.20	41.66	46.02	52.34	49.45
	拔节期	123.19	112.30	5.96	6.81	99.58	107.82	17.65	−2.33
	抽穗期	136.38	130.81	3.88	5.34	156.62	150.04	−24.13	−24.57
	灌浆期	145.45	138.52	4.63	5.18	127.44	132.86	13.38	0.49
	成熟期	134.57	125.37	6.35	3.87	75.69	81.13	52.52	40.37
	全生育期	**128.45**	**122.14**	**5.89**	**5.88**	**100.20**	**103.57**	**22.35**	**12.68**
4 年平均	苗期	116.25	117.43	8.01	7.80	48.93	55.38	59.31	54.25
	拔节期	169.05	159.41	7.60	4.93	160.64	154.62	0.81	−0.13
	抽穗期	168.20	155.97	3.98	3.06	170.62	172.96	−6.40	−20.06
	灌浆期	173.00	155.85	4.52	3.84	157.11	156.26	11.37	−4.25
	成熟期	171.90	157.11	7.37	5.36	116.09	133.52	48.43	18.23
	全生育期	**159.68**	**149.15**	**6.30**	**5.00**	**130.68**	**134.55**	**22.70**	**9.61**

不同灌溉条件下春小麦各生育期净辐射的变化规律及其影响因素已在第 4 章进行过比较分析，此处不再赘述。滴灌麦田各生育期的土壤热通量始终高于畦灌，且二者之间的差距在拔节期和成熟期最大；感热通量则始终更高，两种灌溉条件下感热通量的差距随着生育期的推进逐渐增加，并在成熟期达到最高。2017—2020 年，滴灌条件下春小麦苗期、拔节期、抽穗期、灌浆期、成熟期的平均土壤热通量比畦灌条件下的分别高 0.21 W/m^2、2.67 W/m^2、0.92 W/m^2、0.68 W/m^2、2.01 W/m^2，全生育期平均高 1.30 W/m^2；平均潜热通量比畦灌条件下的分别低 6.45 W/m^2、高 6.02 W/m^2、低 2.34 W/m^2、高 0.85 W/m^2、低 17.43 W/m^2，全生育期平均低 3.87 W/m^2；对应生育阶段的平均感热通量比畦灌条件下的分别高 5.07 W/m^2、0.94 W/m^2、13.66 W/m^2、15.62 W/m^2、30.21 W/m^2，全生育期平均高 13.10 W/m^2。

滴灌春小麦各生育期土壤热通量始终高于畦灌，这是由于滴灌灌水频率高，但是单次灌水量和灌水总量更低，全生育期的土壤温度始终更高，且滴灌条件下叶面积指数更低，冠层透光性更好，到达地表的辐射能量更多。滴灌春小麦拔节期和成熟期的土壤热通量明显高于畦灌，这是由于苗期末-拔节期是春小麦的关键需水期，该阶段内滴灌的灌水总量更低，春小麦叶面积的扩张速度明显低于畦灌；另外，滴灌春小麦提前进入成熟期，该阶段内滴灌麦田的灌水总量更低，叶面积指数提前下降，且下降速度高于畦灌。对于潜热通量而言，滴灌春小麦拔节-灌浆期的累计耗水低于畦灌，但是该阶段内滴灌麦田的灌水总量和灌水频率高于畦灌，导致植株蒸腾速率更高，所以滴灌麦田的平均潜热通量更高。由于滴灌春小麦的早熟以及成熟期内更少的灌水量，导致收获前滴灌麦田的潜热通量明显低于畦灌。对于感热通量而言，滴灌春小麦全生育期的冠层上方温度和表层土壤温度均更高，相应的感热通量也更高，滴灌条件下用于提高农田温度的能量更多，为植株的生长发育创造了良好的环境条件。

滴灌(DI)和畦灌(BI)条件下春小麦各生育期田间有效能量的分配情况见图 5-10。2017—2020 年，滴灌和畦灌条件下春小麦苗期、拔节期、抽穗期、灌浆期、成熟期的 $\lambda ET/(R_n-G_s)$ 依次为 0.45 和 0.50、0.99 和 1.00、1.08 和 1.14、0.93 和 1.05、0.71 和 0.87，全生育期的 $\lambda ET/(R_n-G_s)$ 分别为 0.83 和 0.91；对应生育阶段的 $H/(R_n-G_s)$ 依次为 0.55 和 0.50、0.01 和 0.00、−0.08 和 −0.14、0.07 和 −0.05、0.29 和 0.13，全生育期的 $H/(R_n-G_s)$ 分别为 0.17 和 0.09。从苗期到成熟期，滴灌分配至感热通量的有效能量比畦灌多 5%、1%、6%、12%、17%，全生育期平均多 8%。滴灌春小麦处于灌浆-成熟期时，感热通量占有效能量的比例明显高于畦灌，该阶段内滴灌冠层上方的空气温度比畦灌平均高 1.45 ℃，表层土壤温度比畦灌平均高 0.91 ℃。田间温度的适当提高有利于春小麦生殖生长阶段光合产物的生成和运输。

5.5　本章小结

为探究灌溉方式对田间能量平衡过程的影响，本章对 2017—2020 年滴灌和畦灌条件下春小麦全生育期的净辐射、土壤热通量、潜热通量以及感热通量进行了对比分析，同时比较了两种灌溉条件下田间有效能量分配过程的差异，主要得到了以下结论。

①滴灌改变田间能量平衡过程，4 年平均提高净辐射 10.53 W/m^2(7.06%)，提高土壤热通量 1.30 W/m^2(25.97%)，降低潜热通量 3.87 W/m^2(2.87%)，提高感热通量 13.10 W/m^2(136.32%)。总体来看，滴灌条件下少量多次的灌水特征和较为稀疏的冠层导致更为剧烈的表层土壤热交换作用以及更低的潜热通量；与此同时，滴灌条件下表层土壤温度与空气温度之差比畦灌高 0.68 ℃，增强了下垫面和大气之间的热交换。

②滴灌 4 年平均提高田间有效能量 9.23 W/m^2(6.40%)。在滴灌条件下，感热通量占有效能量的比例为 17%，比畦灌条件下的高 8%；也可以说，灌溉方式从畦灌转变为滴灌后，会有 8%的有效能量从潜热通量转移至感热通量，有利于农田温度的提高。

③滴灌和畦灌条件下各能量平衡分量以及有效能量分配比的差异在春小麦灌浆-成熟期达到最高，该生育阶段内滴灌麦田更高的感热通量及其分配比为光合产物的生成和运输创造了更适宜的环境。

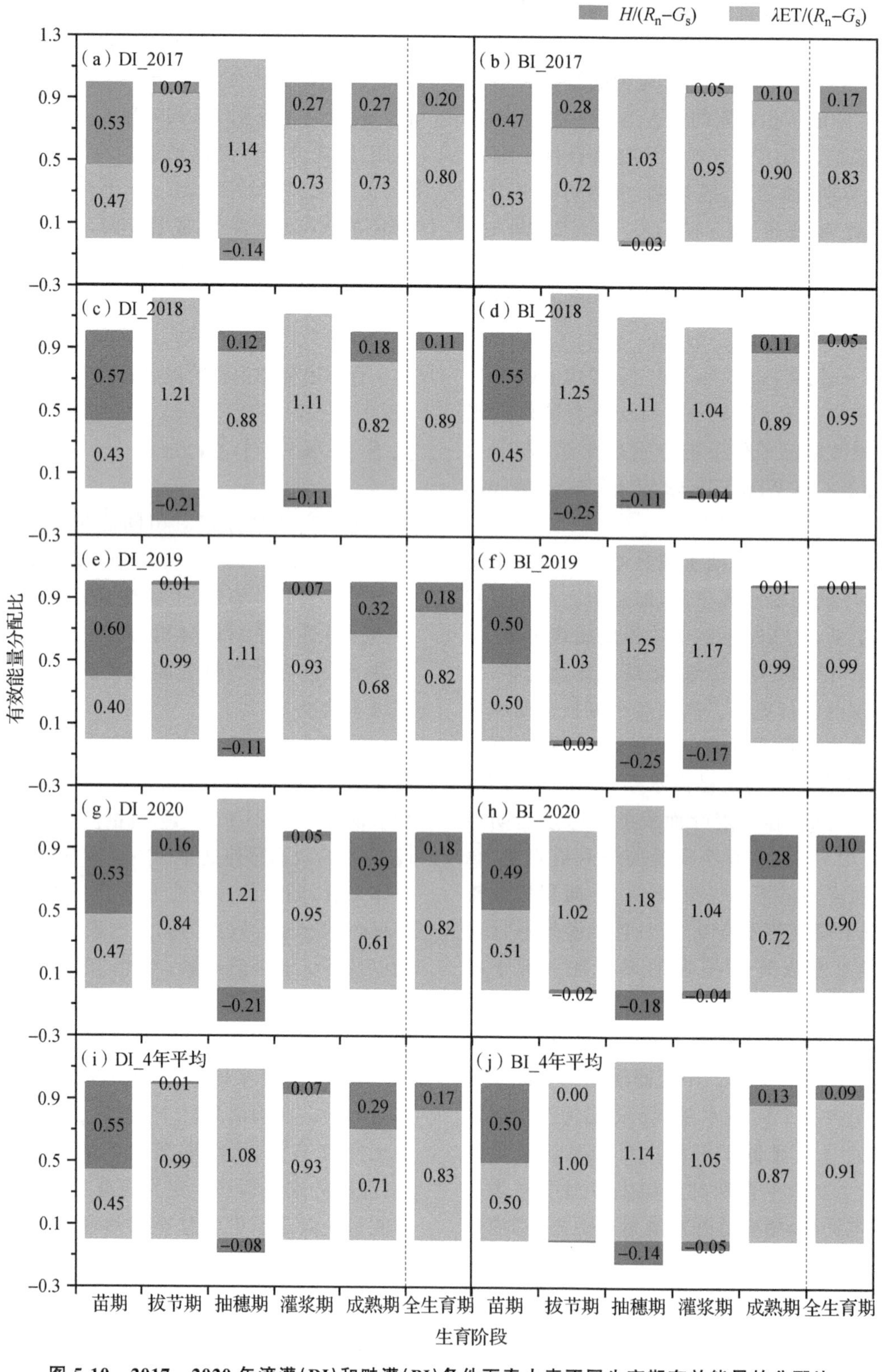

图 5-10　2017—2020 年滴灌(DI)和畦灌(BI)条件下春小麦不同生育期有效能量的分配比

第6章　不同灌溉方式下春小麦生长规律研究

作物生长发育过程与田间水量平衡、辐射平衡以及能量平衡过程互相影响。灌溉方式和灌溉制度的不同直接影响地表以下不同深度的土壤水分分布，进而改变作物地下部根系的分布和水力性质。田间土壤环境和植株根系吸水能力的不同进一步体现在作物地上部冠层的生长状态上，作物冠层的生长发育被农田环境影响的同时也会对田间水分和能量循环过程造成影响。厘清不同灌溉条件下作物地下部根系的分布规律和地上部冠层的生长发育规律是研究作物地上部分生物量积累和产量形成过程的基础，同时也有助于理解灌溉方式对田间水热传输过程的影响机制。此外，量化作物物候对节水管理措施的响应对指导现代农业生产和制定气候变化条件下的农业管理策略具有重要意义。为此，本章对2017—2020年滴灌和畦灌条件下麦田不同深度处的平均根系直径、根长密度以及根表面积密度等指标进行对比，并分析了土壤环境对根系分布的影响，同时联系春小麦地上部冠层的发育情况，利用Logistic生长模型分别提取了滴灌和畦灌条件下春小麦的物候指标，讨论了田间生物物理条件对春小麦物候期的影响。

6.1　春小麦地下部分生长规律的对比分析

田间土壤水分状况直接影响作物根系分布[147]，根系的分布和生长发育情况又会影响植株对水肥的吸收，进而影响作物地上部生物量的积累和产量的形成[73]。为探究灌溉方式对根系分布和生长发育的影响，本研究对滴灌和畦灌麦田地表以下0～1 m范围内不同深度土层内的平均根系直径（RAD）、根长密度（RLD）以及根表面密度（RSD）分别进行比较分析。

6.1.1　根系直径的变化规律

根系直径与根-土界面的摩擦力存在明显线性正相关关系[148]，粗根更倾向于增强植株的抓地力和稳定性，细根更有利于植株吸水吸肥能力的提高[149]。2017—2020年滴灌（DI）和畦灌（BI）条件下0～1 m土层内春小麦各生育期的平均根系直径（RAD）如图6-1所示，可以看出，地表以下1 m范围内不同土层春小麦的根系直径随着春小麦生育期的推进会出现两次下降。苗期时，植株扎根深度在地表以下0～40 cm范围内，此时根系直径处于较高水平。苗期末灌水之后，春小麦进入快速生长阶段，根系向土壤更深处伸长，平均直径减小。春小麦进入抽穗期，此时营养生长最为旺盛，植株扎根深度达到峰值，根系直径略微增加。待春小麦进入灌浆-成熟期，植株开始衰老，根系逐渐老化萎缩，平均直径再次减小。

对不同灌溉方式下的春小麦而言，在滴灌条件下，根系直径多在拔节-抽穗期达到峰值，而畦灌的根系直径则在拔节期已经达到最高，这与拔节-抽穗期滴灌的灌溉频率更高有关。在0～20 cm土层中，畦灌的平均根系直径整体更高，且滴灌春小麦早熟，成熟期不同深度根系直径的下降幅度更大。在21～40 cm土层中，滴灌条件下拔节-抽穗期的根系直径多高于畦灌，而40 cm以下的深度范围内，除抽穗-灌浆期滴灌的根系直径有可能超过畦灌之外，其余生育阶段均为畦灌根系直径更高，这与滴灌和畦灌条件下不同的水分入渗方式有关。滴灌麦田发生灌水时，水分从滴灌带的滴头匀速流出，缓慢湿润根系附近的土壤，土壤含水量的波动随着土壤深度的增加逐渐减弱。与之相反，畦灌条件下大量水分在重力作用下快速渗入深层土壤，导致深层根系在灌水后可以吸收更多水分。此外，畦灌灌水频率低，平均土壤含水量低，每次灌水前很长一段时间内麦田深层土壤都处于较为干燥的状态，这种情况下，只有更粗的根系才可以在干燥结块的土壤中伸长生长。

图 6-2 为各年份不同灌溉条件下地表以下 0～1 m 范围内不同土层内的春小麦全生育期根系直径的平均值，由此可知，随着土壤深度的增加，春小麦的平均根系直径整体呈先增加后降低的变化趋势，且滴灌根系直径的最高值出现在 21～40 cm 土层，而畦灌的出现在 0～20 cm 土层。这是由于畦灌灌水之后土壤易出现板结现象，且畦灌春小麦地上部茎和叶的生物量更高(见第 7 章第 7.3 节)，因此畦灌条件下表层土壤的根系更粗，有利于根系为植株地上部分提供支撑的同时在结块土壤中伸长。2017—2020 年春小麦全生育期内，在滴灌和畦灌条件下，0～20 cm、21～40 cm、41～60 cm、61～80 cm、81～100 cm 土层的平均根系直径分别 0.292 mm 和 0.303 mm、0.307 mm 和 0.302 mm、0.286 mm 和 0.291 mm、0.260 mm 和 0.279 mm、0.246 mm 和 0.267 mm，0～1 m 土层的平均根系直径分别为 0.278 mm 和 0.288 mm。滴灌条件下 0～20 cm、21～40 cm、41～60 cm、61～80 cm、81～100 cm 土层内春小麦全生育期的平均根系直径比畦灌的分别低 3.73%、高 1.7%、低 1.75%、低 6.83%、低 7.92%，0～1 m 土层内平均低 3.57%。除 21～40 cm 土层，其余深度土层内滴灌条件下的平均根系直径始终更小，且滴灌和畦灌之间平均根系直径的差距随着土壤深度的增加而增加。同样地，Chilundo 等[72]的研究结果表明，传统沟灌条件下浅层土壤(地表以下 0～16 cm)内玉米粗根的根长密度比滴灌条件下的高 21%～40%。需要说明的是，本研究中不同灌溉条件下平均根系直径的差距远低于 Chilundo 等的研究，主要是由于相比玉米、大豆等作物，春小麦根系细小，且根系取样和观测过程中出现的误差对试验结果的影响更大。

6.1.2 根长密度的变化规律

单位土体中的根系长度是表征植株吸水能力的关键指标之一[150]，研究发现，根长密度与植株抽穗-成熟期地上部生物量显著相关[151]。2017—2020 年滴灌(DI)和畦灌(BI)条件下 0～1 m 土层内春小麦各生育期的平均根长密度(RLD)如图 6-3 所示，可以看出，随着春小麦生育期的推进，不同灌溉条件下不同深度土层的根长密度基本呈先增大后减小的变化趋势，其最高值多出现在拔节-抽穗期。苗期时，春小麦根系深度在地表以下 0～40 cm 范围内，根长密度处于较低水平。苗期末开始灌水之后，根系快速伸长，拔节期可以扎根至地表以下 80 cm 深，对应的各深度土层的根长密度同步升高。春小麦从营养生长阶段进入生殖生长阶段后，根系停止伸长生长，逐渐干枯萎缩，各深度土层的平均根长密度逐步下降，直至春小麦成熟期末，平均根长密度下降至最低水平。图 6-4 为各年份滴灌(DI)和畦灌(BI)条件下根长在地表以下 0～1 m 范围内不同深度土层的平均分布比例，由此可知，春小麦的根系主要集中在地表以下 0～40 cm 深度范围的表层土壤，随着生育期的推进，表层土壤的根长占比逐渐降低，40 cm 以下深度土层的根长占比逐渐增加。

对比不同灌溉方式下春小麦的根长分布，根据图 6-3 可知，0～20 cm 土层范围内，滴灌条件下春小麦的根长密度在拔节期或抽穗期略高于畦灌，而 40 cm 以下深度的土层中，滴灌春小麦的根长密度普遍低于畦灌，且成熟期时滴灌的根长密度下降更快。首先，滴灌条件下春小麦拔节-抽穗期的灌溉频率明显高于畦灌，且灌溉水被直接输送至植株根系附近，缓慢而均匀地湿润周围的土壤。研究表明，土壤频繁的干湿交替刺激根系快速伸长生长[73,150]，而较长的灌水间隔不利于根长密度的增加[152]。其次，相比滴灌，畦灌条件下作物的根系会因缺水向更深处延伸[153]。滴灌条件下根系被限制在浅层湿润土壤中，而畦灌灌水频率低，浅层土壤长期处于干燥缺水状态，导致根系向更深层土壤生长，且畦灌麦田发生灌水时，作物根系处于涝渍环境，也会限制根系的呼吸和伸长。图 6-5 为 2017—2020 年不同灌溉条件下地表以下 0～1 m 范围内不同土层内的春小麦全生育期的平均根长密度，由此可知，随着土壤深度的增加，春小麦的根长密度整体呈逐渐降低的变化趋势。滴灌和畦灌条件下地表以下 0～20 cm、21～40 cm、41～60 cm、61～80 cm、81～100 cm 土层的平均根长密度依次为 1.652 cm/cm^3 和 1.504 cm/cm^3、

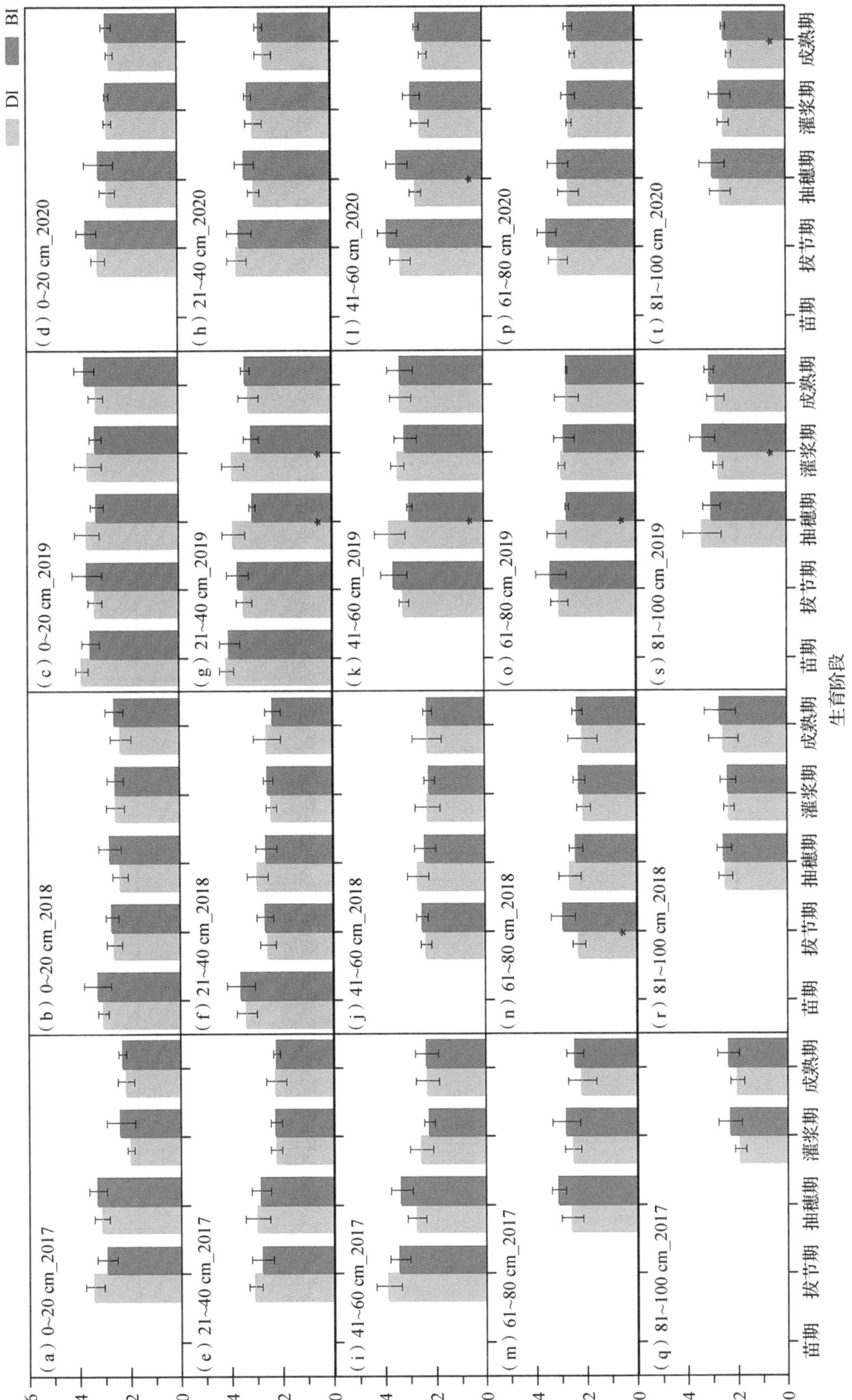

“*”表示差异显著，$p<0.05$。

图 6-1　2017—2020 年滴灌(DI)和畦灌(BI)条件下春小麦各生育期地表以下 1 m 范围内的平均根系直径(RAD)

0.549 cm/cm³ 和 0.613 cm/cm³、0.294 cm/cm³ 和 0.414 cm/cm³、0.166 cm/cm³ 和 0.214 cm/cm³、0.109 cm/cm³ 和 0.122 cm/cm³，0～1 m 土层的平均根长密度分别为 0.554 cm/cm³ 和 0.573 cm/cm³。滴灌条件下 0～20 cm、21～40 cm、41～60 cm、61～80 cm、81～100 cm 土层内春小麦全生育期的平均根长密度比畦灌的分别高 9.84%、低 10.54%、低 28.92%、低 22.22%、低 10.68%，0～1 m 土层内平均低 3.37%。滴灌春小麦全生育期 0～1 m 土层的平均根长密度低于畦灌，但是滴灌条件下 0～20 cm 土层的根长密度更高。

根据图 6-4 可知，滴灌条件下 0～20 cm 土层的根长占比始终高于畦灌，畦灌条件下深层土壤中根系的占比更高。2017—2020 年，滴灌条件下春小麦苗期、拔节期、抽穗期、灌浆期、成熟期在 0～20 cm 土层中的平均根长占比比畦灌的分别高 1.77%、5.34%、7.36%、11.28%、5.57%，全生育期平均高 6.26%；在 21～40 cm 土层中比畦灌的分别低 1.77%、低 0.20%、低 3.50%、低 3.70%、高 0.01%，全生育期平均低 1.83%；从拔节期开始，滴灌小麦在 41～60 cm 土层中的根系占比比畦灌的分别低 3.22%、3.01%、5.50%、3.55%，全生育期平均低 3.82%；在 61～80 cm 土层中分别低 1.92%、0.69%、1.43%、1.95%，全生育期平均低 1.50%；从抽穗期开始，滴灌小麦在

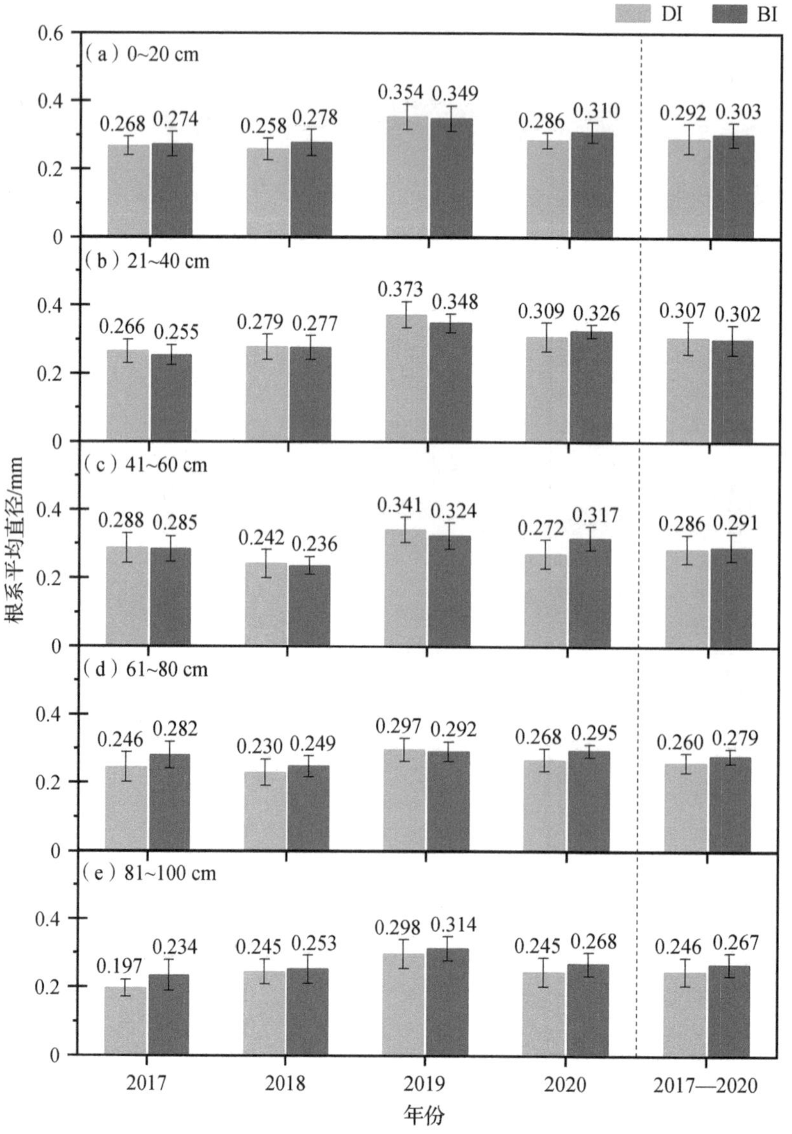

图 6-2　2017—2020 年滴灌(DI)和畦灌(BI)条件下春小麦全生育期平均根系直径(RAD)的对比

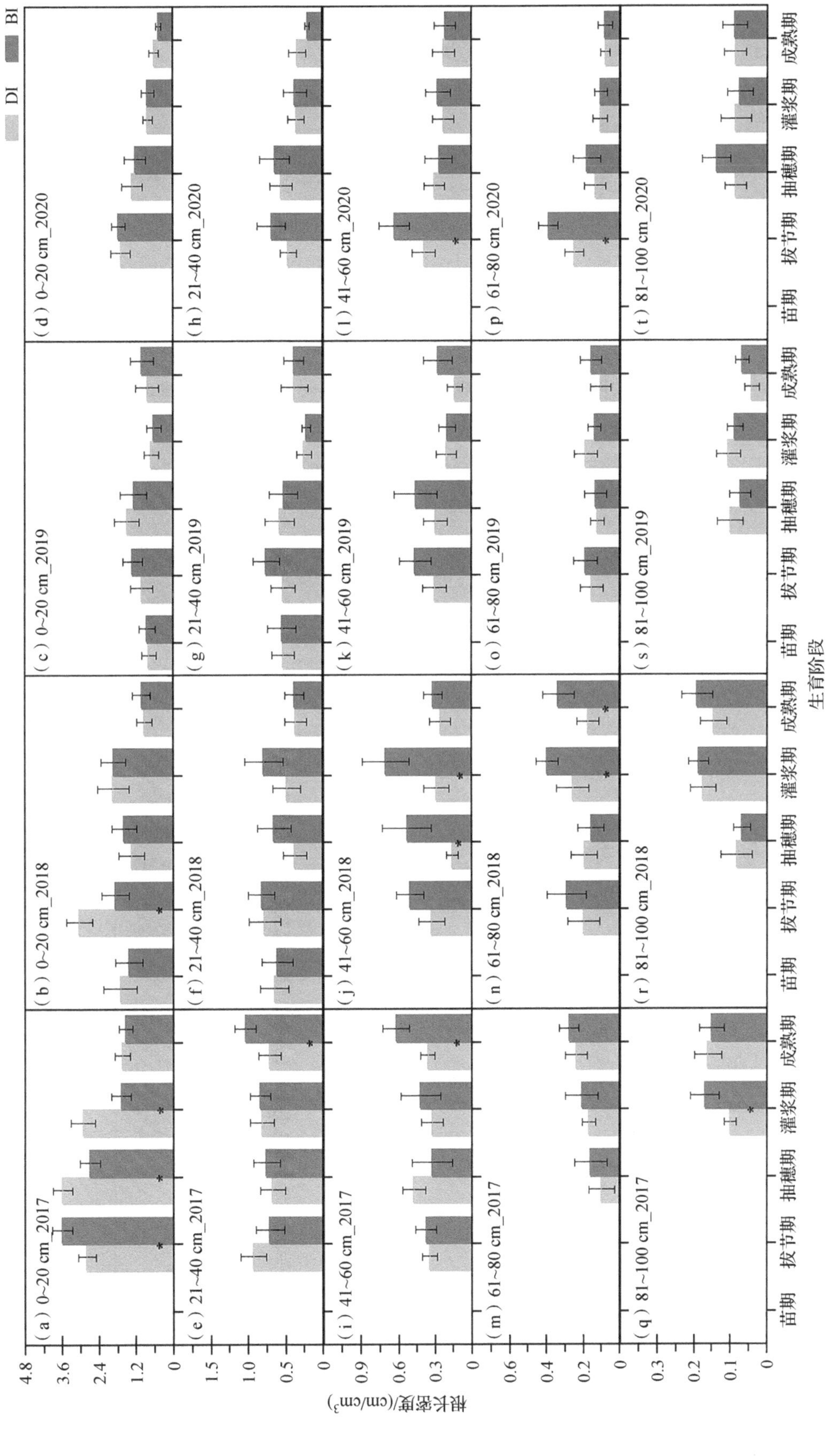

图 6-3　2017—2020 年滴灌(DI)和畦灌(BI)条件下春小麦各生育期地表以下 1 m 范围内的根长密度(RLD)

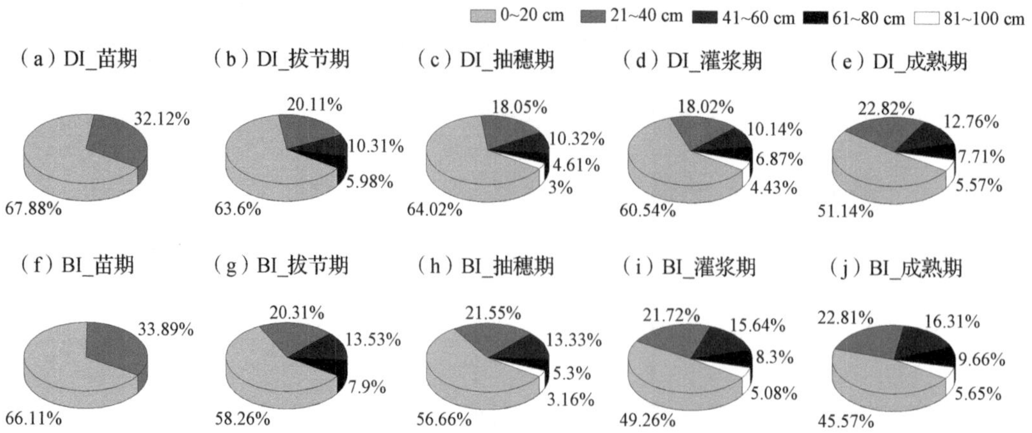

图 6-4　2017—2020 年滴灌(DI)和畦灌(BI)条件下根长在地表以下 1 m 范围内不同深度土层的平均分布比例

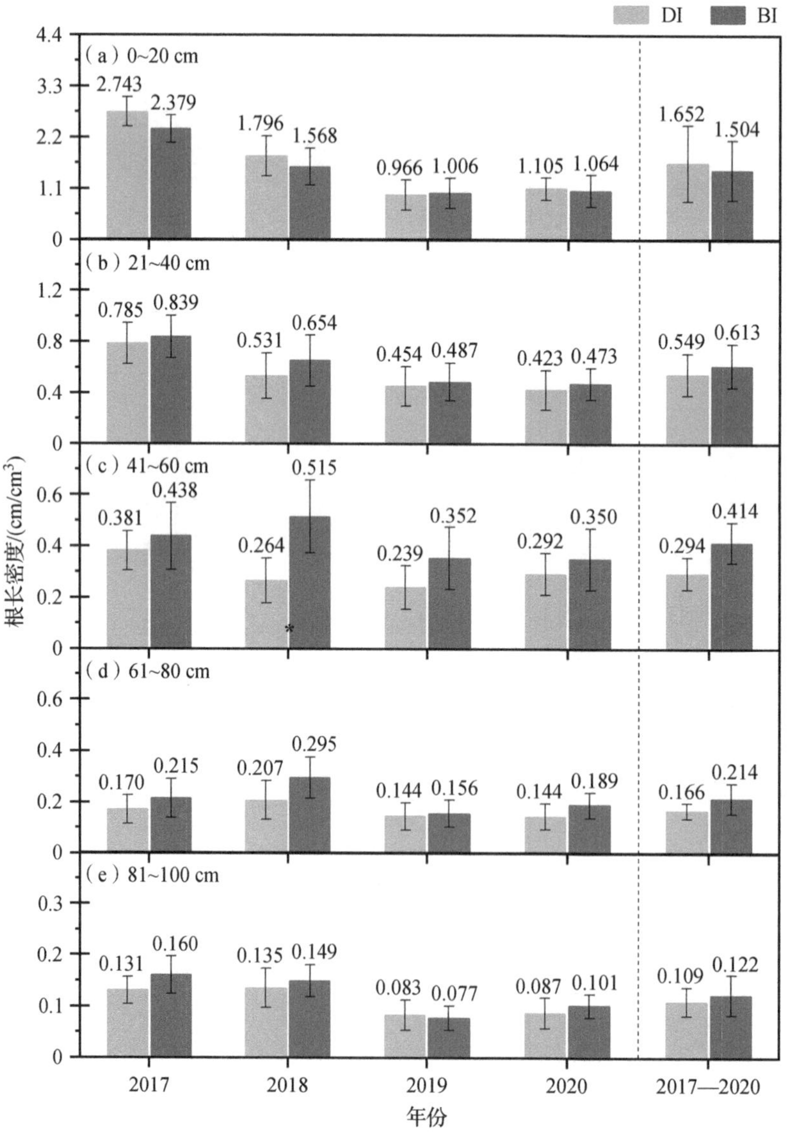

图 6-5　2017—2020 年滴灌(DI)和畦灌(BI)条件下春小麦全生育期平均根长密度(RLD)的对比

81～100 cm 土层中的根系占比比畦灌的分别低 0.16%、0.65%、0.08%，全生育期平均低 0.29%。滴灌条件下春小麦更多根系集中在浅层土壤中，而畦灌根系更多地集中在深层土壤，这是由于根系具有向水性[68]，滴灌麦田发生灌水时，表层土壤中沿着滴灌带铺设方向会形成椭球型湿润体，限制根系向深层土壤延伸。同样地，Lu 等[66]研究发现滴灌条件下冬小麦根系在土壤表层受到较大刺激，在土壤深层则受到一定的抑制作用。

6.1.3　根表面积密度的变化规律

2017—2020 年滴灌(DI)和畦灌(BI)条件下 0～1 m 土层内春小麦各生育期的平均根表面积密度(RSD)如图 6-6 所示，可以看出，随着春小麦生育期的推进，不同灌溉条件下不同深度土层的根长密度基本呈先增加后降低的变化趋势，其最高值多出现在拔节-抽穗期，此时也是春小麦营养生长最旺盛的阶段。苗期，春小麦根系直径处于较高水平，但根长密度很低，导致根表面积密度并不高，待春小麦进入快速生长阶段，根系直径略微下降，但根长密度明显增加，根表面积密度随之快速增加，并于拔节期末达到峰值。春小麦抽穗期的根系直径略微增加，但此时根系不再伸长，并开始老化萎缩，造成根表面积密度的下降，直至成熟期，不同深度土层的根表面积密度下降至最低水平。图 6-7 为各年份滴灌(DI)和畦灌(BI)条件下根表面积在地表以下 0～1 m 范围内不同深度土层的平均分布比例，与根长密度的规律相似，地表以下 0～40 cm 范围的表层土壤中根表面积密度远高于深层土壤。

对比不同灌溉方式下春小麦的根表面积分布，根据图 6-6 可知，0～20 cm 土层中，各年份滴灌条件下春小麦拔节-灌浆期的根表面积高于畦灌，40 cm 以下深度的土层中，滴灌的根表面积密度普遍低于畦灌，且深层土壤中滴灌春小麦成熟期的根表面积密度下降更快。在 0～20 cm 土层中，虽然畦灌条件下春小麦拔节-抽穗期的根系直径普遍略高于滴灌，但是滴灌的根长密度更高，导致根表面积密度更高。杨小利等[154]的研究结果表明，春小麦拔节-开花期对水分胁迫的敏感系数最高。本研究中滴灌条件下该阶段更频繁的灌溉和土壤表层更高的根表面积密度为穗部的发育打下了坚实的基础。灌浆期间，滴灌和畦灌条件下春小麦的根长密度均处于下降阶段，二者差距减小，但畦灌春小麦进入生殖生长阶段之后，浅层根系直径开始下降，而滴灌春小麦浅层根系直径的变化幅度较小，相比畦灌，滴灌春小麦灌浆期浅层土壤中的根系直径略高，最终导致更高的根表面积密度。在深层土壤中，滴灌的根长密度普遍更低，而根系直径只有在抽穗期前后才有可能超过畦灌，导致滴灌的根表面积密度普遍更低。

图 6-8 为 2017—2020 年不同灌溉条件下地表以下 0～1 m 范围内不同土层内的春小麦全生育期的平均根表面积密度，据此可知，随着土壤深度的增加，春小麦的根表面积密度整体呈逐渐降低的变化趋势。在滴灌和畦灌条件下，地表以下 0～20 cm、21～40 cm、41～60 cm、61～80 cm、81～100 cm 土层的平均根长密度依次为 0.173 cm^2/cm^3 和 0.152 cm^2/cm^3、0.059 cm^2/cm^3 和 0.062 cm^2/cm^3、0.031 cm^2/cm^3 和 0.038 cm^2/cm^3、0.016 cm^2/cm^3 和 0.021 cm^2/cm^3、0.012 cm^2/cm^3 和 0.012 cm^2/cm^3，0～1 m 土层的平均根表面积密度分别为 0.058 cm^2/cm^3 和 0.057 cm^2/cm^3。在滴灌条件下，0～20 cm、21～40 cm、41～60 cm、61～80 cm、81～100 cm 土层内春小麦全生育期的平均根表面积密度比畦灌的分别高 14.01%、低 5.86%、低 18.76%、低 24.48%、低 2.27%，0～1 m 土层内平均高 1.81%。在滴灌春小麦全生育期，0～20 cm 土层的根表面积密度远高于畦灌，进而导致滴灌条件下 0～1 m 土层的平均根表面积密度略高于畦灌。

在滴灌条件下，0～20 cm 土层的根表面积占比始终高于畦灌，相应地，畦灌条件下深层土壤中根表面积的占比更高。2017—2020 年，滴灌条件下春小麦苗期、拔节期、抽穗期、灌浆期、成熟期在 0～20 cm 土层中的平均根表面积占比比畦灌的分别高 4.70%、7.16%、6.47%、8.94%、1.65%，全生育期平均高 5.78%；在 21～40 cm 土层中比畦灌的分别低 4.70%、低 0.52%、低 3.39%、低 4.21%、高 1.65%，全生育期平均低 2.23%；从拔节期开始，滴灌小麦在 41～60 cm 土层中的根表面积占比比畦灌的分别低 4.10%、1.08%、2.95%、1.95%，全生育期平均低 2.52%；在 61～80 cm 土层中分别低 2.53%、2.13%、1.28%、1.39%，全生育期平均低 1.83%；从抽穗期开始，滴灌小麦

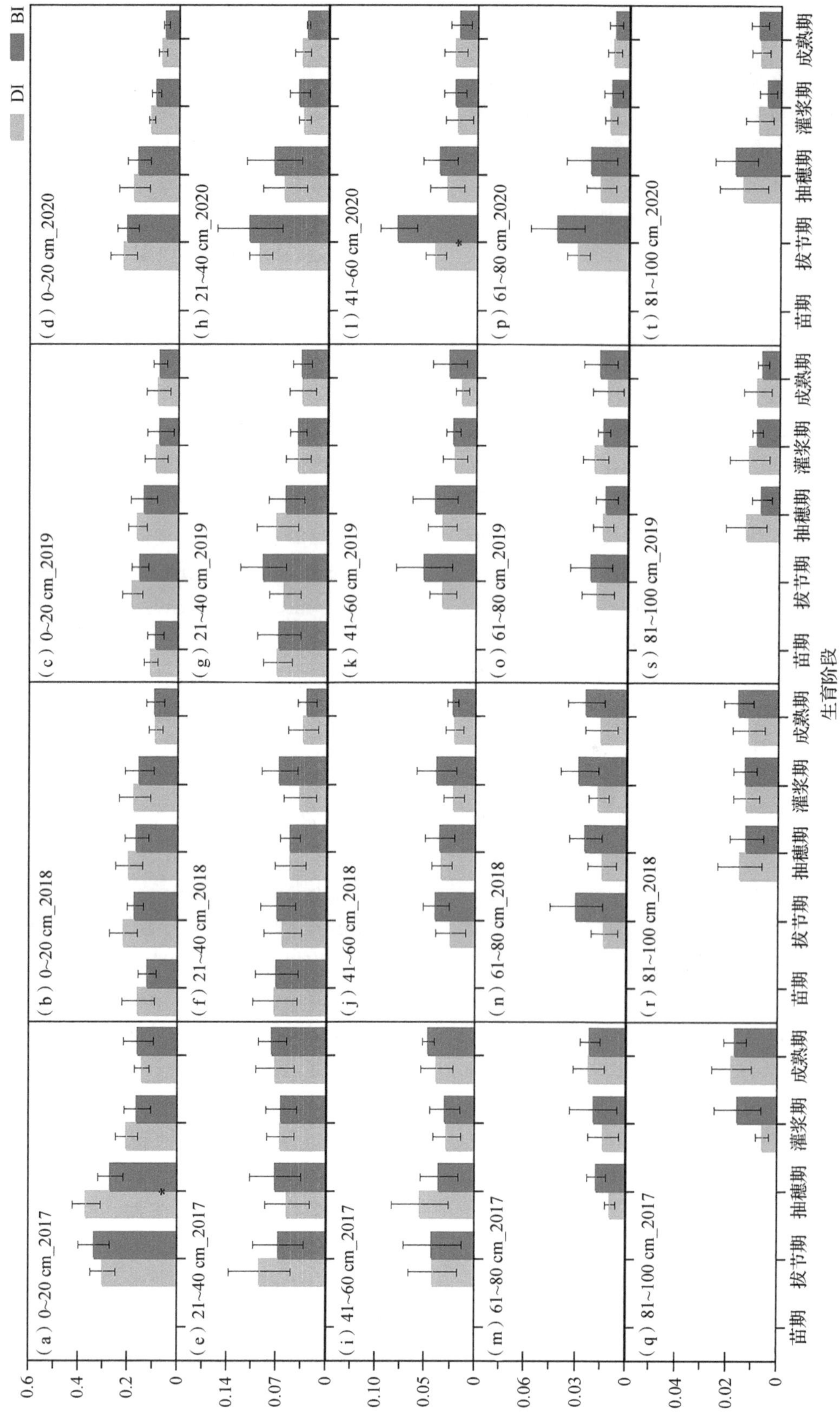

图 6-6　2017—2020 年滴灌(DI)和畦灌(BI)条件下春小麦各生育期地表以下 1 m 范围内的根表面积密度(RSD)

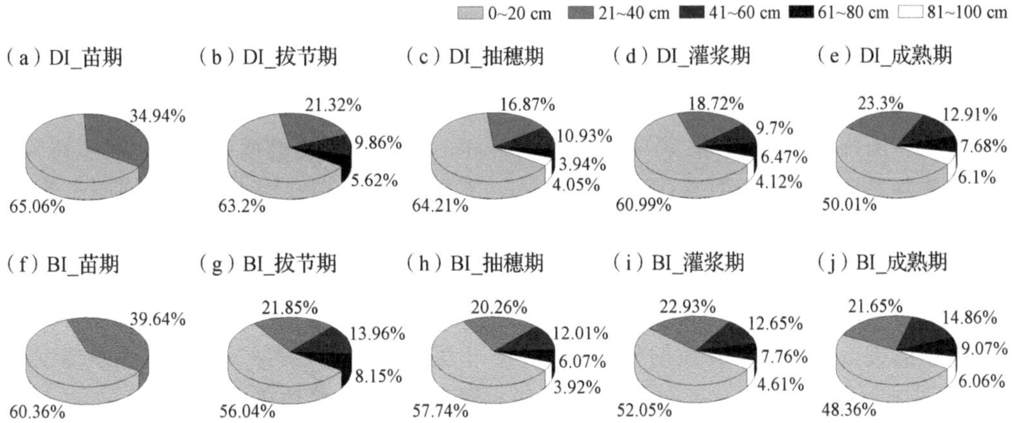

图 6-7　2017—2020 年滴灌(DI)和畦灌(BI)条件下根表面积在地表以下 1 m 范围内不同深度土层的平均分布比例

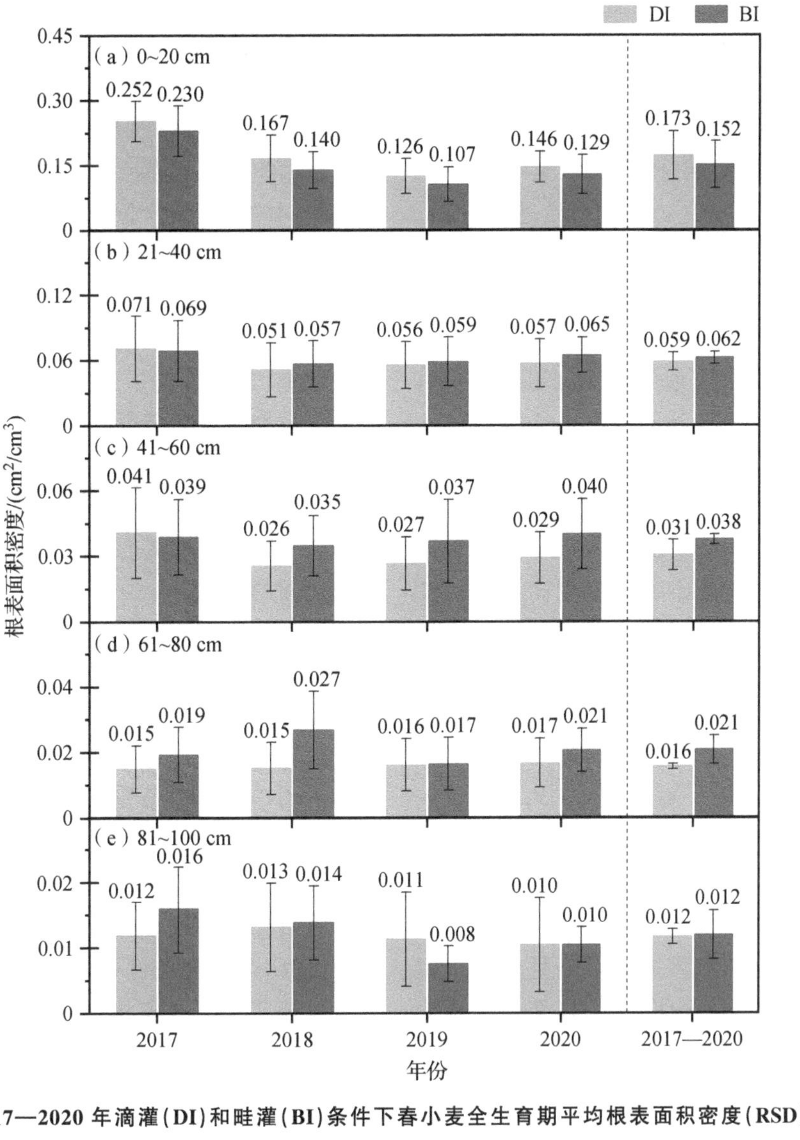

图 6-8　2017—2020 年滴灌(DI)和畦灌(BI)条件下春小麦全生育期平均根表面积密度(RSD)的对比

在 81～100 cm 土层中的根表面积占比比畦灌的分别高 0.13%、低 0.49%、高 0.04%，全生育期平均低 0.11%。滴灌条件下麦田 0～20 cm 土层的根表面积分布比例始终更高，尤其在春小麦拔节-灌浆期。首先，滴灌麦田拔节-灌浆期的灌溉总量和灌水频率均高于畦灌，更为发达的浅层根系有利于提高植株吸水吸肥的效率。其次，拔节-灌浆期是春小麦从营养生长阶段进入生殖生长阶段并开始形成产量的时期，充足的水肥供给有利于叶片光合作用的进行和植株干物质的积累。

6.1.4 土壤环境因素对根系生长的影响

地表以下 0～1 m 范围的土壤环境直接影响根系分布，取土壤含水量、土壤温度以及土壤硝态氮含量作为土壤环境的分析指标。鉴于 41～60 cm、61～80 cm、81～100 cm 土层中春小麦根长密度和根表面积密度的变化规律一致，且数值远低于表层土壤，因此将上述 3 个土层合并为 1 个深度范围为 41～100 cm 的土层进行分析。2017—2020 年春小麦各生育期不同深度土层的平均土壤含水量(SWC)、平均土壤温度(T_s)以及平均土壤硝态氮含量(NO_3^--N)见表 6-1。

对土壤含水量而言，地表以下 1 m 范围内，滴灌春小麦各生育期 0～20 cm 和 41～100 cm 土层的平均土壤含水量多低于畦灌，只有拔节-灌浆期内 21～40 cm 土层的平均土壤含水量更高，这与滴灌条件下的水分入渗方式以及拔节-灌浆期内滴灌的灌溉频率和累计灌水量更高有关。此外，滴灌条件下麦田 0～20 cm 土层的根系更为发达，吸水能力更强，导致高频灌溉下 0～20 cm 浅层土壤的平均含水量更低。对土壤温度而言，滴灌春小麦各生育期地表以下 1 m 范围内的平均土壤温度始终高于畦灌。滴灌条件下春小麦全生育期 0～20 cm、21～40 cm、41～100 cm 土层的平均温度比畦灌的分别高 0.96 ℃、1.02 ℃、1.32 ℃。滴灌对农田的冷却效应弱于畦灌[44]，随着土壤深度的增加，滴灌和畦灌条件下土壤温度的差距逐渐增加。赵宏伟等[155]以寒地粳稻为研究对象，发现孕穗期冷水灌溉不利于作物生育中后期干物质的积累。滴灌条件下更高的土壤温度有利于增加根系活性，提高根系吸水吸肥的效率[156]。

对土壤硝态氮含量而言，滴灌春小麦拔节-抽穗期内 0～20 cm 土层的硝态氮含量比畦灌的平均高 32.76%，其余情况下滴灌麦田各土层的土壤硝态氮含量普遍更低，主要是由于滴灌麦田每年的总施肥量比畦灌的平均低 11.48%。至于滴灌拔节-抽穗期浅层土壤的平均硝态氮含量更高，则是由于每年滴灌春小麦拔节-抽穗期的追肥次数比畦灌的多 1 次，滴灌条件下肥料溶于灌溉水中，经过滴灌带随水分一起到达植株根系附近的土壤，由于滴灌条件下灌溉水首先缓慢均匀地湿润表层土壤，导致更多肥料停留在 0～20 cm 土层中。更高的单次灌水量可能会导致更严重的土壤硝态氮淋失[157]。畦灌条件下，肥料被撒施在土壤表层，短时间内随大量灌水进入深层土壤，极大地降低了肥料的利用效率。根据 Zhou 等[158]的研究，相比传统漫灌，滴灌可以减少土壤中氮素的淋失。拔节-抽穗期是春小麦由营养生长阶段进入生殖生长阶段的关键时期，滴灌条件下浅层土壤较高的硝态氮含量和更为密集的根系为春小麦的生长发育创造了更有利的条件。

为探究土壤环境与根系生长之间的关系，对各土层根系指标和土壤环境指标之间的相关关系分别进行分析，表 6-2 表示 2017—2020 年春小麦全生育期地表以下 0～1 m 深度范围内各土层的根系直径(RAD)、根长密度(RLD)和根表面积密度(RSD)分别与土壤含水量(SWC)、土壤温度(T_s)、土壤硝态氮含量(NO_3^--N)等土壤环境指标之间的相关性。

地表以下 0～20 cm 土层内，平均根系直径与土壤含水量和土壤硝态氮含量均表现出显著的正相关关系，而根长密度和根表面积密度与土壤环境指标之间没有显著的相关关系，可能是由于浅层土壤受外界环境干扰较多，导致根系分布和土壤环境之间关系不显著。此外，滴灌条件下表层土壤平均含水量更低，但土壤频繁的干湿交替刺激根系伸长生长，对应的根长密度和根表面积密度更高，而畦灌条件下每次灌水之后表层土壤含水量长期处于饱和状态，缺氧的土壤环境不利于根系生长[156]。随着土壤深度的增加，土壤环境越发稳定，根系指标与土壤环境之间的关系更为显著。地表以下 21～40 cm 和 41～100 cm 土层内，根系直径、根长密度和根表面积密度与土壤含

表 6-1　2017—2020 年滴灌(DI)和畦灌(BI)条件下春小麦全生育期的平均土壤含水量(SWC)、平均土壤温度(T_s)和平均土壤硝态氮含量(NO_3^--N)

土壤指标	生育阶段	土层深度					
		0～20 cm		21～40 cm		41～100 cm	
		DI	BI	DI	BI	DI	BI
SWC/(cm^3/cm^3)	苗期	0.203	0.235	0.238	0.266	0.294	0.308
	拔节期	0.218	0.226	0.240	0.239	0.275	0.291
	抽穗期	0.209	0.228	0.237	0.228	0.269	0.283
	灌浆期	0.198	0.220	0.218	0.218	0.258	0.253
	成熟期	0.186	0.212	0.197	0.221	0.243	0.246
	全生育期	**0.203**	**0.224**	**0.226**	**0.234**	**0.267**	**0.276**
T_s/℃	苗期	14.24	13.63	13.20	12.45	11.19	10.10
	拔节期	16.59	15.28	15.63	14.37	13.92	12.55
	抽穗期	17.05	15.99	16.20	15.11	14.76	13.40
	灌浆期	18.63	17.91	17.69	16.81	16.07	14.75
	成熟期	19.99	18.88	19.00	17.87	17.33	15.90
	全生育期	**17.30**	**16.34**	**16.34**	**15.32**	**14.66**	**13.34**
NO_3^--N/(kg/hm^2)	苗期	21.13	22.65	17.59	22.00	13.17	18.66
	拔节期	11.94	8.02	13.40	13.53	10.05	16.36
	抽穗期	4.15	4.10	5.19	5.68	5.76	7.47
	灌浆期	3.99	4.01	5.97	5.50	4.16	4.77
	成熟期	3.67	4.40	6.10	5.14	4.19	5.83
	全生育期	**8.97**	**8.64**	**9.65**	**10.37**	**7.47**	**10.62**

表 6-2　春小麦根系生长指标与各土壤环境指标的相关性

土层深度	根系生长指标	土壤环境指标					
		SWC		T_s		NO_3^--N	
		相关性	相关系数	相关性	相关系数	相关性	相关系数
0～20 cm	**RAD**	正相关	0.58*	负相关	−0.97**	正相关	0.83**
	RLD	正相关	0.25	负相关	−0.23	负相关	−0.14
	RSD	正相关	0.24	负相关	−0.26	负相关	−0.12
21～40 cm	**RAD**	正相关	0.85**	负相关	−0.91**	正相关	0.89**
	RLD	正相关	0.58*	负相关	−0.66*	正相关	0.44
	RSD	正相关	0.71**	负相关	−0.79**	正相关	0.68*
41～100 cm	**RAD**	正相关	0.91**	负相关	−0.89**	正相关	0.91**
	RLD	正相关	0.69*	负相关	−0.78**	正相关	0.94**
	RSD	正相关	0.83**	负相关	−0.82**	正相关	0.97**

注:“*”表示在 0.05 水平上显著相关;“**”表示在 0.01 水平上显著相关。

水量和土壤硝态氮含量之间均呈显著正相关关系，与土壤温度之间均呈显著负相关关系。鉴于根系生长与土壤水肥含量之间显著的正相关关系，滴灌条件下拔节-灌浆期内 21～40 cm 土层的平均含水量和平均硝态氮含量高于畦灌，说明在此期间滴灌麦田 21～40 cm 土层的根系更为活跃。另外，在春小麦从营养生长阶段进入生殖生长阶段之后，春小麦根系基本停止伸长生长，反而开始老化萎缩，而春小麦全生育期的土壤温度始终处于上升状态，这是导致根系各指标和土壤温度之间表现出显著负相关关系的主要原因。

总之，虽然滴灌麦田地表以下 0～1 m 范围内的平均土壤含水量更低，但滴灌条件下表层土壤更好的透气性、更适宜的土壤湿润程度和土壤温度以及更频繁的干湿交替为春小麦根系的生长创造了更加适宜的环境，刺激根系横向发育。

6.2 春小麦地上部分生长规律的对比分析

6.2.1 株高生长规律

灌溉方式直接影响土壤环境，从而改变了植株根系分布，进而对作物地上部分的生长过程造成影响。2017—2020 年滴灌（DI）和畦灌（BI）条件下春小麦株高的季节变化情况见图 6-9，由此可知，滴灌和畦灌春小麦的株高变化趋势基本一致，均随时间的推移逐渐升高并于 6 月中旬达到峰值，此后株高趋于稳定，不再变化。

随着春小麦苗期末（5 月初）第一次灌水的结束，植株进入快速生长阶段，株高的增加速度逐渐升高，并于拔节期（5 月中旬）达到峰值。之后春小麦株高的增加速度逐渐降低，并于抽穗期（6 月中旬）达到峰值。比较不同灌溉方式下的春小麦株高，发现各年份滴灌春小麦株高的增加速度略低于畦灌，导致最终达到的株高峰值更低。2017—2020 年，滴灌和畦灌条件下春小麦株高的峰值分别为 87.4 cm 和 87.5 cm、81.1 cm 和 84.2 cm、81.0 cm 和 82.8 cm、84.5 cm 和 88.6 cm，4 年平均株高峰值分别为 83.5 cm 和 85.8 cm。2017—2020 年，滴灌春小麦的株高峰值比畦灌的分别低 0.18%、3.63%、2.21%、4.67%，4 年平均低 2.67%。

6.2.2 叶片生长规律

图 6-10 表示滴灌（DI）和畦灌（BI）条件下春小麦叶面积指数（LAI）和冠层覆盖度（C_c）的季节变化情况，其中，冠层覆盖度直接根据叶面积指数计算得到，故没有误差棒，计算公式如下[159]：

$$C_c = 1.005 \times (1 - e^{(-0.6 \times \mathrm{LAI})})^{1.2} \tag{6-1}$$

式中，C_c 表示冠层覆盖度（无量纲）；LAI 表示叶面积指数（cm^2/cm^2）。

根据图 6-10 可知，滴灌和畦灌条件下叶面积指数和冠层覆盖度的变化规律基本一致，均随时间呈先增加后降低的变化趋势。春小麦从苗期末（5 月初）进入拔节期后，叶片迅速扩张，叶面积指数和冠层覆盖度快速增加，并于抽穗期（6 月上旬）达到峰值，此时也是植株营养生长最为旺盛的时期。之后由于叶片光合产物的转移以及叶片的老化，叶面积指数和冠层覆盖度持续降低。

比较不同灌溉方式下春小麦叶片的生长，发现各年份滴灌春小麦叶片的生长速度低于畦灌，导致叶面积指数和冠层覆盖度的峰值更低，且此后滴灌春小麦叶片更早进入老化枯萎阶段，叶面积指数和冠层覆盖度下降更快。2017—2020 年，滴灌和畦灌条件下春小麦的叶面积指数的峰值依次为 4.53 cm^2/cm^2 和 6.02 cm^2/cm^2、5.72 cm^2/cm^2 和 7.78 cm^2/cm^2、5.10 cm^2/cm^2 和 5.78 cm^2/cm^2、6.27 cm^2/cm^2 和 6.67 cm^2/cm^2，4 年平均叶面积指数峰值分别为 5.41 cm^2/cm^2 和 6.56 cm^2/cm^2。2017—2020 年，滴灌春小麦的叶面积指数峰值比畦灌的分别低 24.74%、26.49%、11.81%、5.95%，4 年平均低 17.25%。Qi 等[160]的研究表明，施氮量的增加显著提高作物最大叶面积指数，水肥交互有效促进作物的生长发育。本研究中，春小麦播种后第一次灌水发生在苗期末，这是春小麦营养生长的关键时期，而滴灌单次灌水量和施肥量较少，植株根系可以吸取的水肥远低于畦灌，叶片细胞膨压更低，其伸长生长在一定程度上受到抑制，进而导致滴灌麦田植株叶片扩张的上限被限制。

2017—2020 年，滴灌和畦灌条件下麦田冠层覆盖度的峰值依次为 0.926 和 0.973、0.966 和

0.994、0.949 和 0.967、0.977 和 0.983，4 年平均冠层覆盖度的峰值分别为 0.954 和 0.979。2017—2020 年，滴灌麦田冠层覆盖度的最高值比畦灌的分别低 4.79%、2.77%、1.95%、0.60%，4 年平均低 2.53%。滴灌条件下更低的冠层覆盖度有利于农田吸收辐射，畦灌条件下更多的辐射被反射。2018 年滴灌（DI）和畦灌（BI）条件下春小麦叶片叶倾角的季节变化情况（图 6-11）进一步证实了上述结论，由此可知，滴灌条件下春小麦苗期末-成熟期初的叶片叶倾角始终更高，这意味着滴灌春小麦的叶片腹面与茎秆的夹角更小。相比畦灌，滴灌麦田更小的叶片反射面意味着更低的田间反射率，有利于农田有效能量的增加。

图 6-12 表示 2017—2020 年滴灌（DI）和畦灌（BI）条件下春小麦叶片相对叶绿素含量（SPAD）的季节变化情况，由此可知，滴灌和畦灌条件下春小麦叶片的相对叶绿素含量变化趋势基本一致，均随时间的推移始终保持在较高水平，直到 6 月末春小麦进入成熟期之后快速下降。比较不同灌溉条件下叶片相对叶绿素含量的变化过程，发现滴灌和畦灌条件下春小麦苗期-灌浆期的相对叶绿素含量相差不大，但滴灌条件下相对叶绿素含量开始下降的时间更早，且下降速度更快，这与滴灌春小麦的早熟有关。2017—2020 年，滴灌和畦灌条件下春小麦的叶片老化之前的平均相对叶绿素含量分别为 52.95 和 54.08、48.29 和 48.01、47.70 和 45.94、46.60 和 47.39，4 年平均相对叶绿素含量分别为 48.88 和 48.85。滴灌和畦灌春小麦苗期-灌浆期的相对叶绿素含量的平均值相差不足 0.1%，进入成熟期之后，滴灌叶片提前枯萎凋落，叶片相对叶绿素含量大幅降低。

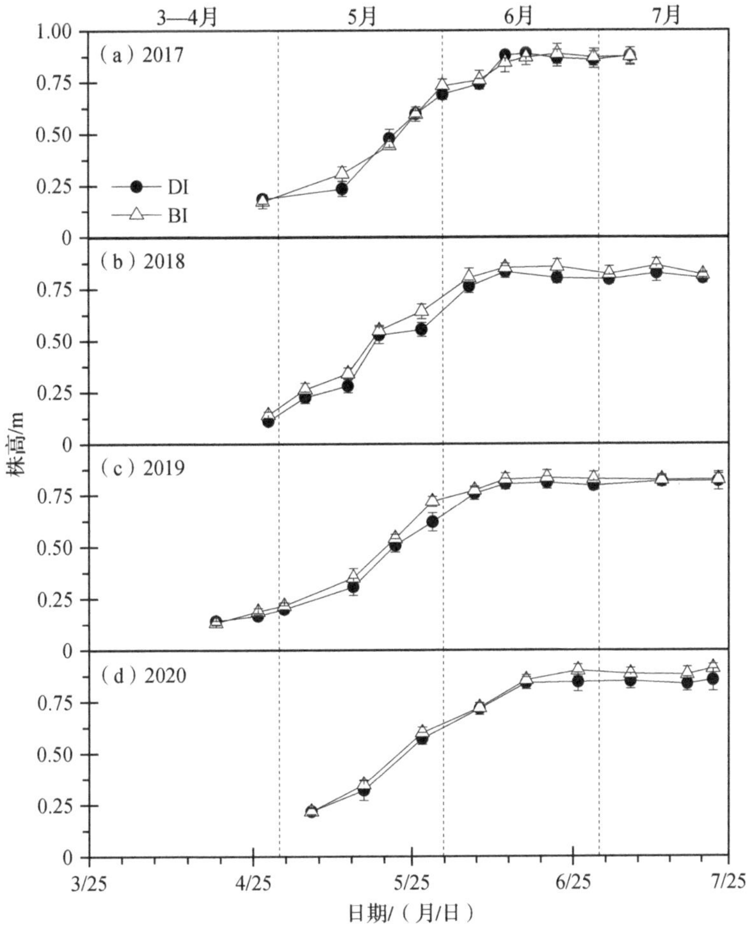

图 6-9　2017—2020 年滴灌（DI）和畦灌（BI）条件下春小麦株高（h）的季节变化

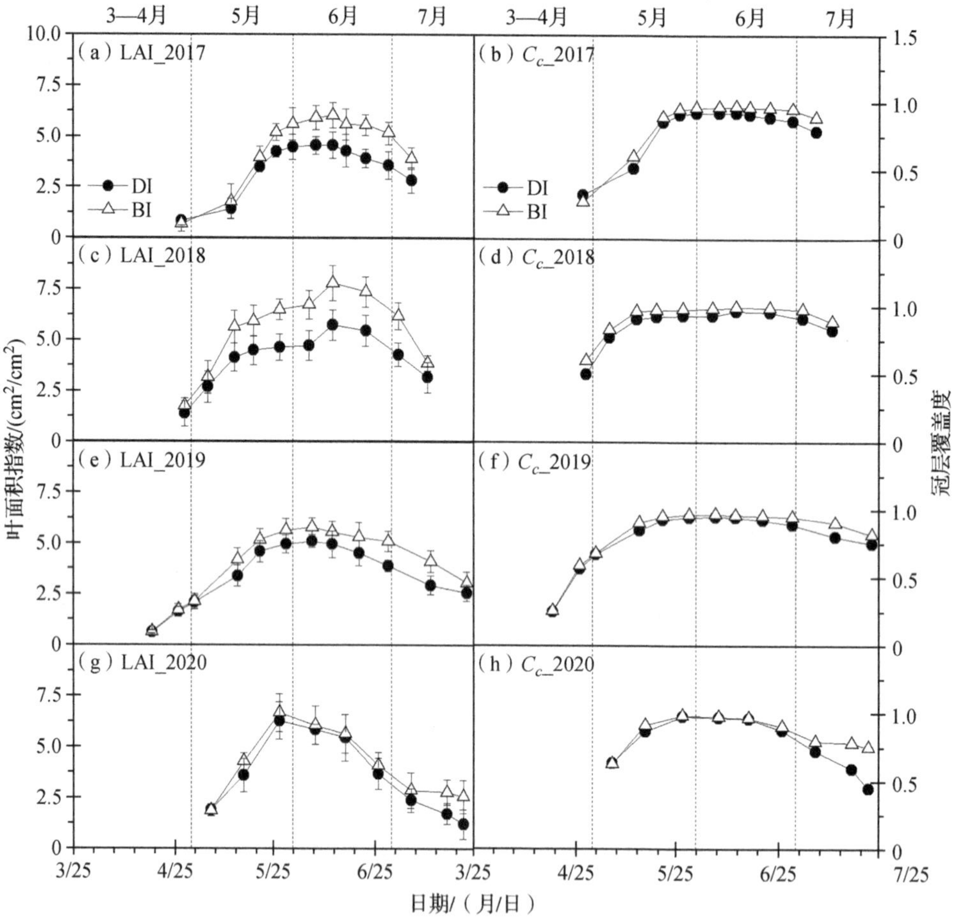

图 6-10　2017—2020 年滴灌(DI)和畦灌(BI)条件下春小麦叶面积指数(LAI)和冠层覆盖度(C_c)的季节变化

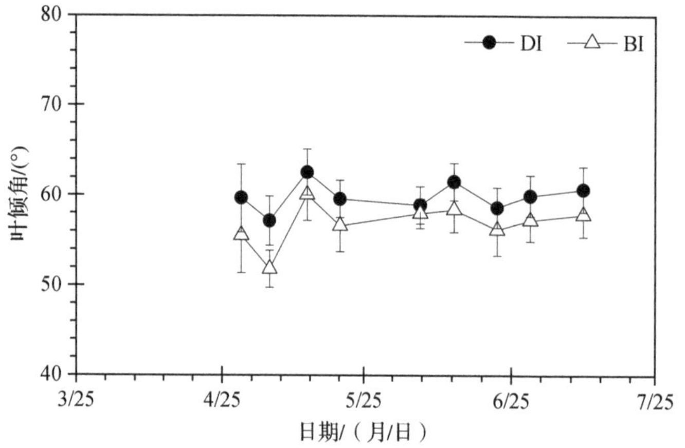

图 6-11　2018 年滴灌(DI)和畦灌(BI)条件下春小麦叶片叶倾角的季节变化

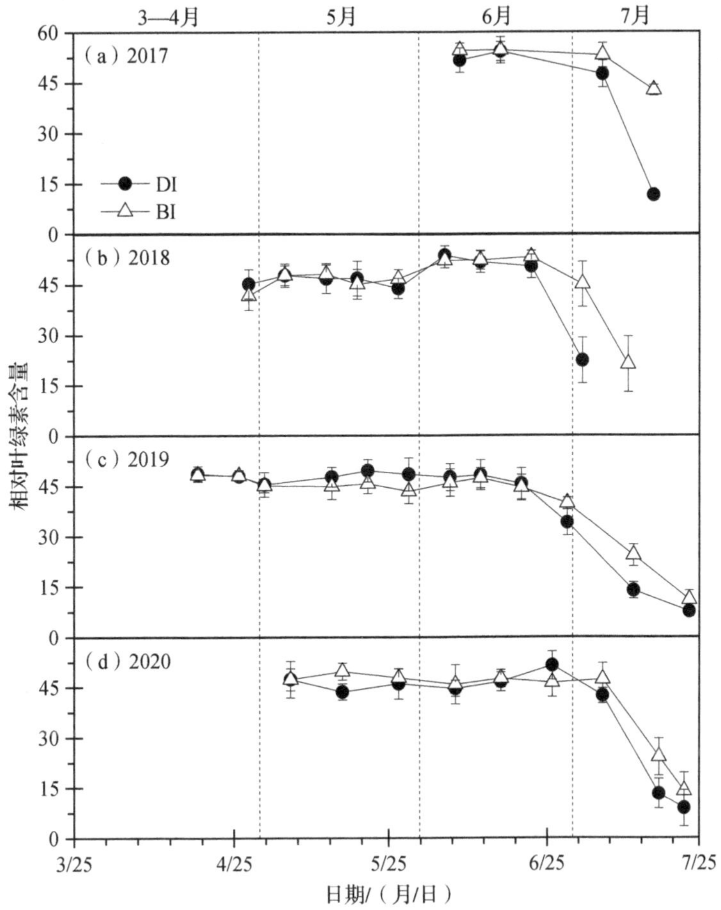

图 6-12　2017—2020 年滴灌(DI)和畦灌(BI)条件下春小麦相对叶绿素含量(SPAD)的季节变化

总的来说，由于苗期末更少的单次灌水量和施肥量，滴灌条件下叶片的生长上限受到限制，春小麦提前结束营养生长阶段，进入生殖生长阶段，此时滴灌春小麦的株高、叶面积指数和冠层覆盖度都更低，畦灌春小麦地上部的生长状态更为旺盛。但是更加旺盛的叶片生长状态意味着更小的叶片叶倾角和更大的冠层反射面，在此期间，滴灌麦田吸收到的净辐射、土壤热通量以及最终可供农田分配利用的有效能量均高于畦灌，这反而为滴灌条件下更早进入生殖生长阶段的春小麦产量的形成创造了有利条件。

6.3　春小麦生育阶段的对比分析

春小麦从播种到收获划分为 5 个阶段，分别为苗期、拔节期、抽穗期、灌浆期和成熟期。滴灌(DI)和畦灌(BI)条件下春小麦不同生育阶段的持续时间见图 6-13，由此可知，各年份滴灌和畦灌春小麦苗期持续时间相同，从拔节期开始，滴灌各生育期的持续时间始终比畦灌短。2017—2020 年，滴灌和畦灌条件下春小麦苗期、拔节期、抽穗期、灌浆期、成熟期的平均持续天数依次为 46 d 和 46 d、15 d 和 18 d、18 d 和 19 d、18 d 和 19 d、19 d 和 19 d，滴灌春小麦苗期、拔节期、抽穗期、灌浆期、成熟期的持续天数比畦灌的平均短 0 d、3 d、1 d、1 d、0 d。苗期末第一次灌水后，不同灌溉条件下春小麦的生长进程开始出现差异，滴灌春小麦的拔节期显著缩短，且从抽穗期开始，滴灌春小麦几乎每个生育期都要比畦灌的提前 1 d 结束。滴灌对春小麦拔节期发育进程造成的影响最大。

图 6-14 是各年份滴灌(DI)和畦灌(BI)条件下春小麦全生育期时间的对比，据此可知，滴灌条件下春小麦的生育期长度始终短于畦灌。2017—2020 年，滴灌和畦灌春小麦全生育期时间依次为 110 d 和 116 d、118 d 和 125 d、120 d 和 126 d、113 d 和 118 d，4 年平均全生育期时间分别为

115 d 和 121 d。2017—2020 年，滴灌春小麦全生育期时间比畦灌的分别短 6 d、7 d、6 d、5 d，4 年平均短 6 d。同样地，Qin 等[11] 对覆膜畦灌和膜下滴灌玉米田的长期对比观测结果表明滴灌缩短玉米生育期长度。本研究中，春小麦田开始灌水之后，滴灌条件下更高的土壤温度和冠层上方更高的空气温度加速了春小麦的生长发育。此外，滴灌春小麦叶片的生长上限受限，得以比畦灌春小麦提前 3 d 结束拔节期，而滴灌春小麦提前进入生殖生长阶段，为最终产量的形成创造了更为充裕的时间条件。

春小麦营养生长阶段的叶片呈翠绿色，进入抽穗期后叶片颜色会逐渐加深，随着春小麦进入成熟期，植株开始老化，叶片会从深绿色转变为黄色，此时是不同灌溉方式下春小麦生长发育进程的差异表现最为直观的阶段。滴灌春小麦的茎秆和叶片大面积变黄时，畦灌春小麦只有少数叶片干枯变黄，植株整体仍为绿色。

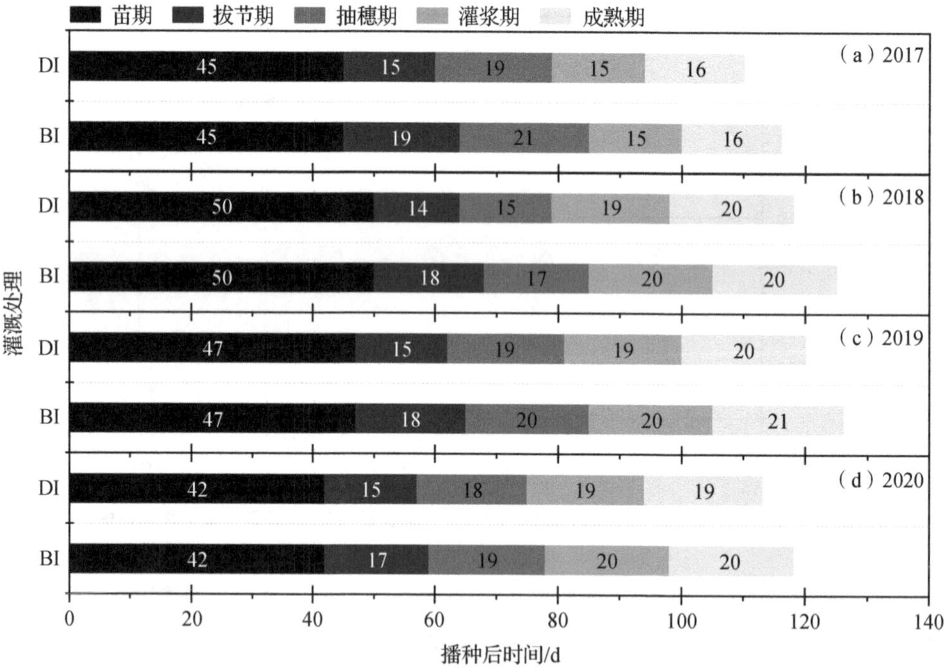

图 6-13　2017—2020 年滴灌(DI)和畦灌(BI)条件下春小麦各生育期长度的对比

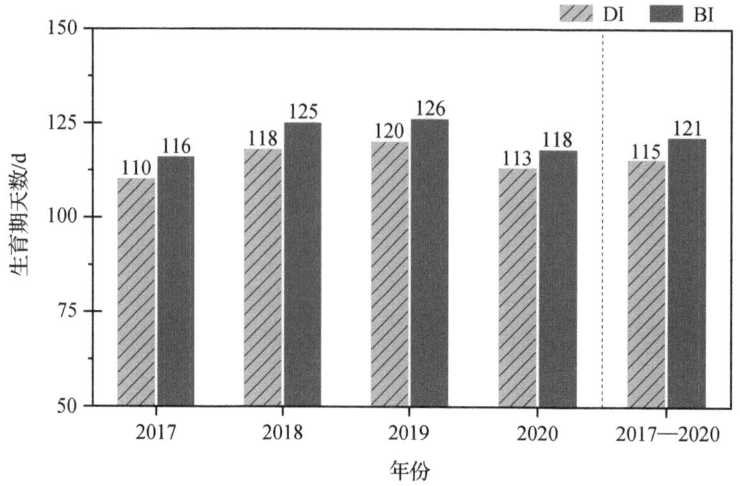

图 6-14　2017—2020 年滴灌(DI)和畦灌(BI)条件下春小麦全生育期长度的对比

6.4　不同灌溉方式对春小麦物候的影响

作物为适应辐射能量、灌溉降水、田间温湿度等环境条件的周期性变化形成的生长发育节律即为物候，物候对植物生长及其对大气系统的生物物理以及生物地球化学反馈至关重要[161]。灌溉方式直接影响田间环境，进而改变作物物候。Logistic 生长模型可用于模拟作物生长发育过程，基于作物干物质积累或冠层生长过程的拟合曲线可提取物候数据[162-164]。

6.4.1　LAI 拟合曲线

为探究滴灌和畦灌条件下春小麦物候的差异，基于实测的叶面积指数数据，利用 Logistic 模型拟合春小麦营养生长阶段的叶片生长曲线，并从中提取物候数据。Logistic 模型可用于描述作物叶面积指数随时间的变化情况，公式如下所示：

$$\mathrm{LAI}(t)=\frac{a-b}{1+(t/c)^{d}}+b \qquad (6\text{-}2)$$

式中，LAI 表示叶面积指数(cm^2/cm^2)；t 表示播种后天数(d)；a、b、c、d 均表示曲线参数。对上式求导，可得到作物叶面积指数的增加速度随时间变化的曲线公式：

$$v(t)=\frac{(b-a)\times d\times t^{(d-1)}}{c^{d}\times(1+(t/c)^{d})^{2}} \qquad (6\text{-}3)$$

式中，v 表示叶面积指数的增加速度[$cm^2/(cm^2\cdot d)$]。

图 6-15 展示了 2017—2020 年基于 Logistic 模型的各年份不同灌溉条件下春小麦营养生长阶段叶面积指数(LAI)的拟合曲线，由此可知，滴灌和畦灌条件下 LAI 的实测值与拟合值变化趋势一致，均随播种后天数的增加逐渐升高，其中，LAI 的增加速度随时间呈先增加后降低的变化趋势。滴灌(DI)和畦灌(BI)条件下各年份春小麦叶面积指数的拟合曲线参数取值和拟合效果评

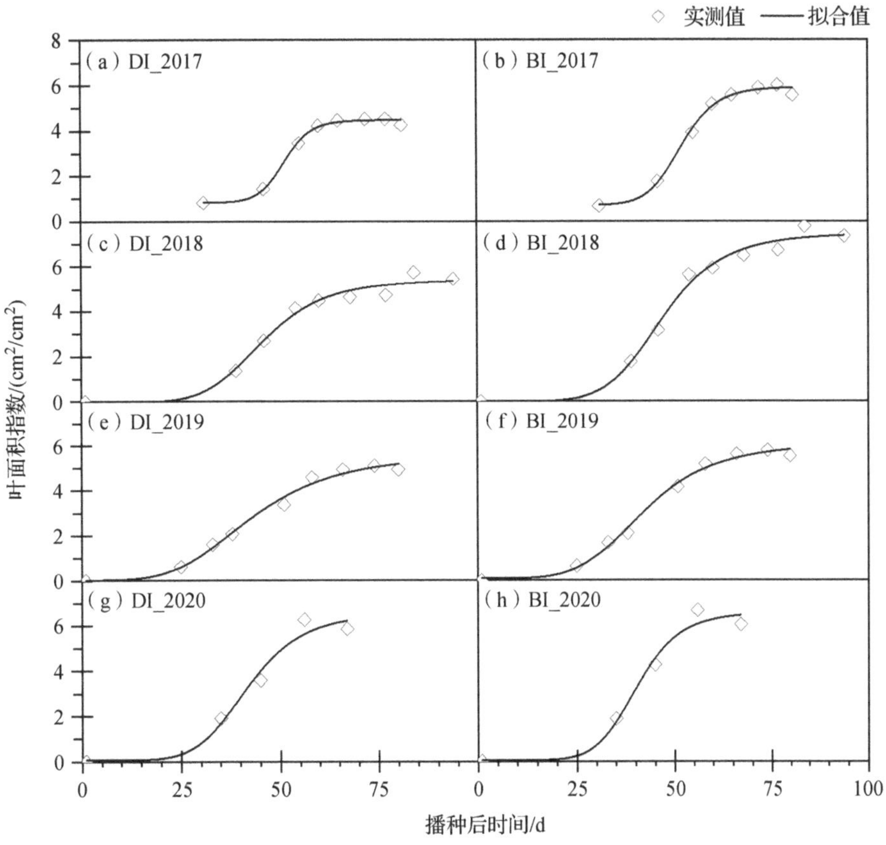

图 6-15　基于 Logistic 模型的不同灌溉条件下春小麦营养生长阶段叶面积指数(LAI)的拟合曲线

价指标见表 6-3，由此可知，2017—2020 年滴灌和畦灌条件下基于 Logistic 模型的 LAI 实测值和拟合值之间的 R^2、MBE、RMSE、IA 的平均值分别为 0.97 和 0.98、−0.02 cm^2/cm^2 和 −0.02 cm^2/cm^2、0.24 cm^2/cm^2 和 0.24 cm^2/cm^2、0.99 和 0.99，表明 Logistic 模型对不同灌溉条件下春小麦营养生长阶段的叶面积指数拟合效果较好。同样地，王全九等[165]的研究结果表明 Logistic 生长模型可较好地模拟马铃薯营养生长阶段的 LAI 和干物质积累过程。

6.4.2 物候指标对比

基于 Logistic 模型拟合曲线，提取作物生长季开始时间（SOS）、作物生长达到高峰的时间（SOP）以及叶片生长的年振幅（RVG）等物候指标。春小麦营养生长阶段 LAI 的增加速度呈先增加后降低的变化趋势，$v(t)$ 达到峰值时对应的播种后天数即为生长季开始时间[163]；用 LAI 的最高值对 $v(t)$ 的峰值进行归一化处理，排除不同年份生物量的多少对叶片生长速度的影响，即可得到年振幅[162]；$v(t)$ 趋于 0 时对应的播种后天数即为作物生长达到高峰的时间[162]。

2017—2020 年滴灌（DI）和畦灌（BI）条件下春小麦物候指标的对比见图 6-16，由此可知，各年份滴灌条件下春小麦生长季开始的时间（SOS）和生长达到高峰的时间（SOP）总是早于畦灌，且滴灌春小麦叶片生长的年振幅（RVG）略高于畦灌，这意味着滴灌春小麦的生长速度更快。2017—2020 年，滴灌和畦灌条件下春小麦生长季开始时间依次为播种后 51 d 和 51 d、43 d 和 45 d、37 d 和 39 d、39 d 和 39 d，4 年平均的生长季开始时间分别为播种后 43 d 和 44 d，滴灌春小麦的生长季开始时间比畦灌的平均提前 1 d。2017—2020 年，滴灌和畦灌条件下春小麦生长达到峰值的时间依次为播种后 69 d 和 76 d、84 d 和 89 d、73 d 和 80 d、63 d 和 63 d，4 年平均的生长达到高峰的时间分别为播种后 72 d 和 77 d，滴灌春小麦生长达到峰值的时间比畦灌的平均提前 4.7 d。根据 SOS 和 SOP 即可得到不同灌溉条件下春小麦从生长季开始到生长达到峰值的天数（SOS-SOP）。2017—2020 年滴灌和畦灌下（SOS-SOP）依次为 18 d 和 25 d、41 d 和 44 d、36 d 和 41 d、24 d 和 24 d，4 年平均的（SOS-SOP）分别为 29.8 d 和 33.5 d，滴灌春小麦从生长季开始到生长达到峰值的天数比畦灌的平均短 3.7 d。此外，2017—2020 年滴灌和畦灌条件下 LAI 的年振幅分别为 6.16%/d 和 4.99%/d、3.43%/d 和 3.40%/d、3.24%/d 和 2.93%/d、4.88%/d 和 5.07%/d，4 年平均年振幅分别为 4.43%/d 和 4.10%/d，滴灌春小麦叶片生长的年振幅比畦灌的平均高 7.97%。

平均来说，滴灌春小麦生长季开始时间提前 1 d，叶片生长的年振幅提高 7.97%，导致春小麦生长到达峰值的时间提前 4.7 d，相应地，滴灌春小麦从生长季开始直至到达生长高峰的时间缩短 3.7 d。滴灌加速春小麦生长，提前春小麦的物候期，提高叶片生长速度，缩短了春小麦到达生长高峰的时间。

表 6-3 基于 Logistic 模型的不同灌溉条件下春小麦叶面积指数（LAI）的拟合效果评价

年份	灌溉处理	Logistic 曲线参数				拟合效果评价指标				
		a	b	c	d	N	R^2	MBE/(cm^2/cm^2)	RMSE/(cm^2/cm^2)	IA
2017	**DI**	0.83	4.48	51.44	15.32	8	1.00	0.00	0.09	1.00
	BI	0.70	5.92	52.20	11.64	8	0.99	0.00	0.15	1.00
2018	**DI**	−0.03	5.41	45.98	5.94	8	0.96	0.00	0.27	0.99
	BI	−0.01	7.48	47.38	6.14	8	0.97	0.00	0.31	0.99
2019	**DI**	0.07	5.28	40.50	4.81	8	0.98	−0.05	0.25	0.99
	BI	0.09	6.28	42.99	4.63	8	0.99	−0.04	0.20	1.00
2020	**DI**	0.08	6.11	40.04	7.54	4	0.92	−0.01	0.35	0.98
	BI	0.06	6.60	40.17	7.87	4	0.95	−0.05	0.29	0.99

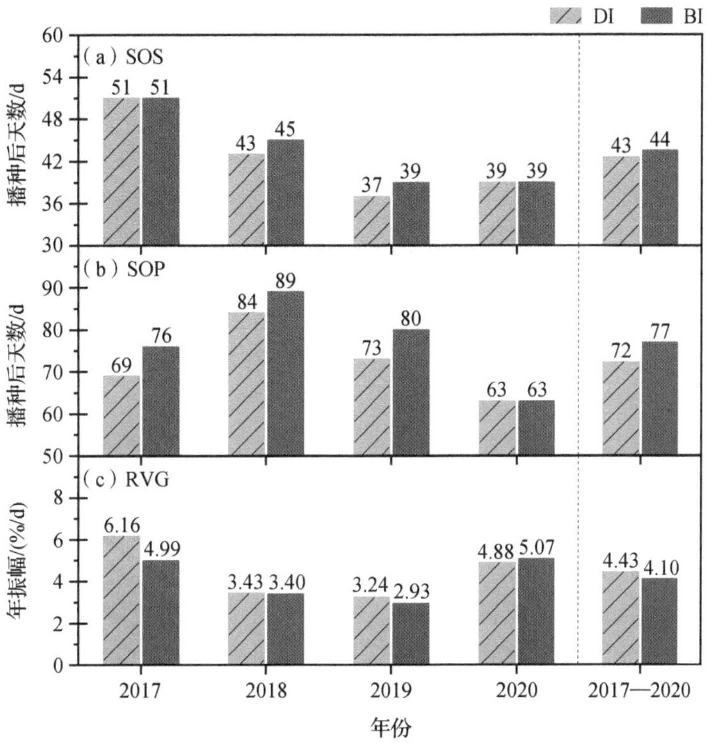

图 6-16　2017—2020 年滴灌(DI)和畦灌(BI)条件下春小麦物候指标的对比

6.4.3　影响因子分析

灌溉量、施肥量、土壤温湿度、空气温度等环境因素直接影响植株的生长发育进程,从而改变物候期,而作物物候同时也会与叶片生长速度、生育期长度、植株各部位生物量等作物生长指标之间互相影响。为探究滴灌加速植株的生长,促使春小麦提前进入生长季以及生长高峰期的机制,分析物候期对植株生长过程造成的影响,分别对各物候指标与环境指标和作物生长指标之间的关系进行拟合分析。

春小麦生长季开始时间、进入生长高峰的时间以及春小麦从生长季开始到生长达到峰值所用的天数和环境因素之间的关系见图 6-17。由此可知,灌溉降水量与物候期表现为正相关关系,也就是说,灌溉降水量的增加会导致作物生长季的开始时间和作物进入生长高峰期的时间推迟,并延长作物从生长季开始到生长达到峰值所用的时间。此外,施氮量与作物生长季的开始时间和播种后作物进入生长高峰期的时间关系不明显,但是与作物从生长季开始到生长达到峰值所用的时间表现为正相关关系,也就是说,施氮量的增加会延长作物从生长季开始到生长达到峰值的天数。滴灌条件下,春小麦营养生长阶段的累计施肥量、累计灌水量以及单次灌水量均低于畦灌,限制了叶片生长上限,最终导致物候期提前。

灌溉方式直接改变土壤水热环境,从而对作物的生长发育进程造成影响。根据图 6-17 可知,土壤含水量只与播种后作物生长季达到高峰的时间存在一定的正相关关系,与其他物候指标之间的关系不明显,而土壤温度与作物生长季开始时间表现为负相关关系,与播种后生长季达到高峰的时间表现为正相关关系,与作物从生长季开始到生长达到峰值的时间无明显关系。也就是说,平均土壤含水量的升高会推迟植株到达生长季高峰期的时间,而平均土壤温度的升高则会导致植株提前进入生长季,但是植株到达生长季高峰的时间会被推迟。相比畦灌麦田,滴灌条件下表层土壤的平均含水量更低,平均土壤温度更高,滴灌麦田处于更热更干的状态。本研究中,滴灌土壤适当的干燥升温让春小麦提前进入生长季,而滴灌春小麦从生长季开始到生长达到峰值的时间缩短主要与土壤水分状况有关。

积温是影响作物生长发育进程的主要因素。

本研究中，积温与物候期呈显著的正相关关系(图6-17)，随着作物生长季开始时间和到达生长高峰时间的推迟，对应期间的积温增加，与此同时，作物从生长季开始到生长达到峰值所用的时间增加，对应的积温更高。研究表明，温度升高导致物候期提前[166]。在滴灌条件下，春小麦冠层上方的空气温度和土壤温度高于畦灌，物候期提前，导致对应物候阶段的累计积温更低，滴灌降低了春小麦进入下一生育阶段所需要的积温。

总的来说，滴灌条件下更少的灌溉降水量导致春小麦物候期的提前，对应期间累计积温相应减少，且滴灌麦田更高的土壤温度提前了春小麦生长季开始时间，但并不会缩短春小麦从生长季开始到生长达到峰值的时间。

春小麦生长季开始时间、进入生长高峰的时间以及春小麦从生长季开始到生长达到峰值所用的时间和作物生长指标之间的关系见图6-18。由此可知，年振幅与播种后作物达到生长季高峰的时间和作物从生长季开始到生长季达到高峰所用的时间呈明显的负相关关系，叶片生长速度越快，作物到达生长高峰的时间越短。滴灌春小麦的年振幅更高，叶片生长速度更快，明显缩短了播种后春小麦到达生长季高峰的时间和春小麦从生长季开始到生长季达到高峰的时间。滴灌春小麦物候期提前，但滴灌叶片生长速度加快，在一定程度上减弱了生长季开始到生长高峰期时间的缩短对植株营养生长阶段生物量的积累造成的影响。

根据图6-18可知，作物物候期与生育期长度之间关系密切，作物播种后进入生长高峰期的时间和作物从生长季开始到生长季达到高峰所用的时间与生育期长度表现为明显的正相关关系，也就是说，物候期的提前缩短了生育期长度。滴灌春小麦平均早熟6 d，主要是由于滴灌加速了叶片生长，促使春小麦提前到达营养生长高峰期。

作物生长发育进程的改变必然会影响植株各部位生物量的积累。从图6-18可以看出，作物根重与作物生长季开始时间表现为明显的正相关关系，与作物生长达到高峰的时间存在微弱的正相关关系，也就是说，根重的增加会造成作物生长季开始时间的推迟，这与前文中灌溉降水的增加会推迟作物物候期，减缓作物生长发育进程的结论相一致。事实上，畦灌春小麦营养生长阶段的表层根系平均直径更大，更多地用于支撑植株地上部分，而滴灌麦田表层土壤中根系横向发育，有利于植株吸水吸肥。尽管畦灌春小麦营养生长阶段的灌水量和施肥量均高于滴灌，但植株根系较低的水肥吸收效率反而延缓了畦灌春小麦的生长发育进程。此外，上述结论进一步证明滴灌条件下植株的水肥利用效率更高。与此同时，作物叶重与作物物候期关系显著，叶重与作物生长季开始时间、作物播种后进入生长高峰的时间以及作物从生长季开始到生长达到峰值所用的时间均表现为明显的正相关关系，也就是说，作物物候期的推迟会增加植株叶片生物量的积累。滴灌条件下物候期推迟，春小麦从生长季开始到生长达到峰值所用的时间缩短，导致叶片生物量更少，反过来也可以说，滴灌通过降低叶片生长上限，促使春小麦提前到达生长高峰期。本研究中，作物播种后达到生长高峰的时间与产量呈显著负相关关系，也就是说，作物到达生长高峰的时间越早，最终获得的产量越高。滴灌条件下物候期提前，春小麦更早到达生长高峰期，这意味着滴灌春小麦可以提前进入生殖生长阶段生成并积累穗生物量，从而获得更高的产量。

总的来说，滴灌限制叶片生长上限，提高叶片生长速度，从而促使春小麦提前到达生长高峰，虽然在此期间积累的叶片生物量并不高，但是滴灌春小麦提前进入生殖生长阶段，延长了产量形成的时间，更有利于实现作物的增产。

6.5 本章小结

前文探究了灌溉方式对田间水分、能量循环过程的影响机制，在此基础上，本章对2017—2020年滴灌和畦灌条件下春小麦地下根系分布和地上部冠层生长发育情况进行了比较分析，并利用Logistic模型提取两种灌溉条件下春小麦的物候信息，讨论了田间生物物理条件对春小麦生长发育进程的影响，主要得到了以下结论。

①对表层土壤内的根系而言，滴灌在春小麦全生育期平均降低根系直径3.73%，增加根长密度9.84%，增加根表面积密度14.01%。相比畦灌，滴灌条件下表层土壤的根长占比增加6.26%，根表面积占比增加5.79%。滴灌春小麦

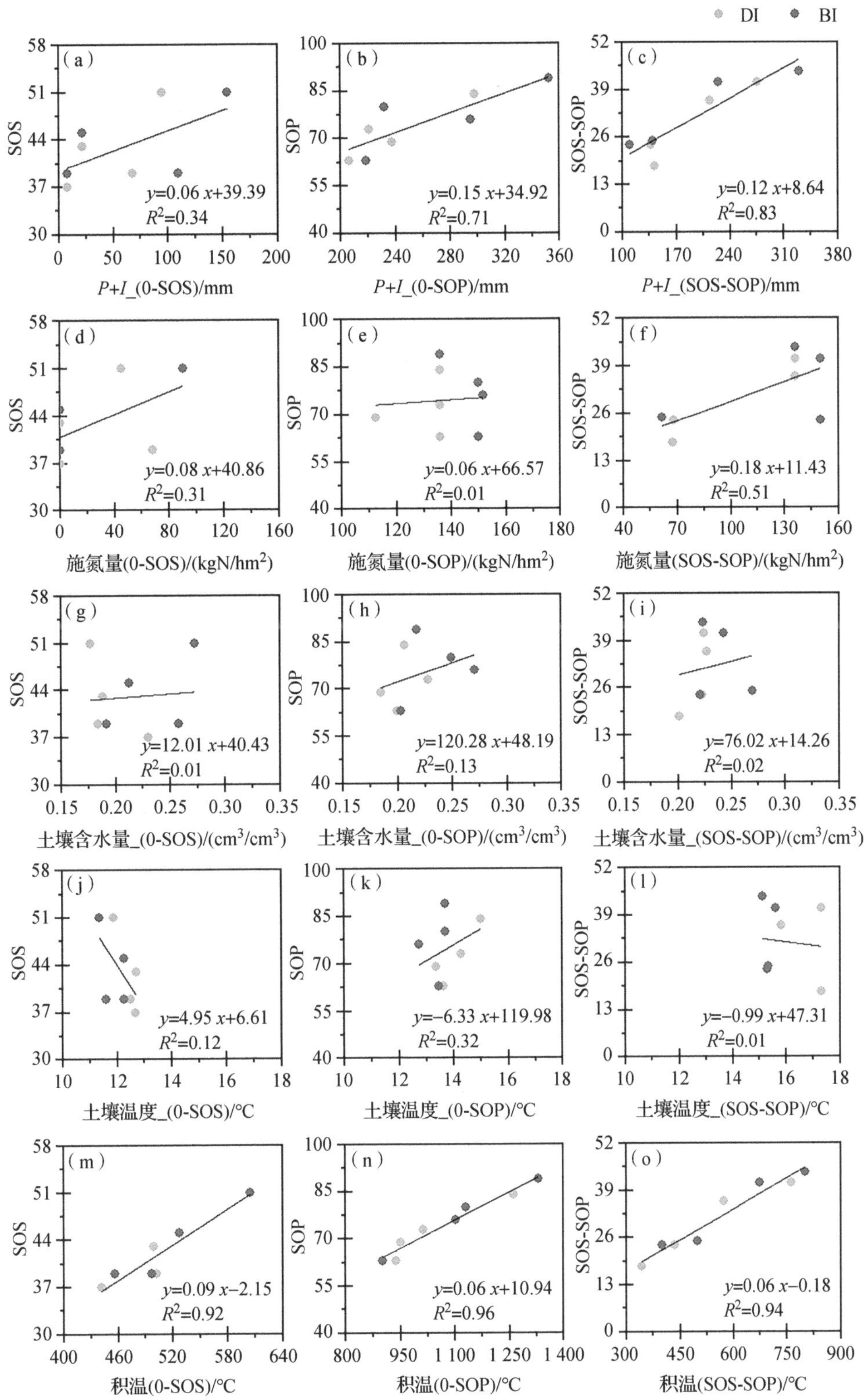

图 6-17 不同灌溉条件下春小麦物候指标与环境因素之间的关系

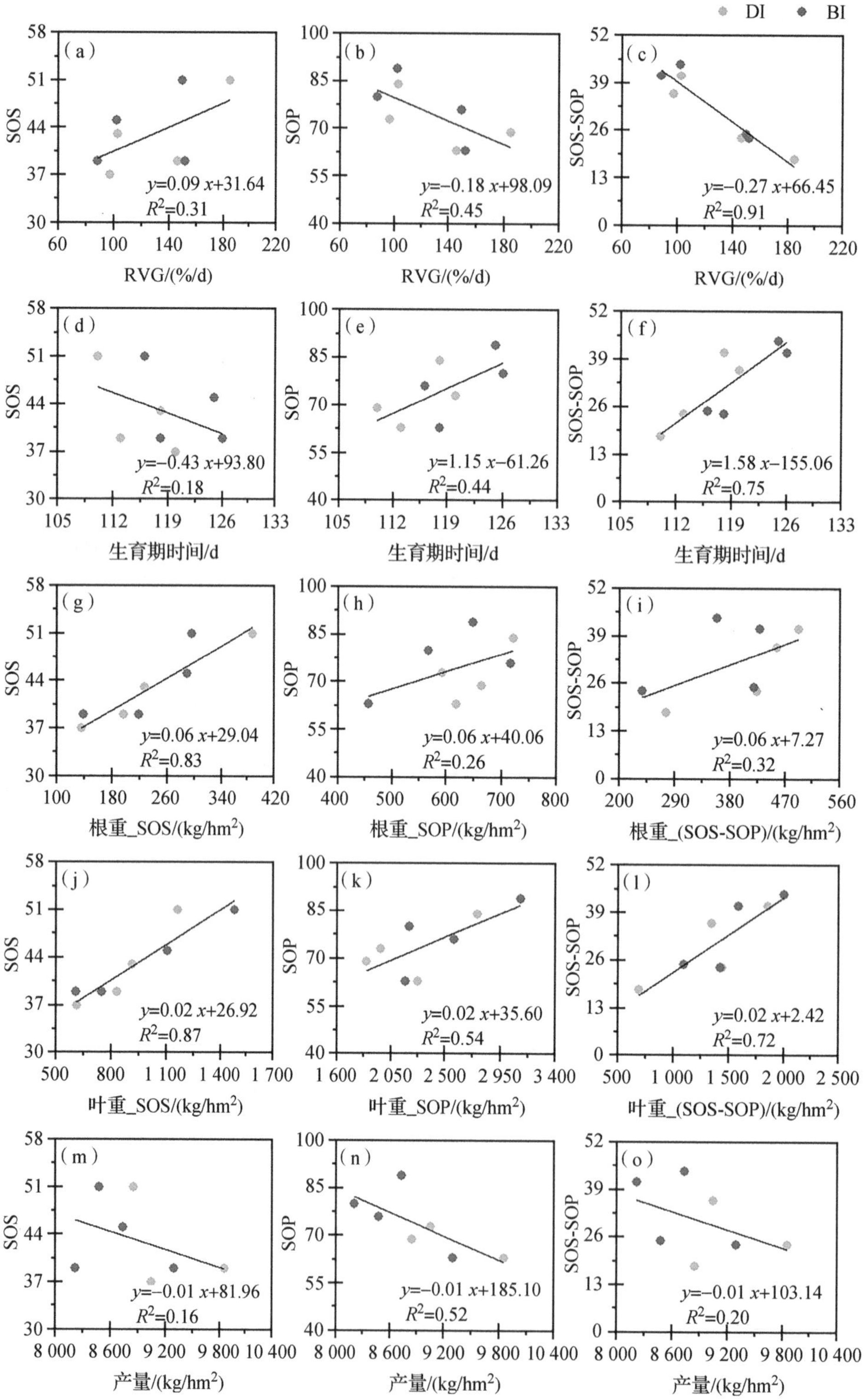

图 6-18 不同灌溉条件下春小麦物候指标与作物生长之间的关系

拔节-灌浆期的根长密度和根表面积密度的提升幅度明显高于其他生育期，此时是春小麦从营养生长阶段转入生殖生长阶段的关键时期，滴灌麦田表层更为密集的根系有利于提高作物吸水吸肥的效率。相关性分析的结果表明植株根系的生长发育与土壤水肥含量呈正相关关系，二者之间的相关性随土壤深度的增加越发显著，畦灌条件下深层土壤比表层土壤的水肥含量更高，有利于根系向下发展。

②滴灌平均降低春小麦株高峰值 2.68%，降低叶面积指数峰值 17.64%，降低冠层覆盖度峰值 2.53%，与此同时，滴灌促使春小麦从营养生长阶段提前 3 d 进入生殖生长阶段，平均缩短春小麦生育期 6 d。滴灌条件下春小麦根系在苗期末可吸收利用的水肥比畦灌少，叶片生长受到限制，更稀疏的冠层和更高的叶倾角导致更低的下垫面反射率，有利于农田吸收更多辐射能量。

③基于田间实测的叶面积指数数据对 Logistic 模型进行验证，结果表明该模型适用于滴灌和畦灌条件下春小麦叶片生长过程的模拟。

④滴灌加速作物生长，平均提前春小麦生长季开始时间 1 d，平均提前春小麦生长达到峰值的时间 4.7 d，平均提高春小麦叶片生长年振幅 7.97%。物候指标和田间生物物理指标的拟合结果表明，农田输入水量和田间温度是影响春小麦物候期的主要因素，滴灌通过降低叶片生长上限，促使春小麦提前到达生长峰值，有利于穗部生物量的积累和最终产量的提高。

第7章　不同灌溉方式下春小麦产量影响因素研究

灌溉方式影响农田生物物理环境，同时改变作物地下部根系和地上部冠层的生长发育进程。考虑到植株进行光合作用的主要器官是叶片，而光合作用是绿色植物合成有机物最重要的途径，灌溉方式的变化必然会影响植株各部位生物量的积累过程，从而改变最终获得的产量。为探究不同灌溉方式对春小麦产量形成的影响机制，本章分析了滴灌和畦灌条件下春小麦不同生育阶段叶片光合作用以及植株各部位生物量积累过程和分配过程的差异及其影响因素，并基于不同灌溉方式下农田环境指标和作物生长指标之间的相关性，量化了农田生物物理指标对产量形成的直接影响、间接影响以及总影响。

7.1　春小麦叶片光合作用的对比分析

灌溉方式改变植株叶片的生长发育进程，而叶片是植株进行光合作用的主要器官，同时农田环境和植株根系分布的改变会影响植株吸水，从而对叶片的光合作用造成影响。图7-1为2020年滴灌（DI）和畦灌（BI）条件下春小麦抽穗期和灌浆期的净光合速率、气孔导度以及叶片蒸腾速率的日变化情况，由此可知，不同生育阶段滴灌和畦灌条件下光合作用指标的日变化规律基本一致。春小麦抽穗期，叶片的净光合速率随着时间呈先上升后降低的变化趋势，净光合速率的峰值出现在当地时间11:30左右，此后净光合速率逐渐下降，并在当地时间18:00之后太阳落山时快速跌至最低，气孔导度和叶片蒸腾速率的日变化规律与净光合速率的日变化规律基本保持一致；春小麦灌浆期，叶片净光合速率整体低于抽穗期，随着时间的推移，净光合速率在前期变化较为稳定，直至当地时间14:00之后开始降低，气孔导度的日变化规律与净光合速率的日变化规律并不完全一致。叶片的叶龄影响光合速率，当叶片生长至面积和厚度最大时，光合速率通常也达到最大值[156]。本研究中，第一次进行叶片光合作用的观测是在春小麦抽穗初期，此时春小麦刚从营养生长阶段进入生殖生长阶段，正处于营养生长最旺盛的时期，叶面积指数达到峰值，此后叶片开始老化，这也是春小麦抽穗初期的叶片净光合速率整体高于灌浆期的主要原因。春小麦刚进入生殖生长阶段时，叶片生长状态仍处于旺盛时期，叶绿素含量和Rubisco酶的活性在此时也处于较高水平，但是光合产物在叶肉细胞内累积过量会对光合作用造成反馈性抑制[156,167]。本研究中，抽穗初期，叶片净光合速率处于较高水平，叶肉细胞内的光合产物不断积累，中午之后累积至临界值，光合作用被抑制；而灌浆期，叶片光合作用变弱，同时叶肉中的光合产物被不断运输至穗部，导致太阳辐射变弱之前叶片光合速率保持在较为稳定的状态。

对比不同灌溉方式下叶片的光合速率，发现春小麦抽穗初期，滴灌叶片的净光合速率始终低于畦灌。首先，营养生长阶段净光合速率和气孔导度的变化规律一致，此时气孔因素是限制光合作用的主要原因。本研究中光合作用的观测发生在滴灌和畦灌同时发生灌水之后的1周内，由于畦灌的单次灌水量更高，这一时期内畦灌的平均土壤含水量高于滴灌，导致叶片气孔导度更大，进而造成净光合速率更高。其次，滴灌条件下叶片的生长上限低于畦灌，叶片内叶绿体的大小和数量可能也会受到抑制，而叶绿素是叶片进行光合作用的场所。此外，春小麦灌浆期，滴灌和畦灌的光合速率相差不大，相比营养生长阶段，滴灌叶片

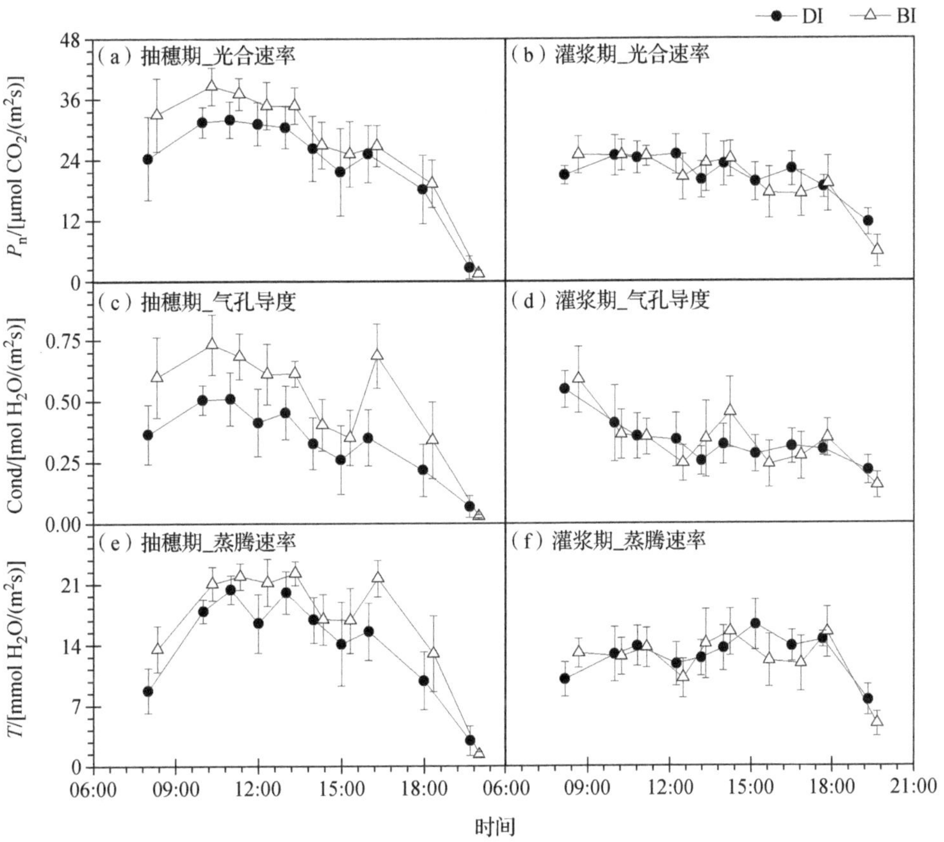

图 7-1　2020 年滴灌(DI)和畦灌(BI)条件下春小麦叶片光合作用指标的对比

的净光合速率下降程度更低。首先,光合作用的暗反应是酶促反应,受温度影响,低温会破坏叶绿体超微结构,抑制酶的活性,从而削弱光合作用[156]。其次,C_3 农作物进行光合作用的最适温度是 20～30 ℃[156]。本研究中,滴灌条件下更多有效能量分配至感热,抽穗期之后尤为明显,4 年观测期内,滴灌和畦灌条件下叶片冠层上方的平均空气温度分别为 17.24 ℃和 16.65 ℃,滴灌比畦灌高 0.59 ℃。滴灌条件下更高的冠层温度通过促进酶促反应的进行,提高了叶片净光合速率。此外,畦灌条件下叶片更为密集,田间通风透气性更差,对光合作用也有一定的限制作用。

需要注意的是,春小麦叶片进行光合作用时存在光合午休作用,这是多种因素综合影响的结果,被普遍接受的原因主要有以下两点[156,167]:①中午田间温度较高,叶片蒸腾作用强,造成水分供应不足,气孔导度降低,最终导致 CO_2 供应不足,光合速率降低;②正午时分,光合产物在植物叶肉细胞内的过量积累造成光合作用的反馈性抑制。本研究中,滴灌条件下叶片的光合午休作用在抽穗初期比在灌浆期更明显。一方面,灌浆期叶片净光合速率的日变化规律和气孔导度的日变化规律并不完全一致,此时非气孔因素同样是影响光合作用的主导因素,所以虽然观测发生时畦灌的平均土壤含水量更高,但是对净光合速率影响不大;另一方面,温度影响光合产物的运输速率,糖的运输速率在 20～30 ℃时最快,滴灌春小麦抽穗期之后更高且更适宜的冠层温度加速了光合产物的运输。此外,春小麦灌浆期的生长中心是麦穗,滴灌条件下麦穗作为代谢库的库容明显高于畦灌(见本章第 7.3 节),更大的代谢库库容和更快的运输速率导致滴灌春小麦叶片内生成的光合产物被不断运输和消耗,叶片进行光合作用时受到的反馈性抑制更弱。

本研究中,两次叶片光合作用的观测均发生在滴灌和畦灌麦田同时灌水后 1 周内,此时畦灌的平均土壤含水量更高,但是长期来看,滴灌麦田灌水更加频繁,发生干旱的概率远低于畦灌。研究表明，植物的光合作用通常会因吸水性能差而受到抑制，而干旱不利于植株吸水[168, 169]。滴灌麦田土壤温度更高，土壤质地疏松，表层根系更加密集，作物吸水能力更强，所以相比图 7-1 显示的结果，滴灌与畦灌春小麦营养生长阶段叶片光合速率之间的差距应该更小，尤其在滴灌麦田发生灌水而畦灌麦田未发生灌水的情况下，畦灌叶片进行光合作用时会受到更强的抑制作用。

7.2 春小麦不同器官生物量及其分配比例的变化规律

灌溉方式改变了农田环境和植株叶片的光合性能，导致光合产物在植株叶、茎、穗、根 4 个部位的分配受到影响，具体表现为植株各部位生物量的积累过程以及植株不同部位生物量的分配比例的变化过程发生改变。

7.2.1 植株不同器官生物量

2017—2020 年滴灌(DI)和畦灌(BI)条件下春小麦植株各部位生物量以及整株生物量的变化情况见图 7-2，可以看出，不同灌溉条件下春小麦各部位的累积生物量变化规律一致。春小麦叶片部位的累积生物量随时间整体呈先升高后降低的变化趋势，最高值多出现在 6 月上旬，此时春小麦刚从营养生长阶段步入生殖生长阶段，叶片发育最为旺盛，叶面积指数同样处于最高水平。春小麦茎秆的累积生物量在 6 月下旬之前随时间的推移呈持续增加的变化趋势。在此期间，累积生物量的增加速度先升高后降低，最高增速出现在 5 月下旬，此时春小麦刚从拔节期进入抽穗期；6 月下旬之后，茎秆生物量缓慢下降，且下降速度随春小麦植株的老化逐渐增加。春小麦穗部的累积生物量从 5 月末植株进入抽穗期后持续升高，对应的

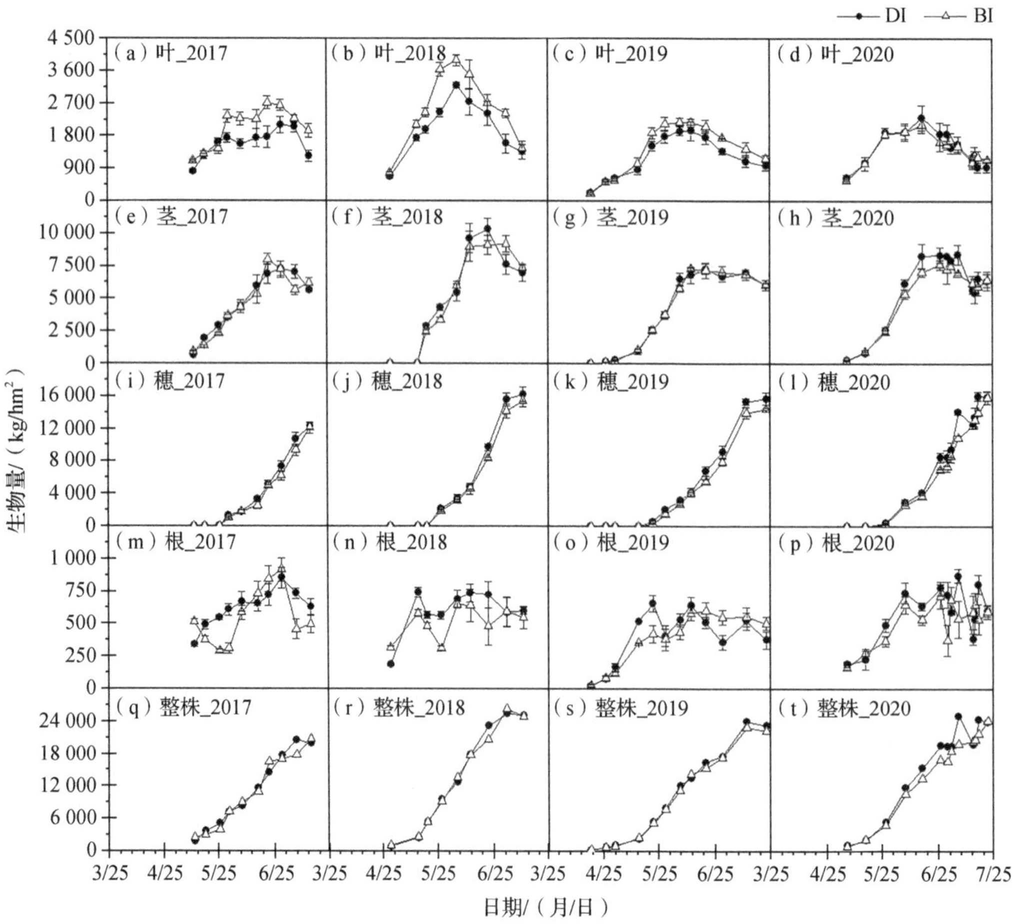

图 7-2　2017—2020 年滴灌(DI)和畦灌(BI)条件下春小麦植株各部位生物量

升高速度呈先增加后降低的变化趋势，最高增速出现在 6 月下旬，也就是春小麦灌浆期结束时。春小麦地下部主根的生物量随时间的推移整体呈先增加后缓慢下降的变化趋势，6 月份根系生物量的变化较为平稳，此时春小麦正处于抽穗-灌浆期。对于整株春小麦而言，生物量始终处于持续增加的状态，直到成熟期，植株总生物量的增加速度明显减缓。

总的来说，春小麦播种之后，叶和根开始发育，随着春小麦于 5 月上旬进入拔节期，茎秆生物量从 0 开始逐渐升高，拔节期结束时，茎秆生物量的增加速度达到峰值。待春小麦进入抽穗期，叶片的生长从最旺盛状态开始下滑，随着叶肉中的光合产物逐渐转移到刚开始发育的麦穗，叶片生物量缓慢下降。在此期间，茎秆的生物量还在缓慢增加，直到春小麦进入灌浆期，茎秆生物量停止增加。春小麦进入成熟期之前，在穗部生长发育的过程中，根系生物量始终稳定在较高水平，为光合作用的顺利进行，以及光合产物向穗部的运输转移创造了有利条件；进入成熟期之后，春小麦快速衰老，叶片枯萎凋落，光合作用大幅减弱，春小麦各部位的生物量向着此时唯一的代谢源，也就是麦穗转移。

对比不同灌溉方式下春小麦各部位生物量的累积过程，可以看出，各年份滴灌麦田的叶片生物量始终低于畦灌，茎秆生物量在抽穗期略高于畦灌，穗部生物量始终高于畦灌，根系生物量略高于畦灌。表 7-1 表示 2017—2020 年滴灌(DI)和畦灌(BI)条件下麦田各部位生物量的比较，由此可知，春小麦 4 年生长季内，滴灌条件下叶片累积生物量比畦灌的平均低 16.9%，茎秆、麦穗、根系的累积生物量比畦灌的平均高 2.9%、9.2%、8.1%，滴灌条件下整株的生物量比畦灌的平均高 4.3%。

表 7-1　2017—2020 年滴灌(DI)和畦灌(BI)条件下春小麦植株生物量的比较

年份	植株部位	数据点	拟合方程	R^2
2017	叶	10	$W_{DI}=0.770\ W_{BI}$	0.56
	茎	10	$W_{DI}=1.003\ W_{BI}$	0.94
	穗	7	$W_{DI}=1.082\ W_{BI}$	0.99
	根	10	$W_{DI}=1.041\ W_{BI}$	0.75
	整株	**10**	$\mathbf{W_{DI}=1.009\ W_{BI}}$	**0.96**
2018	叶	9	$W_{DI}=0.781\ W_{BI}$	0.91
	茎	7	$W_{DI}=1.002\ W_{BI}$	0.87
	穗	6	$W_{DI}=1.085\ W_{BI}$	1.00
	根	9	$W_{DI}=1.164\ W_{BI}$	0.49
	整株	**9**	$\mathbf{W_{DI}=1.012\ W_{BI}}$	**0.99**
2019	叶	12	$W_{DI}=0.848\ W_{BI}$	0.98
	茎	12	$W_{DI}=0.996\ W_{BI}$	0.99
	穗	8	$W_{DI}=1.107\ W_{BI}$	1.00
	根	12	$W_{DI}=1.005\ W_{BI}$	0.67
	整株	**12**	$\mathbf{W_{DI}=1.036\ W_{BI}}$	**1.00**
2020	叶	13	$W_{DI}=1.022\ W_{BI}$	0.88
	茎	13	$W_{DI}=1.087\ W_{BI}$	0.96
	穗	11	$W_{DI}=1.092\ W_{BI}$	0.96
	根	13	$W_{DI}=1.108\ W_{BI}$	0.33
	整株	**13**	$\mathbf{W_{DI}=1.084\ W_{BI}}$	**0.96**

续表 7-1

年份	植株部位	数据点	拟合方程	R^2
2017—2020	叶	44	$W_{DI}=0.831\ W_{BI}$	0.82
	茎	42	$W_{DI}=1.029\ W_{BI}$	0.95
	穗	32	$W_{DI}=1.092\ W_{BI}$	0.98
	根	44	$W_{DI}=1.081\ W_{BI}$	0.45
	整株	**44**	$\mathbf{W_{DI}=1.043\ W_{BI}}$	**0.98**

事实上，滴灌条件下单株春小麦的累积生物量不一定高于畦灌，但由于滴灌麦田苗期末-拔节期的灌水频率更高，更适宜的土壤水分状况有利于春小麦分蘖数的增加[170]，导致植株密度更高，进而造成田间尺度上滴灌春小麦的累积生物量更高的结果。尽管滴灌春小麦植株密度更高，仍无法弥补滴灌与畦灌之间叶片累积生物量之间的差距，这与滴灌条件下叶片的生长上限因苗期-拔节期的灌溉被限制有关。滴灌的单次灌水量和累计灌水量始终低于畦灌，只有在 2018 年，滴灌苗期末-拔节期阶段的累计灌水量更高，但叶片生物量依旧更低，表明该阶段的累计灌水量不是影响叶片生长上限最重要的因素，灌溉水在土壤中的入渗方式才是关键因素。滴灌条件下水分在土壤中缓慢下渗，以表层土壤内的根系为中心形成湿润体，而畦灌麦田表层土壤的水分在灌水后的 2 d 内处于饱和状态，这导致苗期末第一次灌水之后，畦灌春小麦吸收水分的速度更快，叶片细胞的膨压快速升高，叶片生长上限明显提高。

滴灌春小麦穗部的累积生物量始终高于畦灌，主要原因有以下几点：①滴灌条件下表层土壤更为密集的根系提高了植株吸收水肥的效率，而肥料是粮食增产的决定因子。研究发现，更高的田间温度可以增加根系活力，促进植株对氮的吸收以及营养器官中氮向籽粒的转运分配[171, 172]。本研究中，地表以下 0～1 m 范围内，滴灌麦田的平均土壤温度比畦灌高 1.44 ℃。②滴灌春小麦叶片生长上限低，植株更早结束拔节期，进入抽穗期，滴灌条件下麦穗提前生长发育。③滴灌条件下春小麦生殖生长阶段叶片进行光合作用时，光合午休作用不如畦灌明显，净光合速率略高于畦灌，光合产物的生成速度更快。④Fatima 等[173]研究发现，增温 1.5 ℃以下有利于小麦地上部干物质的积累，适当的增温也可以加速作物生长。本研究中，滴灌条件下较低的灌水量和较低的田间蒸散发导致春小麦冠层上方的空气温度平均升高 0.59 ℃，有利于提高光合产物向穗部转移的速度。⑤滴灌提前了物候期，春小麦提前进入成熟期，叶片和茎秆的干物质更早转入穗部，加速了穗部生物量的积累。

7.2.2 不同器官生物量的分配比

2017—2020 年滴灌（DI）和畦灌（BI）条件下春小麦叶、茎、穗、根等部位生物量的分配比见图 7-3，由此可知，不同灌溉方式下植株各部位分配比的变化规律基本一致，其中，叶片生物量的分配比随时间呈下降趋势；茎秆生物量的分配比随时间呈先增加后降低的变化趋势，分配比的最高值出现在 6 月上旬；穗部生物量的分配比随时间逐渐升高，分配比的升高速度先增加后降低，其峰值出现在 6 月下旬；根系生物量的分配比随时间短暂增加，之后持续降低。春小麦苗期的生长中心只有叶和根，为了获取更多土壤中的水分和营养物质，根系不断生长发育，分配至叶片的生物量比例开始下降。随着 5 月初苗期末开始进行灌水，春小麦叶片快速生长，光合作用增强，光合产物的生成速度大幅提高。此时茎秆开始发育，更多的生物量分配至茎秆，相应地，分配到叶片和根系的生物量比例下降。直至营养生长阶段结束，春小麦进入抽穗期时，叶片生长状态处于最旺盛时期，光合速率达到峰值，由于此时穗部刚开始生长发育，分配至茎秆的生物量比例达到最高。随着春小麦进入生殖生长阶段，茎秆生物量的分配比例下降，更多生物量转移至穗部。灌浆期间，穗部生物量分配比例的增加速度达到峰值。直至成熟期，植株老化，叶片和茎秆逐渐变黄，根系萎缩，光合作用大幅减弱，但是叶片、茎秆甚至根系的生物量均向穗部转移，穗部生物量的分配比例缓慢升高，最终在收获时达到峰值。

对比不同灌溉方式下春小麦各部位生物量分配比例的变化过程，发现滴灌条件下叶片生物量的分配比始终低于畦灌，茎秆生物量的分配比与畦灌的没有明显差异，穗部生物量的分配比始终高于畦灌，根系生物量的分配比在 5 月下旬之前，也就是营养生长阶段高于略高于畦灌，此后滴灌根系生物量的分配比与畦灌的相差不大。表 7-2 表示 2017—2020 年滴灌（DI）和畦灌（BI）条件下春小麦植株各器官生物量分配比的比较，2017—2020 年，滴灌条件下叶片生物量的分配比例比畦灌的依次低 14.4%、低 8.2%、低 5.5%、高 0.2%；茎秆生物量的分配比例比畦灌的依次高 2.5%、高 5.0%、低 1.8%、低 1.5%；穗部生物量的分配比例比畦灌的依次高 7.7%、7.7%、8.3%、2.2%；根系生物量的分配比例比畦灌的依次高 4.6%、低 0.2%、高 15.8%、高 0.6%。春小麦 4 年生长季内，滴灌条件下叶、茎、穗、根的生物量分配比例比畦灌的平均低 6.8%、高 0.7%、高 5.4%、高 4.5%。滴灌减少叶片生物量的分配比例，促使更多生物量分配至穗和表层根系。

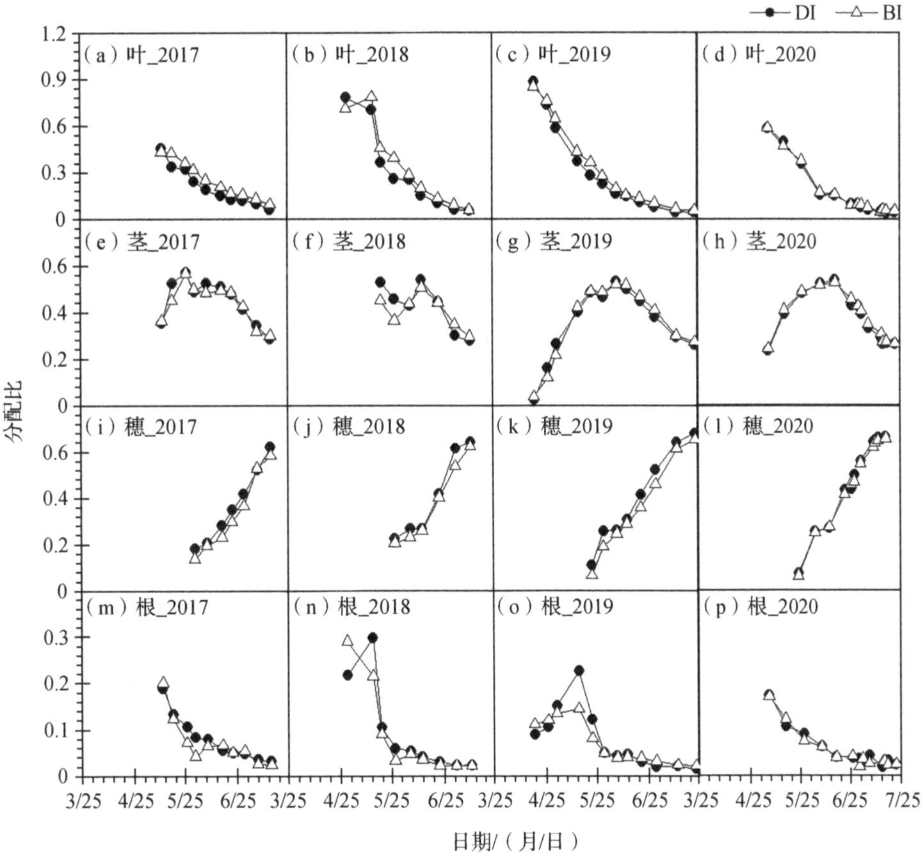

图 7-3　2017—2020 年滴灌（DI）和畦灌（BI）条件下春小麦植株各器官生物量的分配比

表 7-2　2017—2020 年滴灌（DI）和畦灌（BI）条件下春小麦植株各器官生物量分配比的比较

年份	植株部位	数据点	拟合方程	R^2
2017	叶	10	$RC_{DI}=0.856\ RC_{BI}$	0.92
	茎	10	$RC_{DI}=1.025\ RC_{BI}$	0.91
	穗	7	$RC_{DI}=1.077\ RC_{BI}$	0.96
	根	10	$RC_{DI}=1.046\ RC_{BI}$	0.84

续表 7-2

年份	植株部位	数据点	拟合方程	R^2
2018	叶	9	$RC_{DI}=0.918\ RC_{BI}$	0.94
	茎	7	$RC_{DI}=1.050\ RC_{BI}$	0.76
	穗	6	$RC_{DI}=1.077\ RC_{BI}$	0.98
	根	9	$RC_{DI}=0.998\ RC_{BI}$	0.83
2019	叶	12	$RC_{DI}=0.945\ RC_{BI}$	0.98
	茎	12	$RC_{DI}=0.982\ RC_{BI}$	0.98
	穗	8	$RC_{DI}=1.083\ RC_{BI}$	0.98
	根	12	$RC_{DI}=1.158\ RC_{BI}$	0.84
2020	叶	13	$RC_{DI}=1.002\ RC_{BI}$	0.99
	茎	13	$RC_{DI}=0.985\ RC_{BI}$	0.99
	穗	11	$RC_{DI}=1.022\ RC_{BI}$	0.99
	根	13	$RC_{DI}=1.006\ RC_{BI}$	0.95
2017—2020	叶	44	$RC_{DI}=0.932\ RC_{BI}$	0.97
	茎	42	$RC_{DI}=1.007\ RC_{BI}$	0.94
	穗	32	$RC_{DI}=1.054\ RC_{BI}$	0.98
	根	44	$RC_{DI}=1.045\ RC_{BI}$	0.85

研究表明，调亏灌溉显著提高根冠比，并导致光合产物向不同组织器官重新分配，且对最终产量不会造成明显影响[73]。Feng 等[174]研究发现，过度灌溉会抑制干物质的再分配，当苗期土壤含水量适宜时，在抽穗开花期进行补充灌溉可以加速拔节期之后干物质的积累。由此可见，合理的灌溉制度可以让光合产物向着更有利于产量形成的方向转移。同样的，本研究中，滴灌通过降低苗期-拔节期的单次灌水量，增加灌溉频率，降低了叶片生长上限，减少了叶片生物量的分配比例。尽管这一生长阶段滴灌的叶片光合速率和植株蒸腾更低，生成的光合产物更少，但穗部作为光合产物代谢库，库容更高，且滴灌诱使更多根系集中在表层土壤，同时提高了土壤温度和冠层温度，创造有利于植株吸水吸肥的环境，为之后穗部生物量的快速积累打下了坚实的基础。春小麦进入生殖生长阶段之后，叶片光合速率降低，但是滴灌叶片光合速率的降低幅度更小，且光合午休作用更弱，综合来看，这一生长阶段内滴灌春小麦叶片的净光合速率是高于畦灌的。此前也有研究表明，交替沟灌可以在保持玉米光合速率的同时降低蒸腾速率[175]。此外，Plaut 等[176]证明叶片同化物并不是籽粒灌浆的唯一来源，茎和穗产生的同化物，以及茎和穗原本储存的同化物也可以用于籽粒灌浆。当春小麦受到水分胁迫时，渗透调节会使更多碳水化合物保留在茎和叶中，而不是输送至籽粒。本研究中，滴灌灌溉频率更高，春小麦受到水分胁迫的概率更低。综合上述因素，滴灌春小麦得以在生殖生长阶段将更高比例的生物量运输到穗部。

7.3 不同灌溉方式对春小麦产量和水分利用效率的影响

春小麦的产量组分包括单穗粒数、每平方米穗数、千粒重。图 7-4 为 2017—2020 年不同灌溉条件下春小麦的产量组分以及籽粒产量，由此可知，各年份滴灌春小麦的单穗粒数、每平方米穗数、千粒重以及籽粒产量始终高于畦灌。2017—2020 年，滴灌和畦灌条件下的平均单穗粒数分别为 36.47 粒和 35.32 粒，滴灌比畦灌平均高 1.15 粒；平均每平方米穗数分别为 656.16 穗和 631.93 穗，滴灌比畦灌平均高 24.23 穗；平均千粒重分别为 47.12 g 和 45.86 g，滴灌比畦灌平均高 1.26 g；最终获得的籽粒产量分别为 9.58 t/hm^2 和 8.68 t/hm^2，滴灌比畦灌平均高 0.9 t/hm^2。4 年春小麦生长季内，滴灌平均提高产量 10.32%。

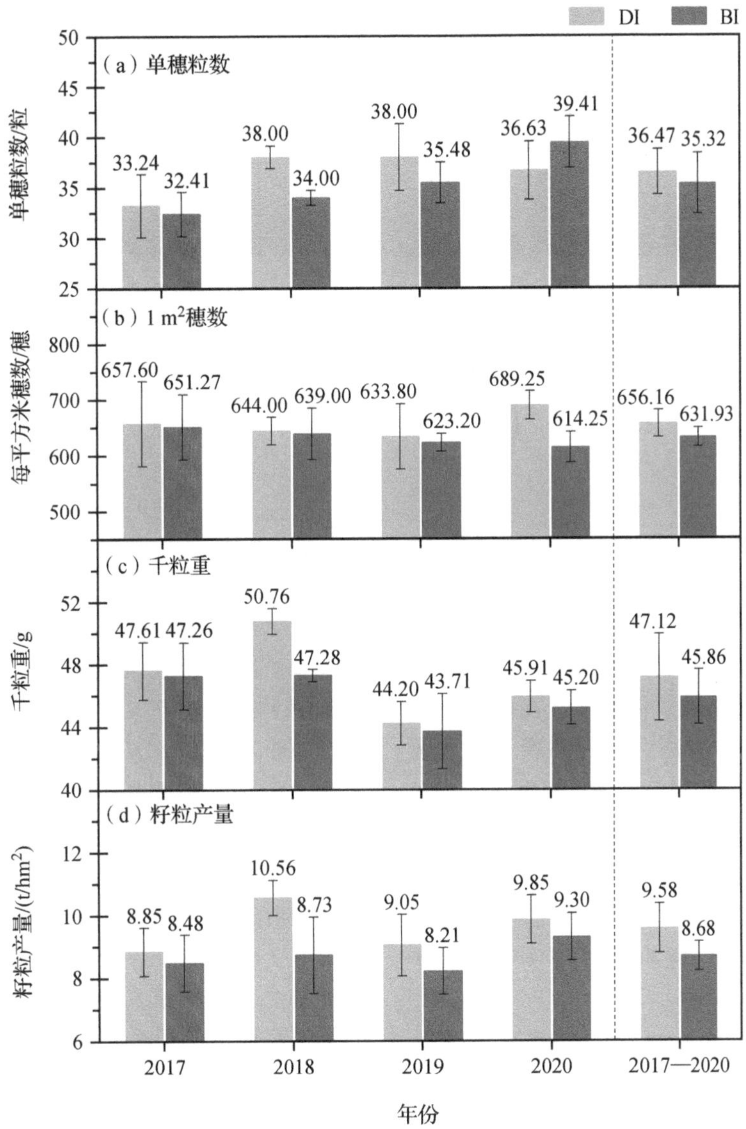

图 7-4　2017—2020 年滴灌(DI)和畦灌(BI)条件下春小麦产量组分及籽粒产量的对比

春小麦的穗粒数和籽粒潜在库容在胚乳细胞形成期(开花后 12 d 内)已基本确定,更为适宜的土壤水分可以增加春小麦的分蘖数,减少小花退化,提高小麦穗粒数,扩大籽粒潜在库容[177, 178]。本研究中,滴灌灌水频繁,滴灌麦田的土壤水热环境更有利于植株生长发育,春小麦的单穗粒数和分蘖数均得到提高。与此同时,滴灌春小麦物候期提前,在生殖生长阶段的胚乳细胞充实期中,籽粒灌浆时间更久,灌浆速度更快,导致收获时千粒重更高。黄开红和钱维朴[179]研究发现土壤水分过高或过低均不利于小麦籽粒灌浆。同样地,本研究中畦灌麦田的土壤长期处于干旱状态,发生灌水时土壤水分又处于饱和状态,不利于籽粒库容的扩大和籽粒灌浆速率的提高。滴灌提高了植株对田间水肥的吸收效率,通过降低田间反射率提高农田获得的有效能量,同时将更多能量分配至感热通量,用于加热农田,滴灌创造了有利于光合产物向麦穗转移的环境,提高了穗部生物量的分配比例,最终实现了春小麦产量的提高。

2017—2020 年春小麦收获时,滴灌(DI)和畦灌(BI)条件下植株叶、茎、穗、根等器官的生物量如图 7-5 所示,滴灌麦田的叶、茎、穗、根等部位的生物量比畦灌的分别低 0.31 t/hm^2、低 0.25 t/hm^2、高 0.58 t/hm^2、高 0.02 t/hm^2,滴灌麦田总生物量比畦灌的高 0.03 t/hm^2。也就是说,收获时滴灌条件下叶片的生物量比畦灌的低 21.33%,茎秆的

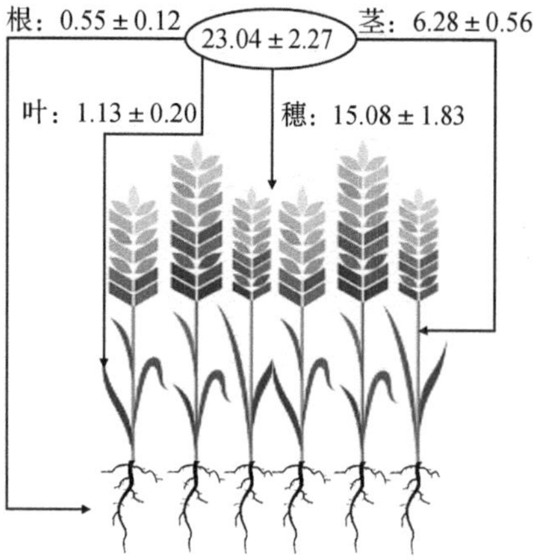

（a）滴灌

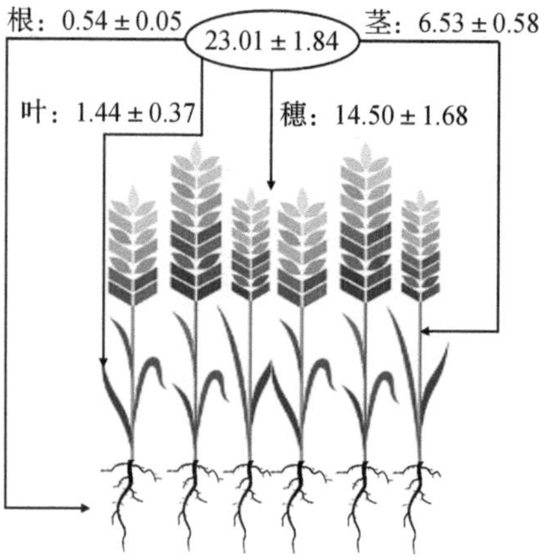

（b）畦灌

图 7-5　不同灌溉条件下春小麦收获时植株各器官生物量（t/hm²）

生物量比畦灌的低 3.82%，穗部生物量比畦灌的高 3.97%，主根生物量比畦灌的高 3.42%，整株生物量与畦灌的相差不大。滴灌春小麦收获时的叶片生物量更低，一方面是由于滴灌春小麦物候期提前，叶片更早变黄凋落；另一方面也与滴灌条件下叶片生物量始终低于畦灌有关。前文的分析结果表明滴灌春小麦生长季内茎秆生物量比畦灌的平均高 3%，但是收获时滴灌茎秆的生物量比畦灌的反而低将近 4%，说明滴灌条件下更多生物量从茎秆转移到了穗部。

各年份滴灌（DI）和畦灌（BI）条件下春小麦收获时的地上部生物量和收获指数的对比见表 7-3，可以看出，2017—2020 年，滴灌麦田的地上部生物量与畦灌的相差不大，但是滴灌条件下的收获指数比畦灌的分别高 0.04、0.07、0.02、0.02，4 年平均高 0.04。这主要是由于滴灌在降低叶片生长上限，减少叶片生物量的同时提高了穗部生物量的分配比例，也可以说，滴灌减少了叶片的冗余生长，促使光合产物向有利于产量形成的方向转移。

表 7-3　2017—2020 年滴灌（DI）和畦灌（BI）条件下春小麦地上部生物量和收获指数的对比

年份	地上部生物量（t/hm^2）		收获指数	
	DI	BI	DI	BI
2017	19.25	20.30	0.46	0.42
2018	24.61	24.35	0.43	0.36
2019	22.82	21.76	0.40	0.38
2020	23.29	23.49	0.42	0.40
2017—2020	22.49	22.47	0.43	0.39

图 7-6 表示 2017—2020 年滴灌（DI）和畦灌（BI）条件下灌溉水利用效率和水分生产力的对比，可以看出，各年份滴灌条件下的灌溉水利用效率和水分生产力均高于畦灌。2017—2020 年，滴灌和畦灌条件下的灌溉水利用效率分别为 2.64 kg/m^3 和 2.27 kg/m^3、2.54 kg/m^3 和 2.10 kg/m^3、2.86 kg/m^3 和 2.33 kg/m^3、3.16 kg/m^3 和 2.68 kg/m^3，4 年平均灌溉水利用效率分别为 2.80 kg/m^3 和 2.34 kg/m^3，滴灌比畦灌高 0.46 kg/m^3；水分生产力分别为 1.92 kg/m^3 和 1.75 kg/m^3、2.02 kg/m^3 和 1.60 kg/m^3、1.70 kg/m^3 和 1.43 kg/m^3、2.63 kg/m^3 和 2.37 kg/m^3，4 年平均水分生产力分别为 2.07 kg/m^3 和 1.79 kg/m^3，滴灌比畦灌高 0.28 kg/m^3。滴灌平均提高灌溉水利用效率 19.41%，提高水分生产力 15.69%。滴灌降低春小麦生育期内的总灌水量，同时降低叶片生长上限，减少叶面积指数，从而减少农田蒸散发。且滴灌促进了穗部的生长发育，提高穗部生物量的分配比例，从而提高籽粒产量，进而提高了灌溉水利用效率和水分生产力，实现了节水增产的目标。

叶片气孔是 CO_2 进入植物体和水分逸出植物体的通道，气孔行为同时调控光合作用与蒸腾作用[82]。水分和能量供应充足时，叶片气孔开度较大，光合作用和植株蒸腾作用强烈；相反，轻度

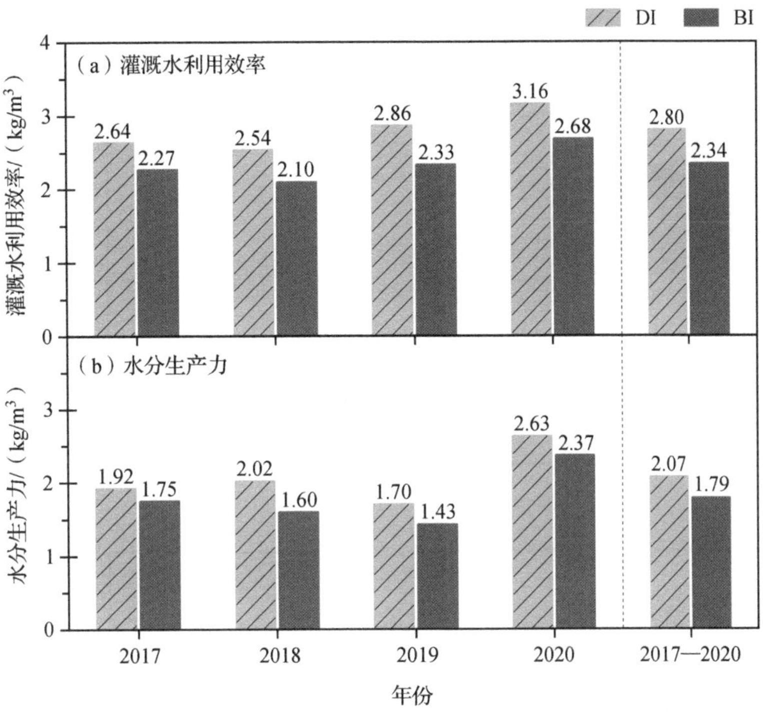

图 7-6　2017—2020 年滴灌(DI)和畦灌(BI)条件下春小麦水分利用效率的对比

水分胁迫条件下,叶片气孔开度降低,光合作用和植株蒸腾作用减弱。很多研究结果表明,叶面积指数和产量之间呈正相关关系[180]。然而,本研究的结果显示,春小麦叶片的光合作用和蒸腾作用之间出现了解耦现象。在春小麦的营养生长阶段,滴灌条件下更加有限的土壤水分条件限制了叶片的生长上限和对应的叶片气孔导度上限,导致滴灌的春小麦叶片的光合和蒸腾作用均弱于畦灌的。然而,在之后的生殖生长阶段,滴灌条件下叶片的光合速率略高于畦灌的,叶面积指数和植株蒸腾依旧更低,但最终获得的产量更高。以上结果表明,更高的叶面积指数意味着更高的植株耗水,但并不一定意味着更强的光合作用和更多的光合产物,也不一定意味着更高的产量。

7.4　滴灌和畦灌对春小麦产量形成的影响分析

作物籽粒产量的形成是农田多方面因素共同作用的结果。地表以下不同深度处的土壤水热状态直接影响根系生长和吸水吸肥效率,进而对作物地上部的冠层生长过程造成影响,而表层土壤和作物冠层的状态共同影响田间反射率,从而改变农田吸收的辐射能量。田间有效能量主要分配至潜热通量和感热通量,潜热通量与农田耗水相关,而感热通量与田间温度相关,土壤温度和冠层温度均会对植株各部位生物量的累积过程造成影响。灌溉方式直接影响农田水量平衡、辐射平衡和能量平衡过程,改变植株各部位生物量的累积过程。为探究灌溉方式对产量的影响机制,必须厘清农田环境指标和作物生长指标之间互相作用的关系。为此,本研究基于相关性分析和主成分分析结果,对不同灌溉方式下的农田生物物理指标进行通径分析,量化农田各因素对春小麦产量的直接影响和间接影响。

7.4.1　相关性分析

对农田环境指标和作物生长指标进行相关性分析,2017—2020 年滴灌(DI)和畦灌(BI)条件下春小麦田间生物物理指标的相关性分析结果如图 7-7 所示。由此可知,土壤含水量与土壤温度呈负相关关系,尤其在滴灌条件下,这一关系更为显著。滴灌的单次灌水量和总灌水量均更低,有利于土壤温度的提高。另外,不同灌溉条件下的田间反射率和净辐射呈显著负相关关系,也就是说,田间反射率越高,净辐射越高。滴灌麦田开始灌

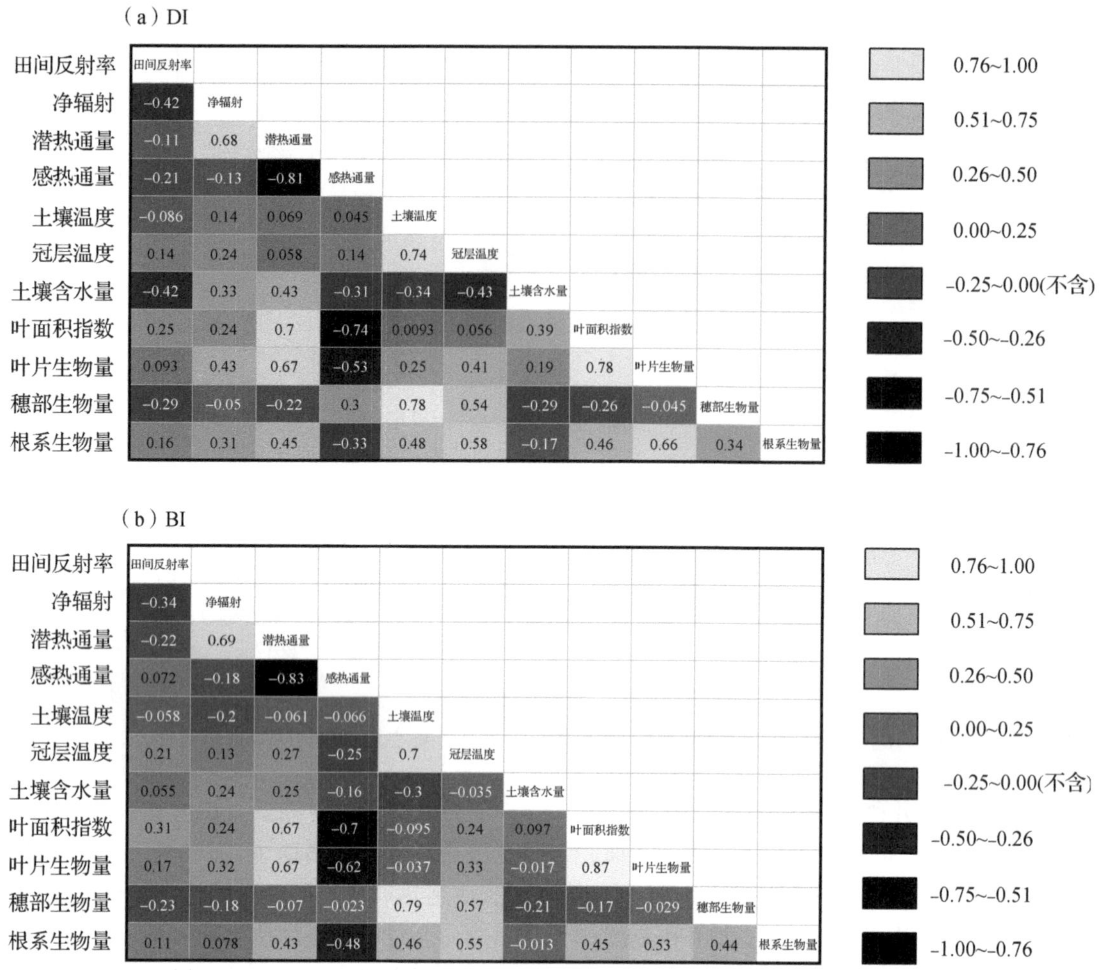

“*”表示显著程度，其中“*”表示 $p<0.05$；“**”表示 $p<0.01$；“***”表示 $p<0.001$。

图 7-7　滴灌(DI)和畦灌(BI)条件下春小麦田间生物物理指标的相关性分析

水之后的田间反射率始终更低，降低了田间反射辐射，导致农田吸收的净辐射更多。但是滴灌条件下的田间反射率与表层土壤含水量呈负相关关系，在畦灌条件下并无明显相关关系。农田反射面主要由表层土壤和作物冠层组成，由于灌溉频率更高，滴灌条件下土壤表面保持湿润的天数远大于畦灌条件，深色土壤有利于吸收辐射。滴灌春小麦的叶面积指数始终低于畦灌春小麦，冠层稀疏，且由于滴灌春小麦早熟，叶片更早枯萎凋落，冠层逐渐稀疏，导致滴灌条件下表层土壤状态对农田反射率造成的影响更高。

不同灌溉条件下的净辐射和潜热通量呈显著正相关关系，这是因为净辐射是田间有效能量的主要组分，而潜热通量在有效能量中的占比超过80%，净辐射和潜热通量变化趋势相似。另外，滴灌条件下净辐射与表层土壤含水量和叶片生物量呈显著正相关关系，在畦灌条件下并无明显关系。首先，滴灌条件下净辐射和田间反射率关系显著，而田间反射率与表层土壤含水量显著相关，因此净辐射与表层土壤含水量关系显著。滴灌条件下净辐射与叶片生物量关系显著，可能是因为滴灌通过提高农田净辐射，同时提高感热通量在有效能量中的占比加热农田，而农田温度在滴灌麦田中对作物的生长起关键作用，这一点有待在后续的讨论分析中验证。

潜热通量与叶面积指数和叶片生物量均呈显著正相关关系，也就是说，随着叶面积指数的增加，叶片生物量增加，潜热通量增加。这一结论与前文中滴灌减少叶片生长，从而降低农田耗水的结论相一致。但是在滴灌麦田中潜热通量与土壤含水量呈显著正相关关系，在畦灌麦田中并无显著相关关系。这可能是由于畦灌灌水次数较低，且畦灌条件下春小麦冠层更加稠密，农田温度更低，一定程度上阻碍了土壤水分的蒸发。相应地，感热通量(即显热通量)与叶面积指数和叶片生物量均呈显著负相关关系，与表层土壤的根系生物量呈显著负相关关系。滴灌春小麦叶片生长不如畦灌春小麦旺盛，更低的田间耗水导致更多有效能量分配至感热通量，田间温度得以提高。冠层温度和土壤温度与穗部生物量和浅层根系生物量之间均呈显著正相关关系，说明田间温度的适当增加有利于提高根系活力，促进根系生长，同时有利于生物量向穗部转移。滴灌麦田表层土壤中的根系更为发达，更高的田间温度导致春小麦生殖生长阶段叶片光合作用更高，光合产物的运输速度更快，春小麦籽粒的灌浆效率得以提高。

7.4.2　主成分分析

根据相关系分析结果可知，农田生物物理指标之间存在显著相关性，为明确各指标间的内部结构，利用主成分分析法对不同灌溉条件下的农田生物物理指标进行分析。鉴于进行分析的田间生物物理指标共 11 个，基于主成分分析法，先将其划分为 11 个综合指标，也就是主成分，图 7-8 表示滴灌(DI)和畦灌(BI)条件下各主成分的特征值，对应的方差百分比和累计贡献率见表 7-4。

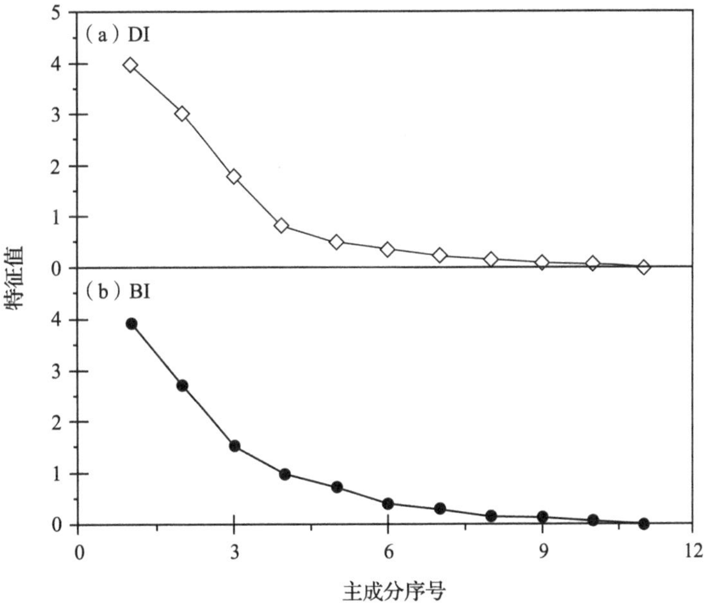

图 7-8　基于主成分分析法(PCA)的滴灌(DI)和畦灌(BI)条件下主成分的特征值

表 7-4　基于主成分分析法(PCA)的滴灌(DI)和畦灌(BI)条件下主成分的方差解释

主成分序号	特征值		方差百分比/%		累计贡献率/%	
	DI	BI	DI	BI	DI	BI
1	3.969	3.950	36.08	35.91	36.08	35.91
2	3.032	2.719	27.56	24.72	63.64	60.63
3	1.785	1.553	16.23	14.12	79.87	74.75
4	0.773	0.980	7.03	8.91	86.90	83.65
5	0.506	0.732	4.60	6.65	91.50	90.30
6	0.361	0.414	3.28	3.76	94.78	94.06
7	0.240	0.300	2.18	2.73	96.97	96.79
8	0.153	0.153	1.39	1.39	98.36	98.18
9	0.100	0.131	0.91	1.19	99.27	99.37
10	0.080	0.069	0.72	0.62	99.99	99.99
11	0.001	0.001	0.01	0.01	100.00	100.00

滴灌条件下主成分 1～3 的特征值依次为 3.969、3.032、1.785，畦灌条件下的依次为 3.950、2.719、1.553，不同灌溉条件下从主成分 4 开始，对应的特征值均低于 1。提取特征值大于 1 的主成分[181]，其中，滴灌条件下主成分 1～3 的方差百分比依次为 36.08%、27.56%、16.23%，畦灌条件下的依次为 35.91%、24.72%、14.12%。滴灌和畦灌条件下主成分 1～3 的累计贡献率分别为 79.87%和 74.75%，表明不同灌溉方式下前 3 个主成分具有较强的信息代表性。

滴灌(DI)和畦灌(BI)条件下主成分 1～3 相互独立，春小麦田间生物物理指标在这 3 个主成分中的荷载见表 7-5。由此可知，主成分 1(PC1)主要反映了潜热通量、感热通量、叶面积指数、叶片生物量以及根系生物量 5 个生物物理指标的信息，滴灌和畦灌条件下，上述 5 个指标在主成分 1 中的荷载依次为 0.46 和 0.44、−0.38 和 −0.41、0.43 和 0.42、0.45 和 0.43、0.34 和 0.36；主成分 2(PC2)主要反映了土壤温度、冠层温度、土壤含水量以及穗部生物量 4 个生物物理指标的信息，滴灌和畦灌条件下，上述 4 个指标在主成分 2 中的荷载依次为分别为 0.49 和 0.55、0.49 和 0.39、−0.36 和 −0.25、0.47 和 0.53；主成分 3(PC3)主要反映了田间反射率和净辐射 2 个生物物理指标的信息，滴灌和畦灌条件下，上述 2 个指标在主成分 3 中的荷载分别为 −0.70 和 0.73、0.45 和 −0.47。

表 7-5　滴灌(DI)和畦灌(BI)条件下春小麦田间生物物理指标的主成分分析

主成分	PC1		PC2		PC3	
	DI	BI	DI	BI	DI	BI
田间反射率	0.02	0.03	0.01	0.00	−0.70	0.73
净辐射	0.29	0.22	0.01	−0.24	0.45	−0.47
潜热通量	0.46	0.44	−0.13	−0.19	0.12	−0.26
感热通量	−0.38	−0.41	0.20	0.08	0.20	0.02
土壤温度	0.12	0.10	0.49	0.55	0.10	−0.08
冠层温度	0.15	0.28	0.49	0.39	−0.05	0.03
土壤含水量	0.17	0.07	−0.36	−0.25	0.37	−0.09
叶面积指数	0.43	0.42	−0.13	−0.16	−0.19	0.29
叶片生物量	0.45	0.43	0.07	−0.10	−0.07	0.18
穗部生物量	−0.04	0.08	0.47	0.53	0.22	−0.21
根系生物量	0.34	0.36	0.30	0.26	−0.12	0.08

各主成分主要代表的田间生物物理指标之间的关联度较高。鉴于主成分 1 和主成分 2 解释的指标较多，且不同灌溉条件下主成分 1～2 的累计贡献率在 60%以上，为方便比较不同灌溉条件下各指标之间的关系，分别作滴灌(DI)和畦灌(BI)条件下主成分 1～2 的荷载图，如图 7-9 所示。对于主成分 1 而言，不同灌溉条件下的潜热通量直接受叶面积指数和叶片生物量的影响，叶片生长越旺盛，潜热通量越高，相应地，分配至感热通量的有效能量就会减少。与此同时，浅层根系的生物量会影响田间耗水以及叶片生长，更为发达的浅层根系有利于植株吸水能力的提高，进而影响植株蒸腾，本研究中 4 年春小麦生长季的植株蒸腾量占田间总耗水的 80%以上。对于主成分 2 而言，土壤温度与冠层温度同步变化，而土壤含水量会对土壤温度造成负面影响，与此同时，田间温度的提高有利于穗部生物量的积累。在畦灌条件下，土壤含水量的荷载明显低于其他荷载，意味着畦灌麦田的土壤水分状况与其他生物物理指标的关联度更低。对于主成分 3 而言，田间反射率的荷载远高于净辐射，田间反射率越高，净辐射越低，且上述两个指标在滴灌和畦灌条件下的荷载方向相反。

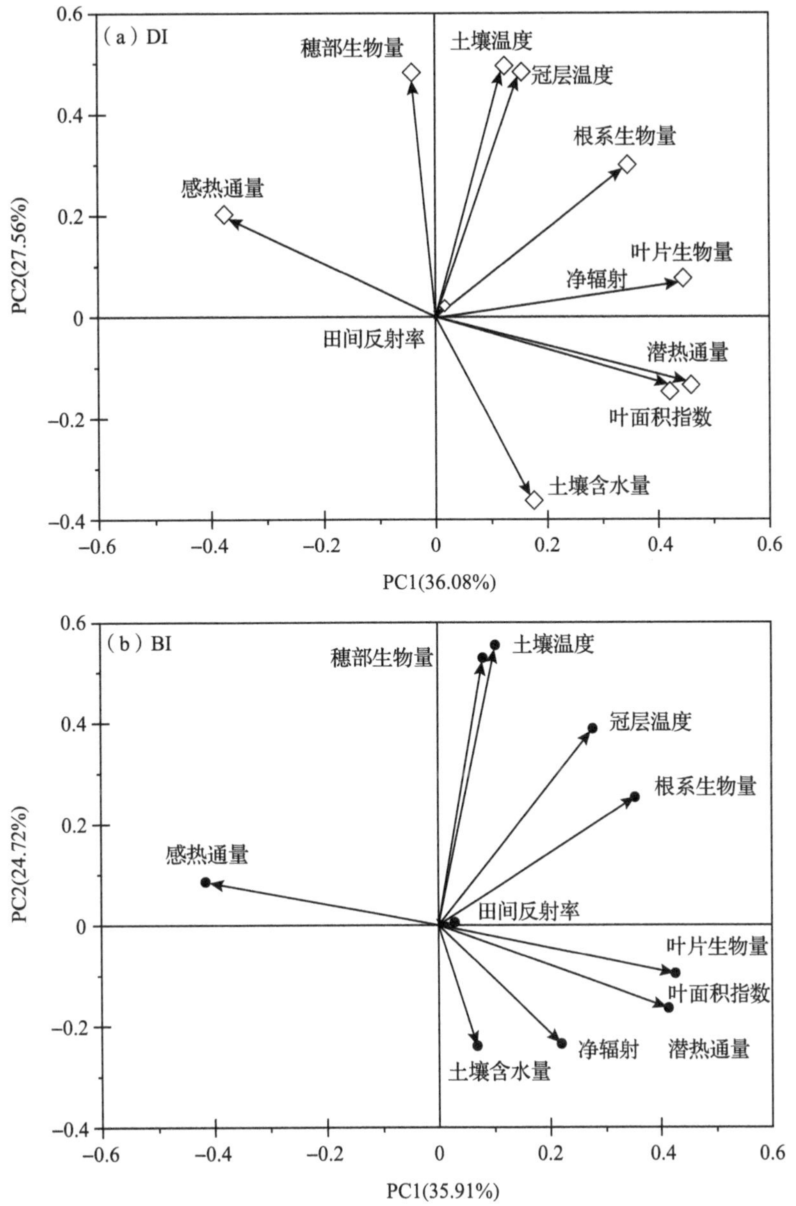

图 7-9　基于主成分分析法(PCA)的滴灌(DI)和畦灌(BI)条件下的荷载图

7.4.3　通径分析

基于农田生物物理指标之间的相关关系以及关联度的分析结果，分别利用结构方程模型对不同灌溉条件下田间环境指标和作物生长指标对产量形成过程的影响进行通径分析，同时选择卡方检验(χ^2)、近似均方根误差(RMSEA)和比较拟合指数(CFI)对结构方程模型的拟合效果进行评价，当 $p>0.05$、RMSEA<0.06、CFI>0.95 时，表明模型拟合效果较好。选择不同灌溉条件下主成分 1 和主成分 2 主要反映的田间指标进行通径分析，图 7-10 为基于结构方程模型(SEM)的滴灌(DI)和畦灌(BI)条件下春小麦田间生物物理指标对穗部生物量积累的通径分析。滴灌条件下结构方程模型的拟合指标 $p=0.402$、RMSEA=0.033、CFI=0.998；畦灌条件下的拟合指标为 $p=0.539$、RMSEA=0.000、CFI=1.000，两种灌溉条件下结构方程模型的拟合效果较好。不同灌溉方式下田间生物物理指标之间的影响分为直接影响、间接影响以及总影响，各指标间的直接影响见图 7-10，相应的间接影响以及总影响见表 7-6。

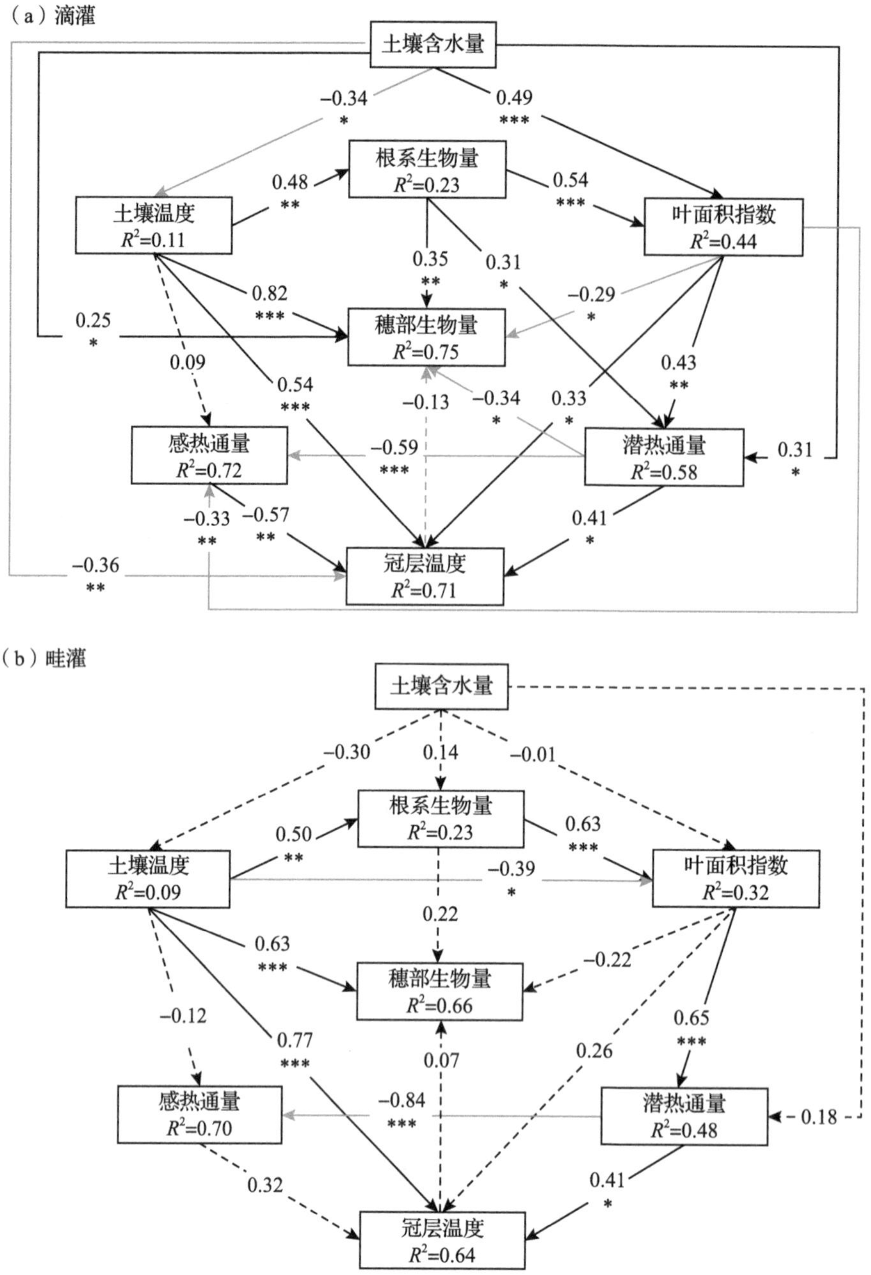

黑色箭头和灰色箭头分别表示正面直接影响和负面直接影响；虚线箭头和实线箭头分别表示关系不显著和关系显著；“＊”表示显著程度，其中“＊”表示 $p<0.05$，“＊＊”表示 $p<0.01$，“＊＊＊”表示 $p<0.001$。

图 7-10　基于结构方程模型(SEM)的滴灌(DI)和畦灌(BI)条件下春小麦田间生物物理指标对穗部生物量的影响分析

灌溉方式首先改变土壤水分状况，并对田间所有生物物理指标产生直接或间接影响。考虑直接影响时，据图 7-10 可知，滴灌条件下土壤含水量对 5 个指标产生显著直接影响，根据影响大小排序如下：叶面积指数(0.49)＞冠层温度(－0.36)＞土壤温度(－0.34)＞潜热通量(0.31)＞穗部生物量(0.25)。畦灌条件下土壤含水量对田间生物物理指标的直接影响并不显著。在滴灌条件下，灌溉对土壤温度和冠层温度造成显著的负面影响，也有利于叶面积指数和潜热通量的增加，对穗部生物量的积累也会造成显著的直接影响。而在畦灌条件下，灌溉通过影响土壤温湿度和作物生长，进而对其他生物物理指标产生显著影响。滴灌强调了土壤水分对田间生物物理过程的直接影响。

表 7-6　基于结构方程模型(SEM)的滴灌(DI)和畦灌(BI)条件下春小麦田间生物物理指标的间接影响和总影响

影响	指标	土壤含水量		土壤温度		根系生物量		叶面积指数		潜热通量		感热通量		冠层温度	
		DI	BI	DI	BI	DI	BI	DI	BI	DI	BI	DI	BI	DI	BI
间接影响	土壤温度	—	—	—	—	—	—	—	—	—	—	—	—	—	—
	根系生物量	−0.16	−0.15	—	—	—	—	—	—	—	—	—	—	—	—
	叶面积指数	−0.09	0.11	0.26	0.32	—	—	—	—	—	—	—	—	—	—
	潜热通量	0.12	0.06	0.26	−0.05	0.23	0.41	—	—	—	—	—	—	—	—
	感热通量	−0.42	−0.17	−0.24	0.04	−0.50	−0.35	−0.25	−0.55	—	—	—	—	—	—
	冠层温度	−0.11	−0.16	0.11	−0.06	0.12	0.22	−0.16	0.09	−0.33	−0.27	—	—	—	—
	穗部生物量	−0.54	−0.22	−0.08	0.17	−0.36	−0.13	−0.17	0.02	−0.01	0.01	−0.07	0.02	—	—
总影响	土壤温度	−0.34	−0.30	—	—	—	—	—	—	—	—	—	—	—	—
	根系生物量	−0.16	−0.01	0.48	0.50	—	—	—	—	—	—	—	—	—	—
	叶面积指数	0.40	0.10	0.26	−0.07	0.54	0.63	—	—	—	—	—	—	—	—
	潜热通量	0.44	0.25	0.26	−0.05	0.54	0.41	0.43	0.65	—	—	—	—	—	—
	感热通量	−0.42	−0.17	−0.15	−0.08	−0.50	−0.35	−0.58	−0.55	−0.59	−0.84	—	—	—	—
	冠层温度	−0.47	−0.16	0.64	0.71	0.12	0.22	0.17	0.35	0.08	0.15	0.57	0.32	—	—
	穗部生物量	−0.29	−0.22	0.74	0.80	0.00	0.09	−0.46	−0.20	−0.35	0.01	−0.07	0.02	−0.13	0.07

注:表中数字表示所有变量标准化后,列变量对行变量的影响。

尽管土壤含水量对田间生物物理指标的间接影响整体低于直接影响,但间接影响不容忽视。由表7-6可知,两种灌溉条件下土壤含水量对土壤温度只有直接影响,滴灌条件下土壤含水量对除土壤温度以外的田间生物物理指标造成的间接影响排序如下:穗部生物量(−0.54)>感热通量(−0.42)>根系生物量(−0.16)>潜热通量(0.12)>冠层温度(−0.11)>叶面积指数(−0.09);畦灌条件下的排序如下:穗部生物量(−0.22)>感热通量(−0.17)>冠层温度(−0.16)>根系生物量(−0.15)>叶面积指数(0.11)>潜热通量(0.06)。滴灌麦田的土壤含水量对各指标造成的间接影响明显高于畦灌,强调了滴灌条件下土壤含水量对田间生物物理过程的间接影响。不同灌溉条件下,土壤含水量对穗部生物量的间接影响最高,且均为负值,主要是由于土壤含水量对土壤温度有负面的直接影响,而土壤温度对穗部生物量有较高的显著的正面直接影响。此外,在滴灌条件下,土壤含水量对感热通量造成了较高的负面影响,一方面,土壤含水量通过影响叶面积指数,进而对潜热通量造成正面间接影响,但是潜热通量与感热通量之间存在显著的负面直接影响;另一方面,潜热通量对土壤温度的直接影响为负面的,但土壤温度和感热通量也存在一定的正面直接影响。

在考虑土壤含水量对田间生物物理指标的总影响时,根据土壤含水量对各指标的总影响的大小进行排序,滴灌条件下的排序为:冠层温度(−0.47)>潜热通量(0.44)>感热通量(−0.42)>叶面积指数(0.40)>土壤温度(−0.34)>穗部生物量(−0.29)>根系生物量(−0.16);畦灌条件下的排序为:土壤温度(−0.30)>潜热通量(0.25)>穗部生物量(−0.22)>感热通量(−0.17)>冠层温度(−0.16)>叶面积指数(0.10)>根系生物量(−0.01)。在不同灌溉条件下,土壤含水量对冠层温度、土壤温度、感热通量以及穗部生物量造成较高的负面总影响,滴灌麦田中更高的灌溉频率、更低的平均土壤含水量和更高的田间温度促进了表层根系的横向发育,有利于光合产物向穗部转移。

滴灌和畦灌条件下基于结构方程模型可解释穗部生物量的大部分变化。考虑直接影响时,据图7-10可知,滴灌条件下对穗部生物量的积累产生显著直接影响的因素有4个,根据影响大小排序如下:土壤温度(0.82)>根系生物量(0.35)>潜热通量(−0.34)>叶面积指数(−0.29)。畦灌条件下对穗部生物量产生显著直接影响的因素只有土壤温度,影响大小为0.63。不同灌溉条件下土壤温度对穗部生物量的直接影响远高于其他因素。滴灌条件下叶面积指数对穗部生物量的积累造成了负面的显著直接影响,而畦灌条件下这一关系并不显著,这意味着滴灌条件下叶片和麦穗的生长之间存在一定的直接竞争关系。此外,滴灌条件下根系生物量对穗部生物量存在显著的正面直接影响,这说明在产量形成的过程中,滴灌春小麦浅层根系的横向发育是穗部生物量快速积累的基础。

考虑田间生物物理指标对穗部生物量的间接影响时,由表7-6可知,滴灌和畦灌条件下只有冠层温度对穗部生物量不会造成间接影响,根据各指标对穗部生物量造成的间接影响的大小进行排序,滴灌条件下田间生物物理指标的排序如下:土壤含水量(−0.54)>根系生物量(−0.36)>叶面积指数(−0.17)>土壤温度(−0.08)>感热通量(−0.07)>潜热通量(−0.01);畦灌条件下田间生物物理指标的排序如下:土壤含水量(−0.22)>土壤温度(0.17)>根系生物量(−0.13)>叶面积指数(0.02)>感热通量(0.02)>潜热通量(0.01)。土壤温度对穗部生物量在滴灌条件下有一定的负面间接影响,但是在畦灌条件下表现为正面间接影响。滴灌条件下土壤温度通过对根系生物量造成显著的正面直接影响,进而对叶面积指数造成正面影响,但是叶面积指数对穗部生物量造成负面直接影响。与此同时,滴灌春小麦的叶面积指数对潜热通量有显著的正面直接影响,但是潜热通量对穗部生物量也造成负面直接影响,最终导致土壤温度对穗部生物量表现出一定的负面间接影响。而在畦灌条件下,虽然土壤温度通过影响根系生物量对叶面积指数造成正面间接影响,但是土壤温度对叶面积指数也存在负面直接影响,结合叶面积指数对穗部生物量的负面直接影响,最终导致畦灌条件下土壤温度对穗部生物量造成正面间接影响。另外,叶面积指数对穗部生物量的间接影响在滴灌条件下为负值,在畦灌条件下为正值，进一步证明了滴灌条件下叶片与麦穗之间的竞争关系。

考虑田间生物物理指标对穗部生物量的总影响时，根据各指标对穗部生物量的总影响的大小进行排序。滴灌条件下的排序为：土壤温度(0.74)＞叶面积指数(−0.46)＞潜热通量(−0.35)＞土壤含水量(−0.29)＞冠层温度(−0.13)＞感热通量(−0.07)＞根系生物量(0.00)；畦灌条件下的排序为：土壤温度(0.80)＞土壤含水量(−0.22)＞叶面积指数(−0.20)＞根系生物量(0.09)＞冠层温度(0.07)＞感热通量(0.02)＞潜热通量(0.01)。不同灌溉条件下，土壤温度对穗部生物量的总影响均为正值，且远高于其他田间生物物理指标，也就是说，土壤温度在春小麦产量形成的过程中起决定性作用。滴灌麦田的叶面积指数对穗部生物量的总影响为负值，这意味着滴灌通过减少叶片的冗余生长，促使更多光合产物分配到穗部。事实上，叶面积指数对潜热通量存在较高的正面总影响，对感热通量存在较高的负面总影响，滴灌条件下叶面积指数更低，潜热通量更低，更多有效能量被分配至感热通量。农田温度，尤其是土壤温度的提高，在穗部生物量的积累中起关键作用，滴灌麦田更高的土壤温度是滴灌春小麦增产的核心。

未来气候情景下，大气 CO_2 浓度和全球温度持续上升[182]。研究表明，CO_2 促进作物生长，提高水分生产力[183, 184]，在作物生长的最优温度范围内，更高的温度可以提高作物的潜在生长能力[185, 186]。然而，缺水会导致 CO_2 对作物生长发育的积极影响被部分抵消[182, 186, 187]。本研究中，滴灌用更低的总灌水量提高了春小麦的产量，其根本原因在于春小麦全生育期更高频的灌溉和更高的土壤温度。Azad 等[183]研究发现，亏缺灌溉比充分灌溉更有助于减少气候变化对作物生长造成的不利影响。滴灌麦田的温度始终高于畦灌，当滴灌春小麦最终适应苗期以后更高的田间温度时，其耐热性可能会提高，这一推论需要后续进一步的研究证明。Babel 和 Turyatunga[188]的研究结果表明，未来气候情景下，夏季空气温度将会提高，降水将会减少，而补充灌溉可以减轻气候变化对玉米产量的不利影响。本研究中，滴灌提高水分生产力，并可能减少气候变化对小麦产量的负面影响。

7.5　本章小结

为探究灌溉方式对产量形成的影响机制，本章分析了滴灌和畦灌条件下春小麦不同生育阶段叶片光合作用的差异及其影响因素，并对 2017—2020 年两种灌溉条件下春小麦叶、茎、穗、根等部位的生物量累积过程以及各器官生物量的分配比例进行对比分析，同时比较了滴灌和畦灌条件下春小麦产量组成以及对应的水分利用效率，结合田间水分、能量循环过程探讨了灌溉方式对产量形成的影响机制，最后以相关性分析和主成分分析的结果为基础，量化了田间生物物理指标对春小麦产量形成过程的影响，主要得到了以下结论。

①滴灌春小麦营养生长阶段的净光合速率明显低于畦灌，灌浆期的净光合速率略高于畦灌。春小麦叶片进行光合作用时存在光合午休作用，滴灌春小麦灌浆期的光合午休作用不如畦灌明显，主要是由于滴灌更加频繁的灌水行为和土壤表层更为密集的根系保证了植株的吸水，这是光合作用正常进行的基础。同时滴灌条件下更高的田间温度提高了光合产物的运输效率，叶片进行光合作用时受到的反馈性抑制更弱。

②滴灌限制春小麦叶片生长，刺激根系横向发育，提高田间温度，促使更高比例的光合产物转移至穗部。田间尺度上，滴灌平均降低麦田的叶片生物量 16.9%，平均增加茎秆生物量 2.9%，增加穗部生物量 9.2%，增加表层主根生物量 8.1%，最终增加麦田地上部和地下部生物量 4.3%。单株尺度上，滴灌对茎秆生物量的分配比例影响不明显，但平均降低叶片生物量的分配比例 6.8%，提高穗部生物量的分配比例 5.4%，提高根系生物量的分配比例 4.5%。

③收获时，滴灌降低叶片生物量 21.33%，降低茎秆生物量 3.82%，增加穗部生物量 3.97%，增加主根生物量 3.42%。对于产量组成而言，滴灌平均提高春小麦单穗粒数 1.15 粒，提高每平方米穗数 24.23 穗，提高千粒重 1.26 g，从而提高籽粒产量 0.9 t/hm^2(10.32%)，提高收获指数 0.04(10.22%)，最终提高灌溉水利用效率 19.41%，提高水分生产力 15.69%。

④利用相关性分析和主成分分析方法对田间

生物物理指标之间的关系作初步分析，结果表明净辐射主要受田间反射率影响，潜热通量和感热通量与植株叶片和根系的生长发育联系紧密，土壤含水量和田间温度与穗部生物量息息相关。基于上述关系，对滴灌和畦灌条件下田间生物物理指标对穗部累积生物量的影响作通径分析，结果证明滴灌春小麦叶片尺度上出现水碳解耦现象，叶片和麦穗的生长在一定程度上存在直接的竞争关系。滴灌强调了土壤水分对田间生物物理过程以及产量形成过程的直接影响和间接影响，表层土壤频繁的干湿交替促使根系横向发育，对穗部生物量的积累产生显著的正面直接影响；同时，滴灌限制叶片生长，导致分配至潜热通量的有效能量减少，有利于田间温度的提高，而土壤温度在春小麦产量形成的过程中起决定性作用，这是滴灌实现春小麦增产的关键。

第 8 章　基于 SWAP 模型的春小麦灌溉制度优化

作物不同生育阶段的需水量始终处于动态变化状态，一味地进行充分灌溉不仅无法实现增产，反而会对水资源造成极大的浪费。目前西北旱区春小麦种植中更多地使用畦灌，为了在节水滴灌技术全面普及之前尽可能地提高灌溉水利用效率，有必要针对滴灌和畦灌分别进行灌溉制度优化。目前作物模型已成为优化灌溉制度最常用的工具之一，考虑到前文已对传统畦灌方式和节水滴灌方式对春小麦田间水热传输和作物生长发育过程造成的影响以及原因进行详尽的分析与讨论，在此基础上，选择 SWAP 模型对不同灌溉条件下的春小麦进行灌溉制度优化。SWAP 模型被广泛用于模拟田间水热盐运移以及作物生长过程，其模拟结果在灌溉制度优化研究中具有较高的可靠性。基于此，本章利用 2017—2020 年滴灌和畦灌麦田不同深度土层的土壤含水量和土壤温度数据，以及春小麦全生育期的叶面积指数和植株各部位累积生物量数据对 SWAP 模型进行验证，同时根据不同约束条件设置灌溉制度情景，以产量最大化和水分利用效率最大化为目标，分别筛选适用于不同水文年的春小麦最优灌溉制度。

8.1　模型简介

SWAP(soil-water-atmosphere-plant)模型是荷兰瓦赫宁根大学开发的用于模拟农田尺度上水盐运移的专业软件，至今已有 45 年的历史，其内有土壤水分运移、溶质运移、热量传输、土壤蒸发、植物蒸腾、作物生长等子模块，可用于探究农田尺度下土壤、作物和大气之间的相互作用关系[189]。

8.1.1　模型原理

SWAP 模型是一维垂直定向模型，利用 Richards 方程描述饱和-非饱和区的土壤水分运动[190]：

$$\frac{\partial\theta}{\partial t}=\frac{\partial\left[K(h)\left(\frac{\partial h}{\partial z}+1\right)\right]}{\partial z}-S_{a}(h)-S_{d}(h)-S_{m}(h) \tag{8-1}$$

式中，$K(h)$表示水力传导率(cm/d)；h 表示土壤压力水头(cm)；z 表示垂直方向的距离(cm)；θ 表示土壤体积含水量(cm^3/cm^3)；t 表示时间(d)；$S_a(h)$表示植株根系吸水速率[$cm^3/(cm^3\cdot d)$]；$S_d(h)$表示饱和区排水速率[$cm^3/(cm^3\cdot d)$]；$S_m(h)$表示与大孔隙流的交换速率[$cm^3/(cm^3\cdot d)$]。SWAP 模型根据特定边界条件和 θ、h、K 之间的关系求解 Richards 方程，利用 Mualem-Van Genuchten 方程描述土壤水力特性，其中，$\theta(h)$和 $K(\theta)$的方程如下所示[191, 192]：

$$\theta=\theta_{res}+(\theta_{sat}-\theta_{res})(1+|\alpha h|^{n})^{-m} \tag{8-2}$$

$$K=K_{sat}S_{e}^{\lambda}\left[1-(1-S_{e}^{\frac{1}{m}})^{m}\right]^{2} \tag{8-3}$$

式中，θ_{sat} 和 θ_{res} 表示饱和土壤含水量(cm^3/cm^3)和残余土壤含水量(cm^3/cm^3)；α(cm^{-1})、m、n、λ 均为经验形状参数，其中，$m=1-1/n$；K_{sat} 表示饱和导水率(cm/d)；S_e 表示相对饱和度，其计算公式如下：

$$S_{e}=\frac{\theta-\theta_{res}}{\theta_{sat}-\theta_{res}} \tag{8-4}$$

另外，Richards 方程的数值解用到的微分水容 C (cm^{-1})定义为 θ 对 h 的导数，表达式如下：

$$C=\frac{\partial h}{\partial\theta}=\alpha\cdot m\cdot n\,|\alpha h|^{n-1}\,(\theta_{sat}-\theta_{res})(1+|\alpha h|^{n})^{-(m+1)} \tag{8-5}$$

土壤热传输的描述公式如下[189]：

$$C_{\text{heat}}\frac{\partial T}{\partial t}=\frac{\partial\left(\lambda_{\text{heat}}\frac{\partial T}{\partial z}\right)}{\partial z} \tag{8-6}$$

式中，C_{heat} 表示土壤热容[J/(cm³·℃)]；λ_{heat} 表示热传导率[J/(cm ℃·d)]；T 表示土壤温度(℃)。该方程可利用解析法或数值法求解。

SWAP 模型中用于描述作物生长的模块分 3 种[189]：一是简单的静态作物模块，作物的叶面积指数和根系深度固定不变，二是耕地作物动态生长模块(WOFOST 模型)，三是草地动态生长模块，本研究符合第二种情况。WOFOST 模型可模拟水分、盐分或营养胁迫条件下的潜在产量和实际产量，模型利用吸收的辐射计算潜在光合作用和受到胁迫之后的实际光合作用，其中，吸收的辐射取决于入射辐射、作物叶面积和叶片的光合特性。光合作用产生的碳水化合物一部分用于维持呼吸，其余的转化为结构物质。转化过程中会损失一部分质量，而剩余的干物质则在根、茎、叶以及贮藏器官之间进行分配，分配比例应为物候发育阶段的函数。模型量化了作物物候发育过程，出苗、开花、成熟等发育阶段(D_s)分别表示为 0、1、2，以开花时间为界，物候变化可分为营养生长阶段($0<D_s<1$)和生殖生长阶段($1<D_s<2$)。作物发育阶段和有效温度的关系如下所示：

$$D_s^{j+1}=D_s^j+\frac{T_{\text{eff}}}{T_{\text{sum,i}}} \tag{8-7}$$

式中，j 表示播种后的天数(d)；T_{eff} 表示有效温度(℃)；$T_{\text{sum,i}}$ 表示营养生长阶段或生殖生长阶段所需的温度总和(℃)。当发育阶段达到成熟期($D_s=2$)或作物收获时，停止对作物生长的模拟。

8.1.2　模型设置和输入数据

运行 SWAP 模型之前需要准备的文件包括主要输入文件(SWP 文件)、作物生长参数文件(CRP 文件)和气象数据文件。

主要输入文件(SWP 文件)分为以下几个部分：①常规设置。分别设置作物播种日期为模拟开始时间，作物收获日期为模拟结束时间，同时设置模拟范围为地表以下 0～1 m 土层，根据波文比仪器观测指标，将 0～1 m 土层等分为 20 cm 高的 5 个子层。②气象相关。确定实验地点的经度、纬度以及海拔，同时设置输入的气象参数为日尺度，并根据参考蒸发蒸腾量和作物系数计算潜在蒸散发。③作物相关。试验田的土壤均在机耕之后开始播种，输入作物播种时间和收获时间，以及作物生长季内的灌溉时间和灌水量。④土壤水分相关。输入播种前一天各模拟土层的初始土壤含水量和地下水埋深，设置田间土壤蒸发、积水、径流等相关参数，同时确定模拟土层的高度和子层数目，并输入各层对应的土壤水力参数(表 8-1)以及 Richard 方程的相关参数。另外，设置模拟过程中无侧向排水，设置土壤下边界为自由排水。⑤土壤热流相关。根据数值求解土壤热传导方程，输入各层土壤的初始温度以及模拟期间的底层土壤温度。

作物生长参数文件(CRP 文件)分为简单型和详细型，本研究采用详细型作物参数文件。模型输入数据中包括参考蒸发蒸腾量，需指定作物不同发育阶段的作物系数，设置作物营养生长阶段的发育仅与温度相关，统一两种灌溉条件下的初始生物量以及作物出苗时的叶面积指数，文件中包含的主要参数如表 8-2 所示。基于田间实测数据，通过"试错法"对土壤水力参数和作物生长参数同时进行率定[193]，详细结果见表 8-1 和表 8-2。

气象数据文件包括太阳辐射、日最高/低空气温度、饱和水汽压差、降水、风速、参考蒸发蒸腾量等指标。试验站的小型气象站每 15 min 记录一组数据，通过计算可得到日尺度的太阳辐射、日最高/低空气温度、饱和水汽压差、日降水量、日平均风速等输入指标，参考蒸发蒸腾量可根据 FAO Penman-Monteith 公式计算得到，具体公式如下所示[194]：

$$\text{ET}_0=\frac{0.408(R_n-G)+\gamma\frac{900}{T+273}\times u_2(e_s-e_a)}{\Delta+\gamma(1+0.34u_2)} \tag{8-8}$$

式中，ET_0 表示参考蒸发蒸腾量(mm/d)；R_n 表示作物表面的净辐射(MJ/m²)，可根据太阳辐射计算得到；G 表示土壤热通量(MJ/m²)，由于量级极小，一般情况下可忽略不计；T 和 u_2 分别表示 2 m 高度处的空气温度(℃)和风速(m/s)；e_s 与 e_a 分别表示饱和水汽压(kPa)和实际水汽压(kPa)，

表 8-1　SWAP 模型的土壤水力参数率定值

灌溉方式	土层深度	残余含水量 $\theta_{res}/(cm^3/cm^3)$	饱和含水量 $\theta_{sat}/(cm^3/cm^3)$	进气值的倒数 α/cm	土壤特征形状参数 n	饱和导水率 K_{sat}/cm/d	孔隙关联参数 λ	干容重 $\gamma/(mg/cm^3)$
DI	0～20 cm	0.04	0.41	0.014 0	1.385	35.84	0.5	1.476
	21～40 cm	0.07	0.40	0.014 7	1.414	32.73	0.5	1.459
	41～60 cm	0.06	0.42	0.014 9	1.415	30.05	0.5	1.458
	61～80 cm	0.08	0.45	0.012 4	1.334	28.66	0.5	1.501
	81～100 cm	0.11	0.43	0.012 6	1.168	28.41	0.5	1.540
BI	0～20 cm	0.04	0.44	0.012 9	1.358	36.84	0.5	1.576
	21～40 cm	0.04	0.44	0.013 1	1.349	33.65	0.5	1.559
	41～60 cm	0.06	0.45	0.012 8	1.345	30.77	0.5	1.558
	61～80 cm	0.08	0.45	0.011 8	1.303	24.97	0.5	1.601
	81～100 cm	0.09	0.44	0.013 6	1.298	28.41	0.5	1.560

表 8-2　SWAP 模型的作物参数率定值

参数	单位	描述	取值	
			DI	BI
T_{sum_ea}	℃	播种至开花有效积温	966	901
T_{sum_am}	℃	开花至成熟有效积温	1 273	1 369
T_{sum_em}	℃	出苗需要的有效积温	70	70
TDWI	kg/hm^2	初始生物量	180	180
LAI_{em}	m^2/m^2	出苗时的叶面积指数	0.087	0.087
RGRLAI	$m^2/(m^2 \cdot d)$	叶面积指数的最大相对增长速率	0.007	0.008
SPAN	d	最优条件下的叶片生命周期	35	35
SLA	hm^2/kg	比叶面积 (生育阶段：0-0.5-0.8-1.0-2.0)	0.0020-0.0018-0.0008-0.0004-0.0004	0.0020-0.0025-0.0010-0.0004-0.0004
K_{dif}	—	漫射光的消光系数	0.60	0.60
K_{dir}	—	直射光的消光系数	0.65	0.65
EFF	$kg/hm^2/h/(Jm^2s)$	叶片光能利用效率	0.49	0.49
A_{max}	$kg/hm^2/h$	叶片最大 CO_2 同化效率 (生育阶段:0-1.0-1.5-2.0)	34-41-58-36	34-41-62-39
CVL	kg/kg	同化物转化为叶片生物量的效率	0.75	0.78
CVO	kg/kg	同化物转化为贮藏器官生物量的效率	0.85	0.81
RML	$kgCH_2O/(kg \cdot d)$	叶片维持呼吸的速率	0.03	0.03
FRTB	—	总干物质向根分配的增加比例 (生育阶段：0-0.35-0.70-0.90-2.00)	0.06-0.12-0.05-0.01-0	0.05-0.09-0.07-0.04-0
FLTB	—	地上部干物质向叶分配的增加比例 (生育阶段:0-0.30-0.75-1.00-2.00)	0.80-0.17-0.30-0-0	0.80-0.17-0.33-0-0
FSTB	—	地上部干物质向茎分配的增加比例 (生育阶段:0-0.30-0.75-1.00-2.00)	0.20-0.83-0.70-0-0	0.20-0.83-0.67-0-0

可根据相对湿度和空气温度计算得到；Δ 表示水汽压曲线斜率(kPa/℃)；γ 表示湿度计常数(kPa/℃)。

8.2 模拟效果评价

为探究 SWAP 模型对模拟西北干旱区不同灌溉条件下春小麦土壤水热变化过程和植株生长发育过程的精度和适用性，基于 2017—2020 年的田间实测数据，对滴灌和畦灌条件下春小麦田的土壤水热环境指标和作物生长指标分别进行模拟验证。

8.2.1 土壤水热指标

根据 2017—2020 年利用波文比能量平衡系统得到的不同灌溉条件下的土壤水热数据，应用 SWAP 模型，对地表以下 1 m 范围内不同深度处的土壤含水量和土壤温度(T_s)的逐日变化过程分别进行模拟。

基于 SWAP 模型的 2017—2020 年滴灌(DI)和畦灌(BI)麦田地表以下 0～20 cm、21～40 cm、41～60 cm、61～80 cm 以及 81～100 cm 的土壤含水量(SWC)的模拟值和实测值的对比分别见图 8-1 和图 8-2。结果表明，滴灌和畦灌条件下基于 SWAP 模型的土壤不同深度处土壤含水量的模拟值和实测值变化趋势整体一致，均在灌溉或降水事件发生之后明显升高，随后由于蒸发、作物吸水以及土壤水分下渗等原因而缓慢下降，且下降速度随时间逐渐趋于平缓。此外，随着土壤深度的增加，不同灌溉条件下土壤含水量的波动幅度均逐渐减少。选择决定系数(R^2)、平均偏差(MBE)、均方根误差(RMSE)和一致性指数(IA)对 SWAP 模型模拟不同灌溉条件下春小麦田间不同深度处土壤含水量变化过程的效果进行评价(表 8-3)，2017—2020 年滴灌和畦灌条件下不同土壤深度处 R^2、MBE、RMSE、IA 的平均值分别为 0.69 和 0.67、0.00 cm^3/cm^3 和 0.00 cm^3/cm^3、0.02 cm^3/cm^3 和 0.03 cm^3/cm^3、0.83 和 0.83，表明 SWAP 模型对不同灌溉条件下地表以下 1 m 范围内不同深度处土壤含水量的模拟效果较好。

基于 SWAP 模型的 2017—2020 年滴灌(DI)和畦灌(BI)麦田地表以下 0～20 cm、21～40 cm、41～60 cm、61～80 cm 以及 81～100 cm 的土壤温度(T_s)的模拟值和实测值的对比分别见图 8-3 和图 8-4。结果表明，滴灌和畦灌条件下基于 SWAP 模型的土壤不同深度处土壤温度的模拟值

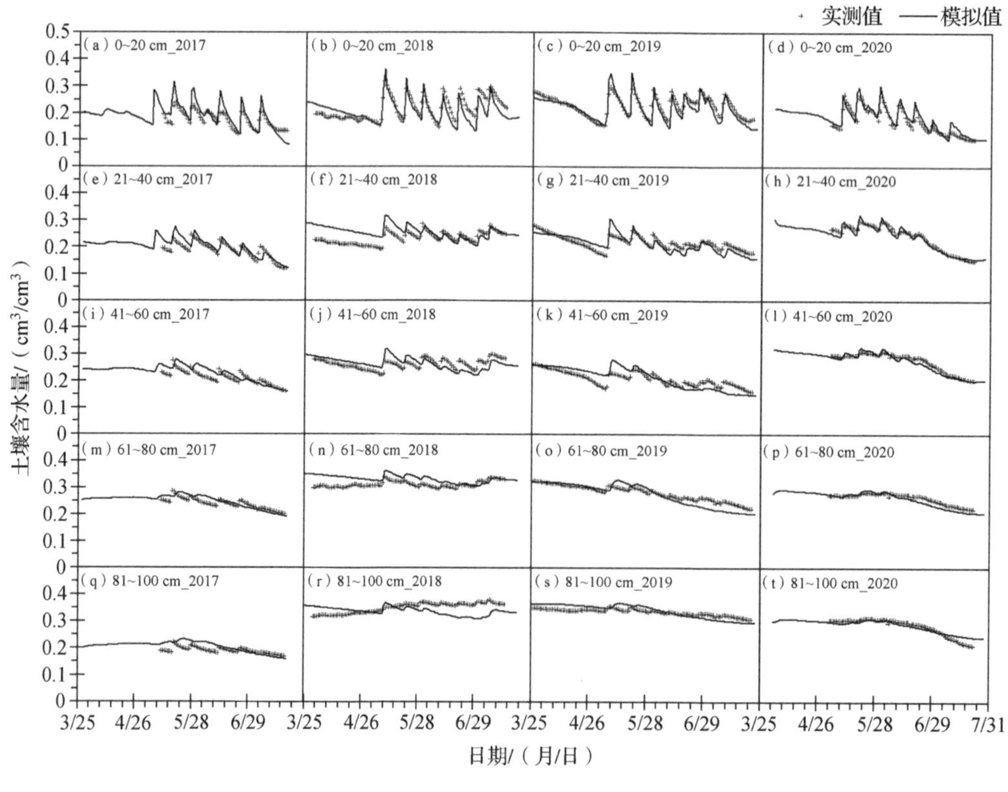

图 8-1 2017—2020 年滴灌(DI)条件下基于 SWAP 模型的地表以下 1 m 范围内土壤含水量(SWC)模拟值与实测值的对比

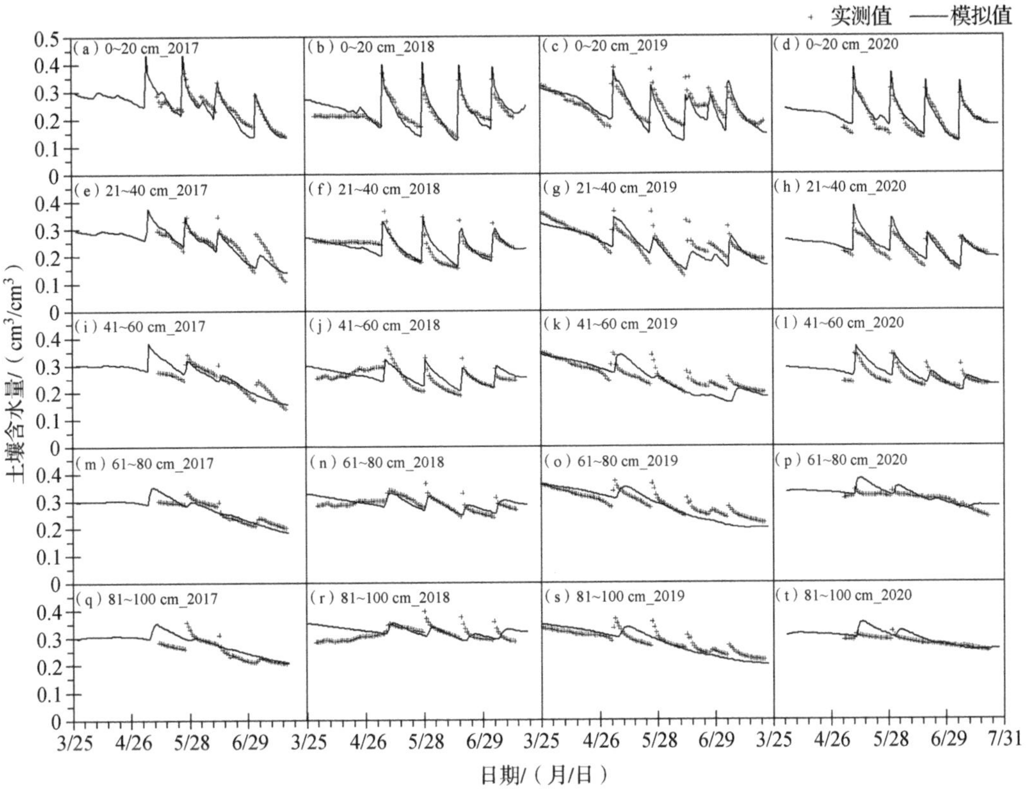

图 8-2　2017—2020 年畦灌(BI)条件下基于 SWAP 模型的地表以下 1 m 范围内土壤含水量(SWC)模拟值与实测值的对比

表 8-3　2017—2020 年滴灌(DI)和畦灌(BI)条件下 SWAP 模型对地表以下 1 m 范围内各层土壤含水量(SWC)的拟合效果评价

年份	土层深度	N	R^2		MBE/(cm^3/cm^3)		RMSE/(cm^3/cm^3)		IA	
			DI	BI	DI	BI	DI	BI	DI	BI
2017	0～20 cm	71	0.77	0.75	0.01	−0.01	0.03	0.03	0.85	0.91
	21～40 cm	71	0.71	0.77	0.01	−0.01	0.02	0.03	0.89	0.93
	41～60 cm	71	0.67	0.73	0.01	0.00	0.02	0.03	0.85	0.92
	61～80 cm	71	0.71	0.80	0.00	0.00	0.02	0.02	0.88	0.94
	81～100 cm	71	0.51	0.62	0.01	0.02	0.02	0.03	0.67	0.84
2018	0～20 cm	109	0.59	0.83	−0.01	0.01	0.03	0.03	0.86	0.93
	21～40 cm	109	0.48	0.71	0.02	0.00	0.04	0.02	0.81	0.92
	41～60 cm	109	0.47	0.52	0.00	0.01	0.02	0.04	0.83	0.66
	61～80 cm	109	0.39	0.35	0.02	0.01	0.03	0.04	0.62	0.49
	81～100 cm	109	0.21	0.22	−0.01	0.01	0.03	0.03	0.19	0.39
2019	0～20 cm	125	0.79	0.74	−0.01	−0.01	0.02	0.03	0.93	0.91
	21～40 cm	125	0.59	0.62	0.00	−0.01	0.02	0.04	0.86	0.88
	41～60 cm	125	0.67	0.66	0.00	−0.01	0.02	0.04	0.86	0.87
	61～80 cm	125	0.91	0.81	−0.01	−0.01	0.02	0.03	0.93	0.91
	81～100 cm	125	0.84	0.78	0.00	0.00	0.02	0.02	0.80	0.92
2020	0～20 cm	81	0.80	0.89	0.01	0.01	0.02	0.02	0.93	0.96
	21～40 cm	81	0.94	0.73	0.00	0.01	0.01	0.03	0.99	0.90
	41～60 cm	81	0.94	0.45	0.00	0.01	0.01	0.03	0.98	0.79
	61～80 cm	81	0.92	0.60	−0.01	0.01	0.01	0.02	0.93	0.81
	81～100 cm	81	0.93	0.80	0.00	0.01	0.01	0.02	0.94	0.80

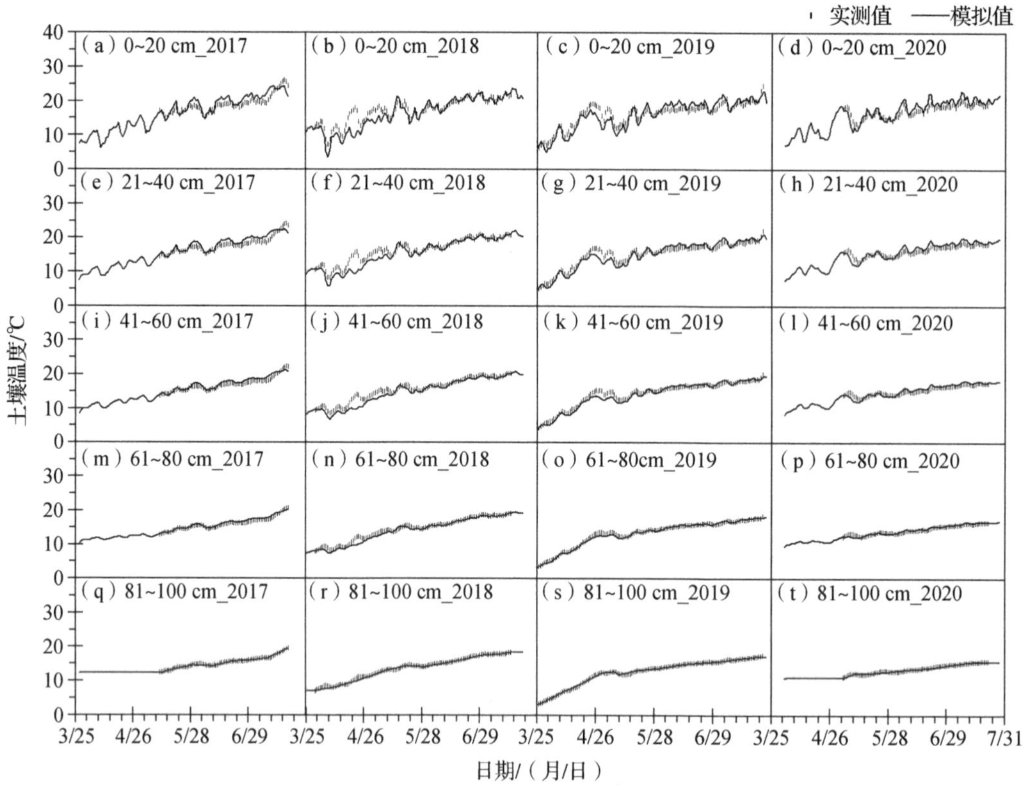

图 8-3　2017—2020 年滴灌(DI)条件下基于 SWAP 模型的地表以下 1 m 范围内土壤温度(T_s)模拟值与实测值的对比

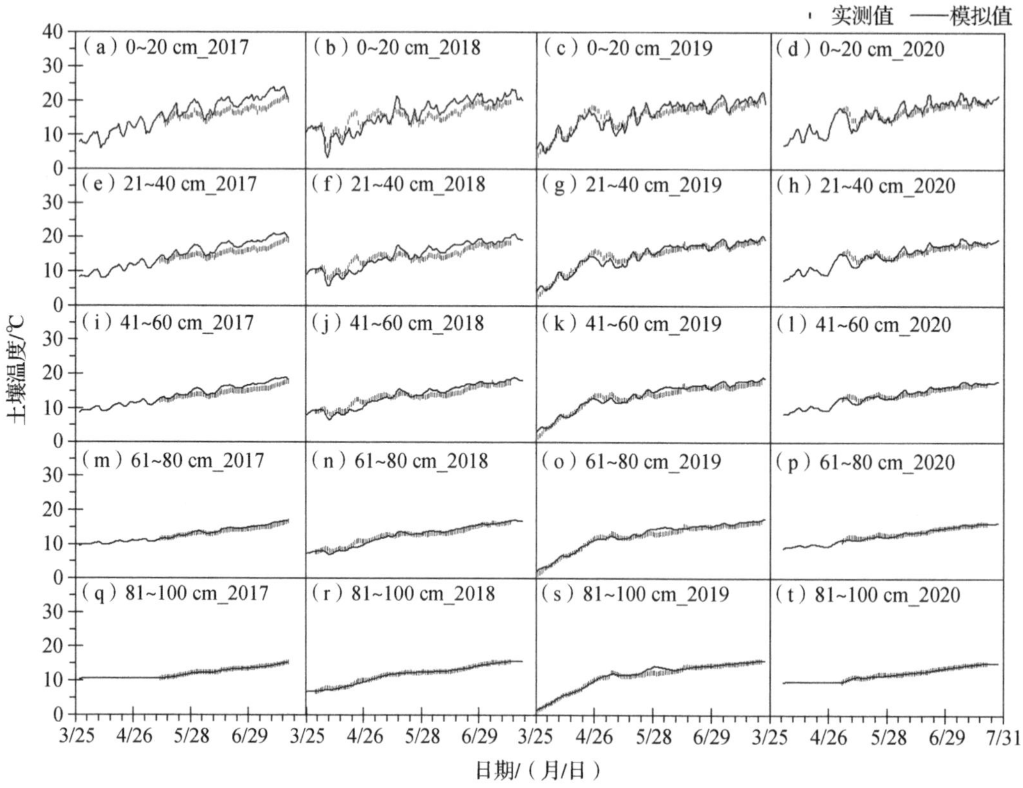

图 8-4　2017—2020 年畦灌(BI)条件下基于 SWAP 模型的地表以下 1 m 范围内土壤温度(T_s)模拟值与实测值的对比

和实测值变化趋势整体一致，均随时间逐渐上升，且随土壤深度的增加，土壤温度的波动幅度逐渐减小。选择决定系数(R^2)、平均偏差(MBE)、均方根误差(RMSE)和一致性指数(IA)对 SWAP 模型模拟不同灌溉条件下春小麦田间不同深度处土壤温度变化过程的效果进行评价(表 8-4)，2017—2020 年滴灌和畦灌条件下不同土壤深度处 R^2、MBE、RMSE、IA 的平均值分别为 0.93 和 0.92、0.03 ℃和 0.51 ℃、0.86 ℃和 1.10 ℃、0.97 和 0.93，表明 SWAP 模型对不同灌溉条件下地表以下 1 m 范围内不同深度处土壤温度的模拟效果较好。

总之，根据 2017—2020 年土壤含水量和土壤温度的实测值对 SWAP 模型进行验证，结果表明 SWAP 模型模拟滴灌和畦灌条件下地表以下 1 m 范围内土壤含水量和土壤温度的精度较高，说明 SWAP 模型可用于西北干旱区春小麦田土壤水热环境变化的模拟。

8.2.2　作物生长指标

根据 2017—2020 年田间实测的不同灌溉条件下的作物生长数据，应用 SWAP 模型，对春小麦的叶面积指数、植株不同部位(叶、茎、穗、根)生物量以及整株生物量的逐日变化过程分别进行模拟。

基于 SWAP 模型的 2017—2020 年滴灌(DI)和畦灌(BI)条件下春小麦叶面积指数(LAI)模拟值和实测值的对比见图 8-5。结果表明，滴灌和畦灌条件下基于 SWAP 模型的春小麦叶面积指数的模拟值和实测值变化趋势整体一致，均随春小麦的生长逐渐升高，在 6 月上旬达到峰值之后开始下降。选择决定系数(R^2)、平均偏差(MBE)、均方根误差(RMSE)和一致性指数(IA)对 SWAP 模型模拟不同灌溉条件下春小麦叶面积指数变化过程的效果进行评价(表 8-5)，2017—2020 年滴灌和畦灌条件下不同土壤深度处 R^2、MBE、RMSE、IA 的平均值分别为 0.81 和 0.88、−0.06 cm²/cm² 和 −0.18 cm²/cm²、1.56 cm²/cm² 和 1.29 cm²/cm²、0.92 和 0.96，表明 SWAP 模型对不同灌溉条件下春小麦叶面积指数的模拟效果较好。

表 8-4　2017—2020 年滴灌(DI)和畦灌(BI)条件下 SWAP 模型对地表以下 1 m 范围内各层土壤温度(T_s)的拟合效果评价

年份	土层深度	N	R^2		MBE/℃		RMSE/℃		IA	
			DI	BI	DI	BI	DI	BI	DI	BI
2017	0～20 cm	71	0.76	0.82	0.90	2.54	1.56	2.83	0.91	0.70
	21～40 cm	71	0.85	0.91	0.76	1.96	1.14	2.12	0.94	0.75
	41～60 cm	71	0.93	0.96	0.50	1.26	0.72	1.37	0.97	0.84
	61～80 cm	71	0.98	0.99	0.34	0.39	0.43	0.46	0.98	0.97
	81～100 cm	71	0.99	0.99	0.00	−0.03	0.18	0.10	1.00	1.00
2018	0～20 cm	109	0.86	0.75	−0.96	0.69	2.11	2.53	0.93	0.87
	21～40 cm	109	0.92	0.85	−0.84	0.47	1.56	1.78	0.96	0.92
	41～60 cm	109	0.96	0.91	−0.71	0.20	1.12	1.17	0.97	0.96
	61～80 cm	109	0.98	0.97	−0.32	0.02	0.59	0.60	0.99	0.99
	81～100 cm	109	0.99	0.99	−0.08	−0.01	0.27	0.20	1.00	1.00
2019	0～20 cm	125	0.88	0.89	−0.21	0.40	1.60	1.56	0.96	0.96
	21～40 cm	125	0.94	0.94	−0.16	0.10	1.09	1.09	0.98	0.98
	41～60 cm	125	0.98	0.95	−0.24	0.51	0.70	1.04	0.99	0.98
	61～80 cm	125	0.99	0.98	−0.08	0.41	0.31	0.74	1.00	0.99
	81～100 cm	125	1.00	0.99	0.06	0.31	0.20	0.58	1.00	0.99
2020	0～20 cm	81	0.82	0.75	0.79	0.55	1.54	1.58	0.89	0.88
	21～40 cm	81	0.86	0.82	0.49	0.30	1.03	1.07	0.92	0.91
	41～60 cm	81	0.91	0.90	0.20	0.20	0.64	0.71	0.96	0.95
	61～80 cm	81	0.96	0.96	0.06	−0.04	0.33	0.35	0.99	0.99
	81～100 cm	81	0.98	0.99	0.01	−0.04	0.16	0.13	1.00	1.00

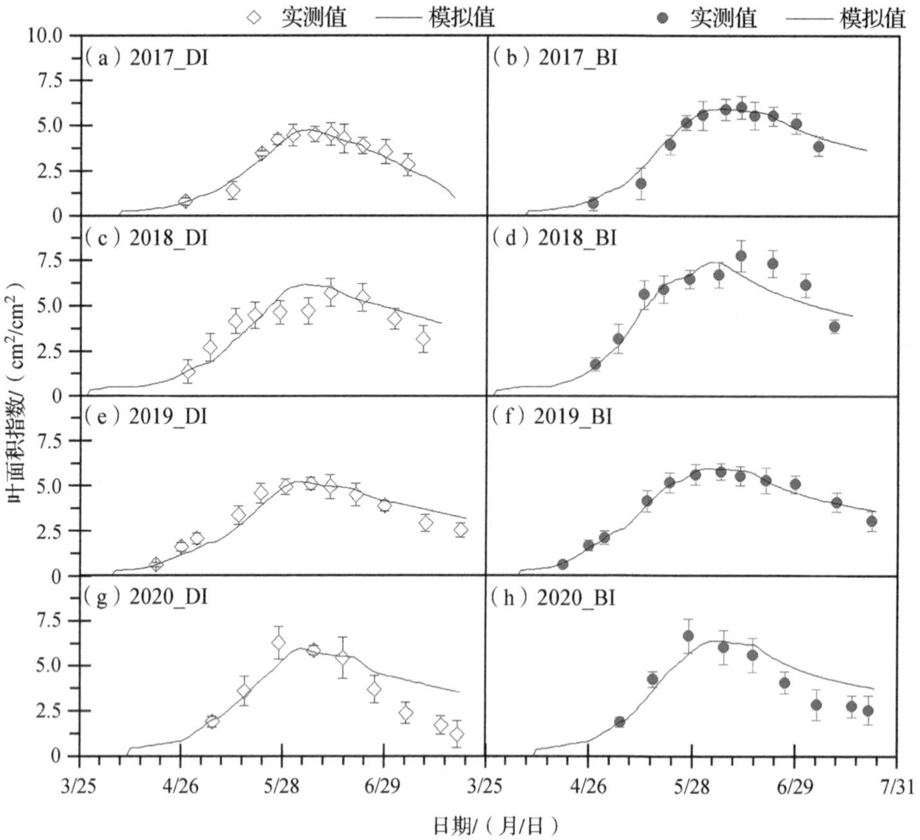

图 8-5　2017—2020 年滴灌(DI)和畦灌(BI)条件下基于 SWAP 模型的春小麦叶面积指数(LAI)的模拟值与实测值的对比

表 8-5　2017—2020 年滴灌(DI)和畦灌(BI)条件下 SWAP 模型对春小麦叶面积指数的拟合效果评价

年份	N	R^2		MBE/(cm²/cm²)		RMSE/(cm²/cm²)		IA	
		DI	BI	DI	BI	DI	BI	DI	BI
2017	11	0.95	0.97	−0.06	−0.17	1.52	1.26	0.92	0.96
2018	10	0.76	0.83	−0.06	−0.18	1.59	1.32	0.92	0.96
2019	12	0.90	0.98	−0.05	−0.15	1.46	1.20	0.92	0.96
2020	9	0.62	0.73	−0.07	−0.20	1.68	1.39	0.92	0.96

基于 SWAP 模型的 2017—2020 年滴灌(DI)和畦灌(BI)条件下春小麦叶、茎、穗以及根系部位生物量模拟值和实测值的对比分别见图 8-6 和图 8-7。结果表明,滴灌和畦灌条件下基于 SWAP 模型的春小麦植株各部位生物量的模拟值和实测值变化趋势整体一致,随着春小麦的生长,叶片生物量在 5 月下旬达到峰值后开始降低;茎秆生物量逐渐增加直至 6 月上旬达到峰值,之后趋于稳定,并在生育末期呈下降趋势;穗部生物量始终呈增加趋势;根系生物量逐渐增加直至 5 月下旬达到峰值,之后趋于稳定,并在生育末期呈下降趋势。滴灌(DI)和畦灌(BI)条件下春小麦整株生物量模拟值和实测值的对比见图 8-8。结果表明,滴灌和畦灌条件下基于 SWAP 模型的春小麦整株生物量的模拟值和实测值变化趋势整体一致,均随春小麦的生长逐渐增加,增加速度在 6 月达到峰值后逐渐降低。

选择决定系数(R^2)、平均偏差(MBE)、均方根误差(RMSE)和一致性指数(IA)对 SWAP 模型模拟不同灌溉条件下春小麦植株各部位生物量

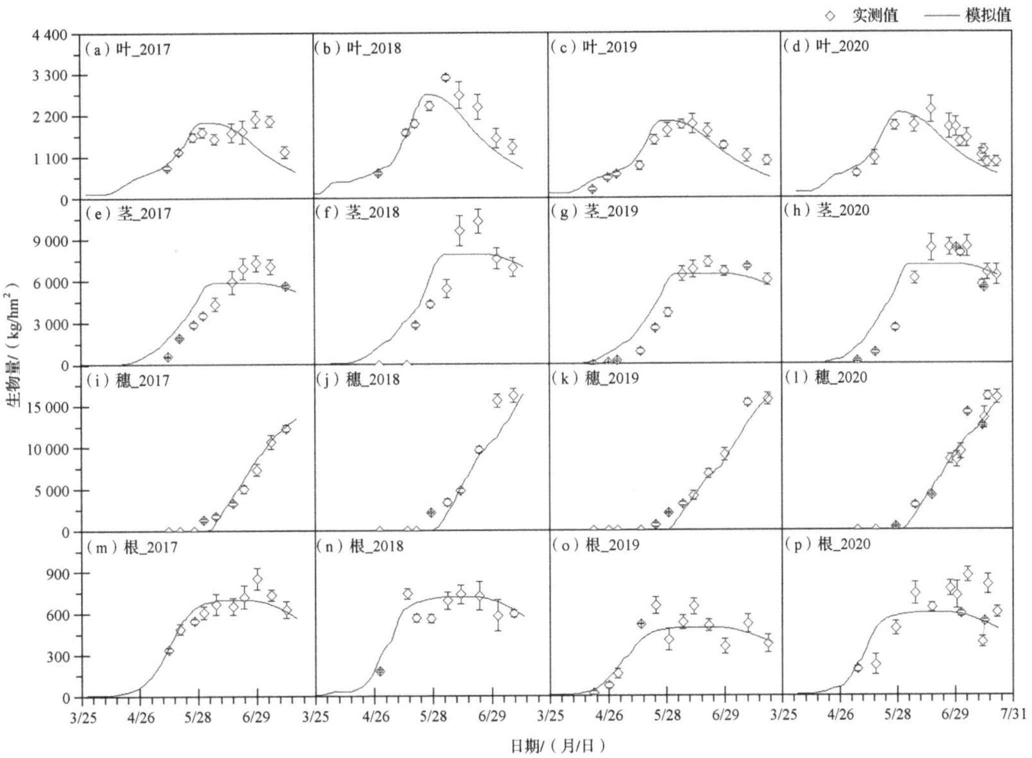

图 8-6　2017—2020 年滴灌(DI)条件下基于 SWAP 模型的春小麦植株各部位干物质质量的模拟值与实测值的对比

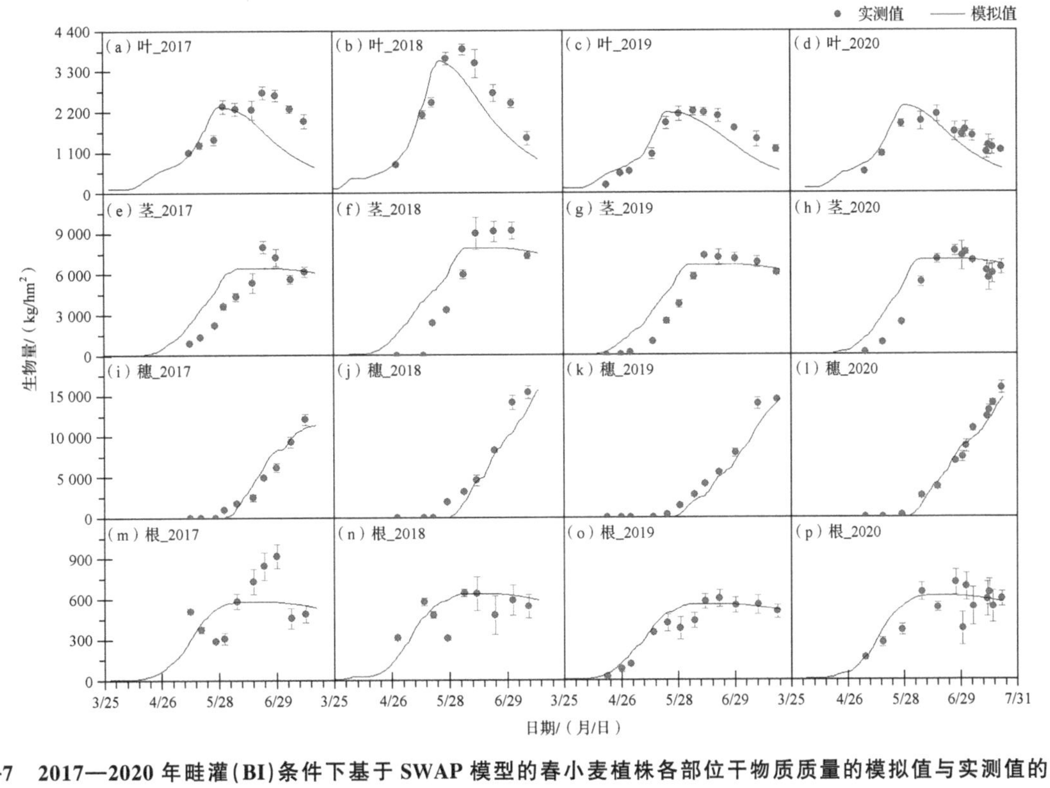

图 8-7　2017—2020 年畦灌(BI)条件下基于 SWAP 模型的春小麦植株各部位干物质质量的模拟值与实测值的对比

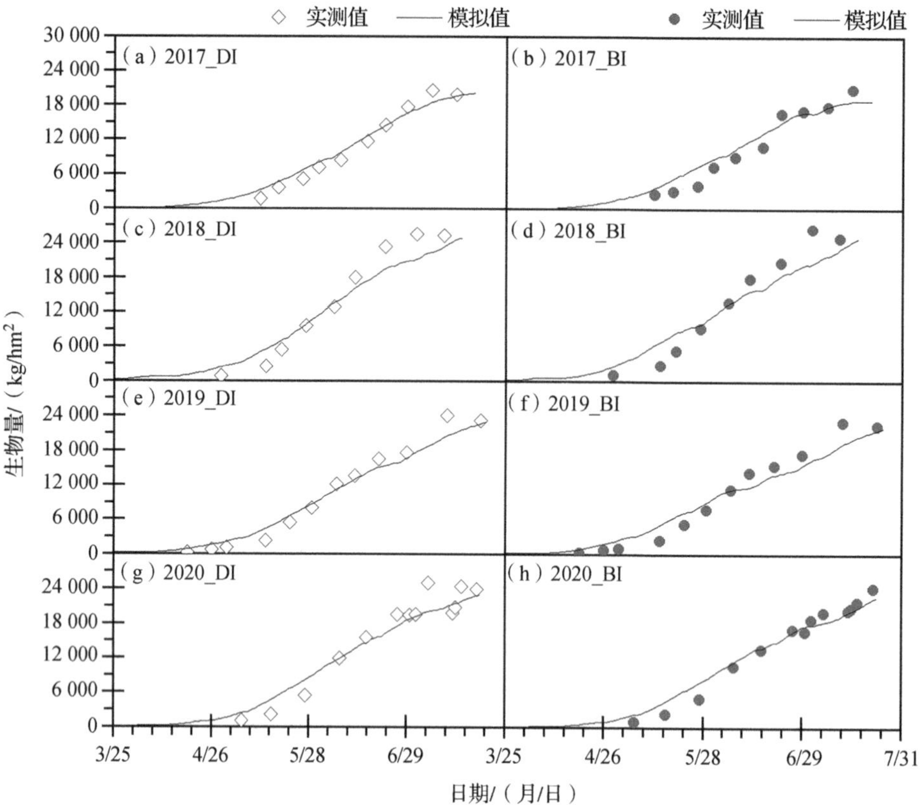

图 8-8 2017—2020 年滴灌(DI)和畦灌(BI)条件下基于 SWAP 模型的春小麦整株生物量的模拟值与实测值的对比

和整株生物量的效果进行评价(表 8-6)。2017—2020 年滴灌和畦灌条件下,叶、茎、穗、根、整株生物量的 R^2 的平均值分别为 0.59 和 0.51、0.84 和 0.85、0.97 和 0.97、0.71 和 0.51、0.98 和 0.97;MBE 的平均值分别为 −531.74 kg/hm² 和 −953.34 kg/hm²、1 681.29 kg/hm² 和 3 307.65 kg/hm²、−1 769.38 kg/hm² 和 −1 725.62 kg/hm²、−45.89 kg/hm² 和 95.89 kg/hm²、−665.72 kg/hm² 和 724.58 kg/hm²;RMSE 分别为 766.19 kg/hm² 和 1 113.48 kg/hm²、2 787.63 kg/hm² 和 3 052.02 kg/hm²、2 429.07 kg/hm² 和 2 322.08 kg/hm²、231.30 kg/hm² 和 258.14 kg/hm²、3 763.33 kg/hm² 和 4 101.99 kg/hm²;IA 分别为 0.90 和 0.87、0.93 和 0.91、0.99 和 0.99、0.89 和 0.85、0.99 和 0.98,表明 SWAP 模型对不同灌溉条件下春小麦植株各部位生物量和整株生物量的模拟效果较好,但本研究并未考虑不同灌溉条件下氮肥施用因素对作物生长的影响,这一点需要在今后的研究中进一步完善。

表 8-6 2017—2020 年滴灌(DI)和畦灌(BI)条件下 SWAP 模型对春小麦植株各部位生物量的拟合效果评价

年份	植株部位	N	R^2		MBE/(kg/hm²)		RMSE/(kg/hm²)		IA	
			DI	BI	DI	BI	DI	BI	DI	BI
2017	叶	10	0.18	0.04	−572.74	−1 026.84	797.27	1 158.66	0.90	0.87
	茎	10	0.79	0.76	1 810.92	3 562.67	2 900.75	3 175.86	0.93	0.91
	穗	10	0.98	0.94	−1 905.80	−1 858.67	2 527.63	2 416.30	0.99	0.99
	根	10	0.75	0.11	−49.43	103.29	240.69	268.61	0.89	0.85
	整株	**10**	**0.99**	**0.97**	**−717.05**	**780.45**	**3 916.04**	**4 268.44**	**0.99**	**0.98**

续表 8-6

年份	植株部位	N	R^2		MBE/(kg/hm²)		RMSE/(kg/hm²)		IA	
			DI	BI	DI	BI	DI	BI	DI	BI
2018	叶	9	0.74	0.67	−636.38	−1 140.94	840.40	1 221.34	0.90	0.87
	茎	9	0.83	0.86	2 012.13	3 958.52	3 057.66	3 347.65	0.93	0.91
	穗	9	0.96	0.97	−2 117.55	−2 065.19	2 664.36	2 547.00	0.99	0.99
	根	9	0.80	0.34	−54.92	114.76	253.70	283.14	0.89	0.85
	整株	**9**	**0.98**	**0.96**	**−796.72**	**867.16**	**4 127.86**	**4 499.33**	**0.99**	**0.98**
2019	叶	12	0.82	0.73	−477.28	−855.70	727.81	1 057.71	0.90	0.87
	茎	12	0.90	0.89	1 509.10	2 968.89	2 648.01	2 899.15	0.93	0.91
	穗	12	0.98	0.98	−1 588.17	−1 548.89	2 307.40	2 205.77	0.99	0.99
	根	12	0.81	0.92	−41.19	86.07	219.71	245.21	0.89	0.85
	整株	**12**	**0.99**	**0.97**	**−597.54**	**650.37**	**3 574.83**	**3 896.54**	**0.99**	**0.98**
2020	叶	13	0.63	0.62	−440.57	−789.88	699.26	1 016.21	0.90	0.87
	茎	13	0.84	0.89	1 393.01	2 740.52	2 544.12	2 785.41	0.93	0.91
	穗	13	0.96	0.98	−1 466.00	−1 429.74	2 216.88	2 119.24	0.99	0.99
	根	13	0.46	0.65	−38.02	79.45	211.09	235.59	0.89	0.85
	整株	**13**	**0.96**	**0.99**	**−551.58**	**600.34**	**3 434.59**	**3 743.67**	**0.99**	**0.98**

总之，根据 2017—2020 年春小麦叶面积指数和植株各部位生物量的实测值对 SWAP 模型进行验证，结果表明 SWAP 模型模拟滴灌和畦灌条件下春小麦叶面积指数和植株生物量的精度较高，说明 SWAP 模型可用于西北干旱区春小麦生长发育过程的模拟。

综上所述，SWAP 模型对不同灌溉方式下土壤含水量、土壤温度、叶面积指数以及植株各部位(叶、茎、穗、根)生物量的模拟精度较高，可用于模拟西北旱区滴灌和畦灌条件下春小麦田间土壤水热环境和作物生长过程。

8.3　不同约束条件下的灌溉制度方案设计

前文已对 SWAP 模型在西北旱区不同灌溉条件下春小麦生产中的适用性进行了评估，在此基础上还需结合当地生产实际分别对滴灌和畦灌农田制定灌溉制度方案，并从中筛选出不同水文年型下的最优灌溉制度。

8.3.1　典型水文年选取

根据 1951—2020 年甘肃省武威市在春小麦生长季的累计降水量计算各年份对应的降水保证率，计算公式如下：

$$P=\frac{m}{n+1}\times 100\% \tag{8-9}$$

其中，P 表示降水保证率；n 表示全系列数据的年份数；m 表示根据生长季累计降水量从高到低排列的各年份对应序号。如图 8-9 所示，根据 Pearson-Ⅲ型曲线划分水文年型，可知甘肃省武威市从 1951—2020 年共 70 个年份中，分别有 17 个丰水年，36 个平水年和 17 个枯水年。丰水年的生长季降水量范围为 98.6～160.0 mm，平均降水量为 116.5 mm；平水年的生长季降水量范围为 55.6～98.0 mm，平均降水量为 74.0 mm；枯水年的生长季降水量范围为 14.8～55.3 mm，平均降水量为 45.1 mm。本研究分别选取降水保证率为 25%、50%和 75%的年份作为丰水年、平水年和枯水年的典型代表年，对应的年份依次为 1987 年、1979 年和 2005 年。上述 3 种水文年的典型代表年生长季内太阳辐射(R_s)、气温(T_a)、降水量(P)和参考蒸发蒸腾量(ET_0)的季节变化情况见图 8-10，其他主要气象因子的生长季平均值见表 8-7。

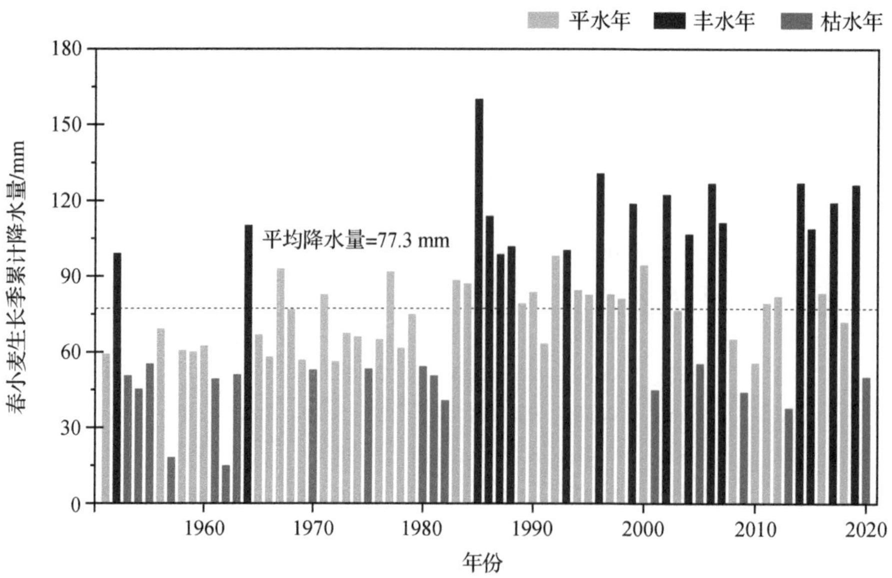

图 8-9　1951—2020 年甘肃省武威市春小麦生长季的累计降水量

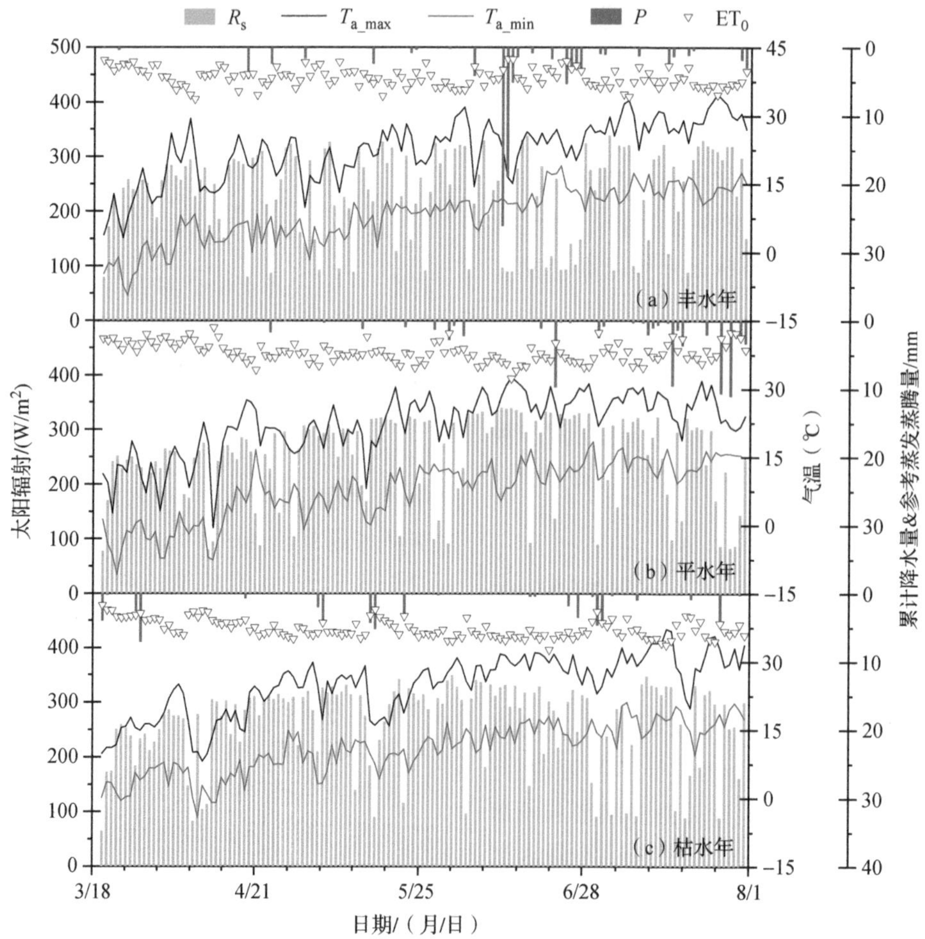

图 8-10　典型水文年研究区春小麦生长季的太阳辐射(R_s)、气温(T_a)、降水量(P)和参考蒸发蒸腾量(ET_0)

表 8-7　典型水文年研究区春小麦生长季(3.20—7.31)的主要气象因子

水文年类型	丰水年	平水年	枯水年
典型代表年	1987 年	1979 年	2005 年
太阳辐射/(W/m^2)	234.03	251.47	260.33
日平均气温/℃	15.34	14.76	17.95
日最低气温/℃	8.07	7.79	10.86
日最高气温/℃	22.51	22.14	24.68
相对湿度/%	49.46	51.26	38.91
饱和水汽压差/kPa	0.91	0.86	1.33
平均风速/(m/s)	1.98	2.20	1.97
参考作物蒸发蒸腾量/(mm/d)	4.42	4.60	5.17
生育期累计降水量/mm	98.6	74.8	55.3

8.3.2　灌溉制度方案设计

统一设定春小麦的播种日期为 3 月 25 日，滴灌和畦灌条件下的收获日期分别为 7 月 17 日和 7 月 23 日。指定 2019 年播种当天的土壤含水量和土壤温度实测数据作为各模拟情景下的土壤水热初始条件。限制最早灌水时间和最晚灌水时间分别为苗期末和成熟期初。考虑到滴灌和畦灌的灌水特性不同，对两种灌溉条件下的灌溉制度方案分别设置不同的约束条件。

滴灌是一种少量多次灌溉的节水灌溉方式，可精确控制灌溉量，分别根据田间持水量(FC)和作物需水量(ET_c)确定灌溉制度：①根据田间持水量时，设定灌水下限分别为 60% FC 和 70% FC，灌水上限分别为 85% FC 和 100% FC，由于春小麦不同生长阶段的需水特性不同，划分生长前期(苗期-拔节期)、生长中期(抽穗-灌浆期)、生长末期(成熟期)3 个不同的灌水阶段，共计 16 种灌溉情景；②根据作物需水量时，设定灌水间隔分别为 7 d、10 d 和 15 d，设定灌水量分别为 85% ET_c 和 100% ET_c，划分生长前期(苗期-拔节期)、生长中期(抽穗-灌浆期)、生长末期(成熟期)3 个不同的灌水阶段，共计 24 种灌溉情景。滴灌条件下共计 40 种灌溉制度方案，方案细节见表 8-8。

畦灌是少次多量灌溉的传统灌溉方式，以控制渗漏量和保证均匀灌溉为原则，设定单次灌水量分别为 60 mm、85 mm 和 110 mm，根据灌水次数确定灌溉制度：①灌水 1 次时，在春小麦营养生长阶段内的不同生育期末灌水，由于灌溉次数过少，不考虑单次灌水 60 mm 的情况，共计 6 种灌溉情景；②灌水 2 次时，保证拔节期末的供水，同样不考虑单次灌水 60 mm 的情况，共计 12 种灌溉情景；③灌水 3 次时，设定灌水间隔为 30 d，可满足春小麦关键生长阶段的供水，由于春小麦苗期和成熟期吸水能力弱，在此阶段不考虑单次灌水 110 mm 的情况，共计 12 种灌溉情景；④灌水 4 次时，设定灌水间隔为 20 d，同样不考虑苗期和成熟期单次灌水 110 mm 的情况，共计 36 种灌溉情景。畦灌条件下共计 66 种灌溉制度方案，方案细节见表 8-9。

综上所述，滴灌和畦灌条件下根据不同约束条件制定的灌溉制度方案合计 106 种，3 个典型水文代表年对应的灌溉制度方案总计 318 种。

8.4　灌溉制度方案制定标准对产量和水分利用效率的影响分析

为了在稳定粮食生产的同时确保环境和经济的长期可持续发展，现代农业在实际生产中越发追求水分利用效率的最大化。产量层面的水分利用效率一般为作物产量和水量的比值，包括作物水分生产力(作物产量与作物耗水量的比值)、广义

表 8-8 滴灌条件下根据田间持水量(FC)和作物需水量(ETc)制定的灌溉制度情景方案

方案编号	灌水下限	灌水上限			方案编号	灌水间隔	灌水定额		
		生长前期	生长中期	生长末期			生长前期	生长中期	生长末期
D1-1	60% FC	85%FC	85%FC	85%FC	D2-1	7 d	85%ET_c	85%ET_c	85%ET_c
D1-2		100%FC	85%FC	85%FC	D2-2		100%ET_c	85%ET_c	85%ET_c
D1-3		85%FC	100%FC	85%FC	D2-3		85%ET_c	100%ET_c	85%ET_c
D1-4		85%FC	85%FC	100%FC	D2-4		85%ET_c	85%ET_c	100%ET_c
D1-5		100%FC	100%FC	85%FC	D2-5		100%ET_c	100%ET_c	85%ET_c
D1-6		85%FC	100%FC	100%FC	D2-6		85%ET_c	100%ET_c	100%ET_c
D1-7		100%FC	85%FC	100%FC	D2-7		100%ET_c	85%ET_c	100%ET_c
D1-8		100%FC	100%FC	100%FC	D2-8		100%ET_c	100%ET_c	100%ET_c
D1-9	70% FC	85%FC	85%FC	85%FC	D2-9	10 d	85%ET_c	85%ET_c	85%ET_c
D1-10		100%FC	85%FC	85%FC	D2-10		100%ET_c	85%ET_c	85%ET_c
D1-11		85%FC	100%FC	85%FC	D2-11		85%ET_c	100%ET_c	85%ET_c
D1-12		85%FC	85%FC	100%FC	D2-12		85%ET_c	85%ET_c	100%ET_c
D1-13		100%FC	100%FC	85%FC	D2-13		100%ET_c	100%ET_c	85%ET_c
D1-14		85%FC	100%FC	100%FC	D2-14		85%ET_c	100%ET_c	100%ET_c
D1-15		100%FC	85%FC	100%FC	D2-15		100%ET_c	85%ET_c	100%ET_c
D1-16		100%FC	100%FC	100%FC	D2-16		100%ET_c	100%ET_c	100%ET_c
					D2-17	15 d	85%ET_c	85%ET_c	85%ET_c
					D2-18		100%ET_c	85%ET_c	85%ET_c
					D2-19		85%ET_c	100%ET_c	85%ET_c
					D2-20		85%ET_c	85%ET_c	100%ET_c
					D2-21		100%ET_c	100%ET_c	85%ET_c
					D2-22		85%ET_c	100%ET_c	100%ET_c
					D2-23		100%ET_c	85%ET_c	100%ET_c
					D2-24		100%ET_c	100%ET_c	100%ET_c

表 8-9　畦灌条件下根据灌水次数制定的灌溉制度情景方案

方案编号	灌水量(灌水时间)				方案编号	灌水量(灌水时间)			
	第 1 次	第 2 次	第 3 次	第 4 次		第 1 次	第 2 次	第 3 次	第 4 次
B1-1	85 mm (5/5)				**B1-4**	110 mm (5/5)			
B1-2	85 mm (5/27)				**B1-5**	110 mm (5/27)			
B1-3	85 mm (6/15)				**B1-6**	110 mm (6/15)			
B2-1	85 mm (5/5)	85 mm (5/27)			**B2-7**	110 mm (5/5)	85 mm (5/27)		
B2-2	85 mm (5/27)	85 mm (6/15)			**B2-8**	110 mm (5/27)	85 mm (6/15)		
B2-3	85 mm (5/27)	85 mm (7/4)			**B2-9**	110 mm (5/27)	85 mm (7/4)		
B2-4	85 mm (5/5)	110 mm (5/27)			**B2-10**	110 mm (5/5)	110 mm (5/27)		
B2-5	85 mm (5/27)	110 mm (6/15)			**B2-11**	110 mm (5/27)	110 mm (6/15)		
B2-6	85 mm (5/27)	110 mm (7/4)			**B2-12**	110 mm (5/27)	110 mm (7/4)		
B3-1	60 mm (5/5)	60 mm (6/4)	60 mm (7/4)		**B3-7**	60 mm (5/5)	60 mm (6/4)	85 mm (7/4)	
B3-2	85 mm (5/5)	60 mm (6/4)	60 mm (7/4)		**B3-8**	85 mm (5/5)	60 mm (6/4)	85 mm (7/4)	
B3-3	60 mm (5/5)	85 mm (6/4)	60 mm (7/4)		**B3-9**	60 mm (5/5)	85 mm (6/4)	85 mm (7/4)	
B3-4	85 mm (5/5)	85 mm (6/4)	60 mm (7/4)		**B3-10**	85 mm (5/5)	85 mm (6/4)	85 mm (7/4)	
B3-5	60mm (5/5)	110 mm (6/4)	60 mm (7/4)		**B3-11**	60 mm (5/5)	110 mm (6/4)	85 mm (7/4)	
B3-6	85 mm (5/5)	110 mm (6/4)	60 mm (7/4)		**B3-12**	85 mm (5/5)	110 mm (6/4)	85 mm (7/4)	

续表 8-9

方案编号	灌水量(灌水时间)			
	第 1 次	第 2 次	第 3 次	第 4 次
B4-1	60 mm (5/5)	60 mm (5/25)	60 mm (6/14)	60 mm (7/4)
B4-2	85 mm (5/5)	60 mm (5/25)	60 mm (6/14)	60 mm (7/4)
B4-3	60 mm (5/5)	85 mm (5/25)	60 mm (6/14)	60 mm (7/4)
B4-4	85 mm (5/5)	85 mm (5/25)	60 mm (6/14)	60 mm (7/4)
B4-5	60 mm (5/5)	110 mm (5/25)	60 mm (6/14)	60 mm (7/4)
B4-6	85mm (5/5)	110 mm (5/25)	60 mm (6/14)	60 mm (7/4)
B4-7	60 mm (5/5)	60 mm (5/25)	85 mm (6/14)	60 mm (7/4)
B4-8	85 mm (5/5)	60 mm (5/25)	85 mm (6/14)	60 mm (7/4)
B4-9	60 mm (5/5)	85 mm (5/25)	85 mm (6/14)	60 mm (7/4)
B4-10	85 mm (5/5)	85 mm (5/25)	85 mm (6/14)	60 mm (7/4)
B4-11	60 mm (5/5)	110 mm (5/25)	85 mm (6/14)	60 mm (7/4)
B4-12	85 mm (5/5)	110 mm (5/25)	85 mm (6/14)	60 mm (7/4)
B4-13	60 mm (5/5)	60 mm (5/25)	110 mm (6/14)	60 mm (7/4)
B4-14	85 mm (5/5)	60 mm (5/25)	110 mm (6/14)	60 mm (7/4)
B4-15	60 mm (5/5)	85 mm (5/25)	110 mm (6/14)	60 mm (7/4)
B4-16	85 mm (5/5)	85 mm (5/25)	110 mm (6/14)	60 mm (7/4)
B4-17	60 mm (5/5)	110 mm (5/25)	110 mm (6/14)	60 mm (7/4)
B4-18	85 mm (5/5)	110 mm (5/25)	110 mm (6/14)	60 mm (7/4)
B4-19	60 mm (5/5)	60 mm (5/25)	60 mm (6/14)	85 mm (7/4)
B4-20	85 mm (5/5)	60 mm (5/25)	60 mm (6/14)	85 mm (7/4)
B4-21	60 mm (5/5)	85 mm (5/25)	60 mm (6/14)	85 mm (7/4)
B4-22	85 mm (5/5)	85 mm (5/25)	60 mm (6/14)	85 mm (7/4)
B4-23	60 mm (5/5)	110 mm (5/25)	60 mm (6/14)	85 mm (7/4)
B4-24	85 mm (5/5)	110 mm (5/25)	60 mm (6/14)	85 mm (7/4)
B4-25	60 mm (5/5)	60 mm (5/25)	85 mm (6/14)	85 mm (7/4)
B4-26	85 mm (5/5)	60 mm (5/25)	85 mm (6/14)	85 mm (7/4)
B4-27	60 mm (5/5)	85 mm (5/25)	85 mm (6/14)	85 mm (7/4)
B4-28	85 mm (5/5)	85 mm (5/25)	85 mm (6/14)	85 mm (7/4)
B4-29	60 mm (5/5)	110 mm (5/25)	85 mm (6/14)	85 mm (7/4)
B4-30	85 mm (5/5)	110 mm (5/25)	85 mm (6/14)	85 mm (7/4)
B4-31	60 mm (5/5)	60 mm (5/25)	110 mm (6/14)	85 mm (7/4)
B4-32	85 mm (5/5)	60 mm (5/25)	110 mm (6/14)	85 mm (7/4)
B4-33	60 mm (5/5)	85 mm (5/25)	110 mm (6/14)	85 mm (7/4)
B4-34	85 mm (5/5)	85 mm (5/25)	110 mm (6/14)	85 mm (7/4)
B4-35	60 mm (5/5)	110 mm (5/25)	110 mm (6/14)	85 mm (7/4)
B4-36	85 mm (5/5)	110 mm (5/25)	110 mm (6/14)	85 mm (7/4)

水分利用效率(作物产量与作物生长季内累计降水量和灌水量的总和的比值)、灌溉水利用效率(作物产量与灌水总量的比值)[195, 196]。研究表明上述 3 个指标可以较为真实地反映产量与供水量之间的关系[197],考虑到灌溉水利用效率可以更加直接地体现灌溉制度对产量的影响,本研究选用产量和灌溉水利用效率(IUE)作为灌溉制度方案的评价指标。

8.4.1　以田间持水量为标准

根据田间持水量(FC)确定灌溉制度时,设置 60% FC 和 70% FC 两种灌水下限,共计 16 种灌溉情景,其中灌水下限为 60% FC 的灌溉制度方案对应的编号为 D1-1 至 D1-8,灌水下限为 70% FC 的灌溉制度方案对应的编号为 D1-9 至 D1-16(表 8-8)。3 种水文年型下各灌溉制度方案对应的春小麦产量和灌溉水利用效率(IUE)如图 8-11 所示。灌水下限为 60% FC 时,丰水年、平水年、枯水年的春小麦平均产量分别为 7 278 kg/hm^2、4 842 kg/hm^2、5 569 kg/hm^2,平均 IUE 分别为 3.38 kg/m^3、2.56 kg/m^3、1.94 kg/m^3;灌水下限为 70% FC 时,丰水年、平水年、枯水年的春小麦平均产量分别为 6 679 kg/hm^2、5 929 kg/hm^2、6 581 kg/hm^2,平均 IUE 分别为 2.53 kg/m^3、1.93 kg/m^3、1.70 kg/m^3。此外,丰水年、平水年、枯水年情景下,灌水下限为 70% FC 时的平均产量比灌水下限为 60% FC 时分别低 8.2%、高 22.4%、高 18.2%,对应的 IUE 分别低 25.2%、24.7%、12.5%。灌水下限的升高不利于灌溉水利用效率的提升。

灌水下限为 60% FC 时,丰水年、平水年、枯水年的平均灌溉定额分别为 216.0 mm、190.3 mm、287.5 mm,3 种水文年型的平均灌溉定额由大到小的排序为枯水年>丰水年>平水年;灌水下限为 70% FC 时,丰水年、平水年、枯水年的平均灌溉定额分别为 262.8 mm、306.0 mm、385.8 mm,

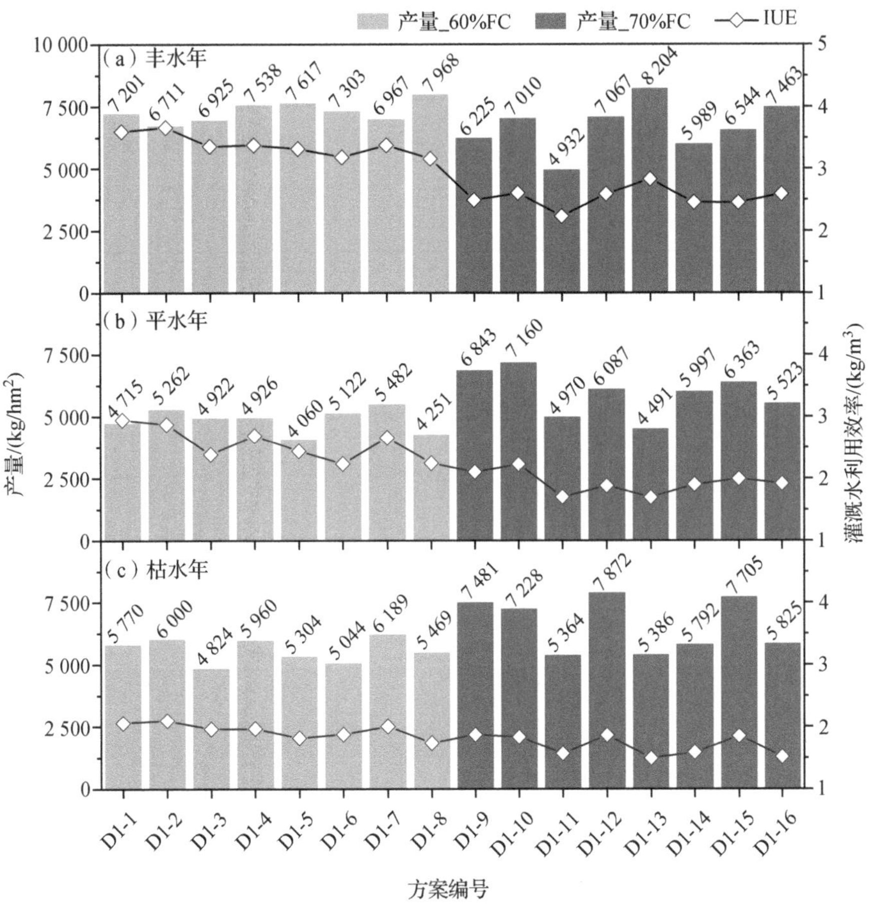

图 8-11　不同水文年以田间持水量(FC)为标准的春小麦灌溉制度方案的模拟产量和灌溉水利用效率(IUE)

3种水文年型的平均灌溉定额由大到小的排序为枯水年＞平水年＞丰水年。根据田间持水量设置灌溉制度时，枯水年的灌溉定额始终更高。此外，丰水年、平水年、枯水年情景下，灌水下限为70% FC时的平均灌溉定额比灌水下限为60% FC时分别高21.6%、60.8%、34.2%，平均高38.9%。平均灌溉定额随着灌水下限的提高而增加，且在平水年的增加最为显著。对不同水文年型下的春小麦产量和灌溉水利用效率(IUE)分别与灌溉定额建立二次曲线回归模型(图8-12)，对应的拟合曲线参数见表8-10。随着灌溉定额的增加，灌水下限为60% FC时春小麦产量呈上升趋势，上升速度随着生长季降水量的减少逐渐降低，对应的IUE整体呈下降趋势，下降速度随着生长季降水量的减少逐渐增加；灌水下限为70% FC时春小麦产量和IUE呈上升趋势，上升速度随着生长季降水量的减少逐渐增加。

总之，以田间持水量(FC)为标准确定灌溉制度的情况下，追求产量更高，丰水年的灌溉制度应设置灌水下限为60% FC，平水年和枯水年的灌溉制度应设置灌水下限为70% FC；追求灌溉水利用效率更高，各水文年型的灌溉制度均应设置灌水下限为60% FC。在确定最优灌水下限的基础上，追求产量最高，丰水年、平水年、枯水年应分别选择灌溉制度方案D1-8、D1-10、D1-12，上述方案对应的产量分别为7 968 kg/hm^2、7 160 kg/hm^2、7 872 kg/hm^2，对应的灌溉水利用效率分别为3.16 kg/m^3、2.23 kg/m^3、1.86 kg/m^3；追求灌溉水利用效率最高，丰水年、平水年、枯水年应分别选择灌溉制度方案D1-2、D1-1、D1-2，上述方案对应的灌溉水利用效率分别为3.67 kg/m^3、2.95 kg/m^3、2.10 kg/m^3，对应的产量分别为6 711 kg/hm^2、4 715 kg/hm^2、6 000 kg/hm^2。

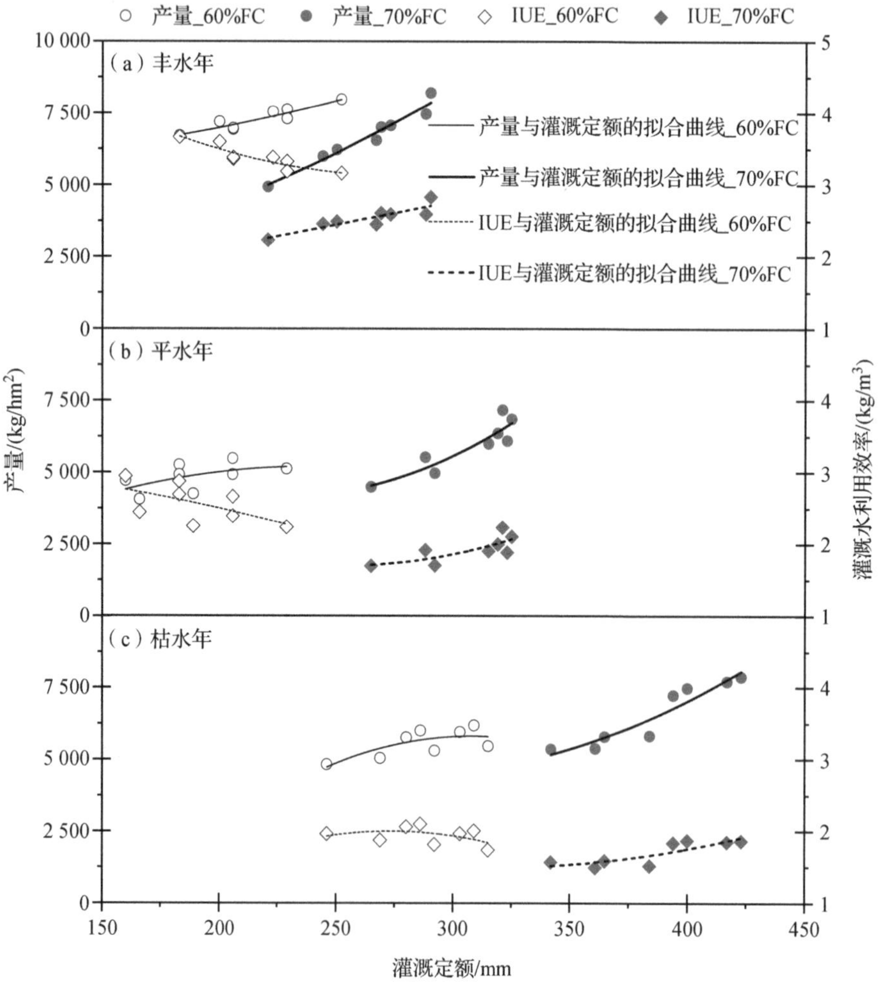

图8-12 不同水文年以田间持水量(FC)为标准的春小麦灌溉制度方案的模拟产量和灌溉水利用效率(IUE)与灌溉定额的拟合关系

表 8-10　不同水文年以田间持水量(FC)为标准的春小麦灌溉制度方案的模拟产量和灌溉水利用效率(IUE)与灌溉定额的曲线拟合参数

灌水下限	y 轴	水文年型	拟合曲线公式：$y=ax^2+bx+c$			R^2
			a	b	c	
60% FC	产量	丰水年	0.056 330 00	−6.534 5	6 039.41	0.87
		平水年	−0.125 610 00	60.276 8	−2 022.05	0.31
		枯水年	−0.281 530 00	173.431 9	−20 895.06	0.57
	IUE	丰水年	0.000 060 26	−0.033 6	7.81	0.84
		平水年	−0.000 020 12	0.000 7	3.16	0.35
		枯水年	−0.000 091 01	0.049 8	−4.81	0.21
70% FC	产量	丰水年	0.078 160 00	1.542 1	841.07	0.95
		平水年	0.263 710 00	−119.250 8	17 618.03	0.82
		枯水年	0.161 740 00	−88.058 7	16 369.16	0.89
	IUE	丰水年	0.000 000 26	0.006 4	0.83	0.79
		平水年	0.000 067 38	−0.033 8	5.93	0.57
		枯水年	0.000 034 42	−0.021 5	4.83	0.70

8.4.2　以作物需水量为标准

根据作物需水量(ET_c)确定灌溉制度时，设置 7 d、10 d、15 d 3 种灌水时间间隔，共计 24 种灌溉情景，其中灌水间隔为 7 d 的灌溉制度方案对应的编号为 D2-1 至 D2-8，灌水间隔为 10 d 的灌溉制度方案对应的编号为 D2-9 至 D2-16，灌水间隔为 15 d 的灌溉制度方案对应的编号为 D2-17 至 D2-24(表 8-8)。3 种水文年型下各灌溉制度方案对应的春小麦产量和灌溉水利用效率(IUE)如图 8-13 所示。灌水间隔为 7 d 时，丰水年、平水年、枯水年的春小麦平均产量分别为 6 774 kg/hm^2、6 537 kg/hm^2、7 543 kg/hm^2，平均 IUE 分别为 2.63 kg/m^3、1.94kg/m^3、2.14 kg/m^3；灌水间隔为 10 d 时，丰水年、平水年、枯水年的春小麦平均产量分别为 6 176 kg/hm^2、5 519 kg/hm^2、6 425 kg/hm^2，平均 IUE 分别为 2.70 kg/m^3、1.75 kg/m^3、1.96 kg/m^3；灌水间隔为 15 d 时，丰水年、平水年、枯水年的春小麦平均产量分别为 6 105 kg/hm^2、4 956 kg/hm^2、5 406 kg/hm^2，平均 IUE 分别为 2.84 kg/m^3、1.64 kg/m^3、1.72 kg/m^3。3 种灌水间隔对应的灌溉制度方案的平均模拟产量由大到小的排序在丰水年、平水年和枯水年均为 7 d>10 d>15 d，对应的平均 IUE 由大到小的排序在丰水年为 15 d>10 d>7 d，在平水年和枯水年均为 7 d>10 d>15 d。

灌水间隔为 7 d 时，丰水年、平水年、枯水年的平均灌溉定额分别为 257.5 mm、337.5 mm、352.0 mm；灌水间隔为 10 d 时，丰水年、平水年、枯水年的平均灌溉定额分别为 229.0 mm、315.5 mm、329.0 mm；灌水间隔为 15 d 时，丰水年、平水年、枯水年的平均灌溉定额分别为 215.5 mm、303.0 mm、314.0 mm。平均灌溉定额随着生长季降水量的减少和灌水间隔的减少而增加。对不同水文年型下的春小麦产量和灌溉水利用效率(IUE)分别与灌溉定额建立二次曲线回归模型(图 8-14)，对应的拟合曲线参数见表 8-11。随着灌溉定额的增加，不同水文年型 3 种灌水间隔情景下的春小麦产量均呈上升趋势，上升速度随着灌水间隔的缩短而增加；对应的平均 IUE 仅在平水年和枯水年灌水间隔为 7 d 的情景下微弱的上升趋势，其余情况下均呈下降趋势，且下降速度随着灌水间隔的缩短而降低。总体上，不同灌水间隔下的春小麦产量之间的差异和 IUE 之间的差异会随着生长季降水量的减少越发明显，灌水间隔更短的灌溉制度的优势则会随着生长季降水量的减少而显著增加。

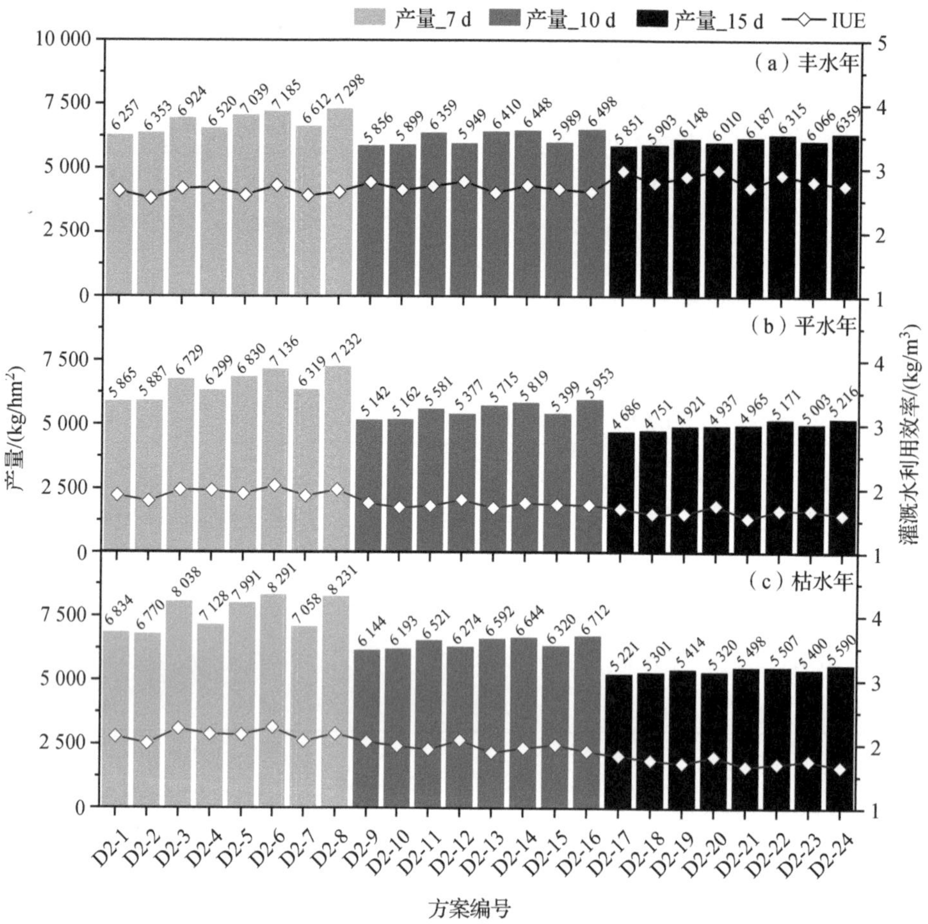

图 8-13 不同水文年以作物需水量(ETc)为标准的春小麦灌溉制度方案的模拟产量和灌溉水利用效率(IUE)

表 8-11 不同水文年以作物需水量(ETc)为标准的春小麦灌溉制度方案的模拟产量和灌溉水利用效率(IUE)与灌溉定额的曲线拟合参数

灌水间隔	y 轴	水文年型	拟合曲线公式：$y=ax^2+bx+c$			R^2
			a	b	c	
7 d	产量	丰水年	0.025 730 00	11.456 4	2 113.32	0.79
		平水年	0.045 230 00	−5.138 9	3 105.42	0.82
		枯水年	−0.009 600 00	35.144 0	−3 634.88	0.84
	IUE	丰水年	0.000 016 19	−0.009 0	3.86	0.02
		平水年	0.000 011 07	−0.005 7	2.59	0.20
		枯水年	−0.000 000 69	0.002 5	1.36	0.24
10 d	产量	丰水年	0.014 810 00	12.055 4	2 636.68	0.87
		平水年	0.113 920 00	−57.384 7	12 247.28	0.87
		枯水年	0.019 460 00	−3.105 5	5 332.62	0.92
	IUE	丰水年	0.000 031 69	−0.018 1	5.18	0.56
		平水年	0.000 040 33	−0.026 4	6.06	0.27
		枯水年	0.000 016 35	−0.013 8	4.71	0.92

续表 8-11

灌水间隔	y 轴	水文年型	拟合曲线公式：$y=ax^2+bx+c$			R^2
			a	b	c	
15 d	产量	丰水年	−0.016 290 00	19.273 7	2 709.82	0.64
		平水年	−0.019 730 00	20.005 7	711.27	0.59
		枯水年	0.000 247 45	6.364 6	3 383.49	0.95
	IUE	丰水年	0.000 026 46	−0.018 9	5.68	0.76
		平水年	0.000 002 06	−0.004 0	2.66	0.60
		枯水年	0.000 010 74	−0.010 2	3.86	0.98

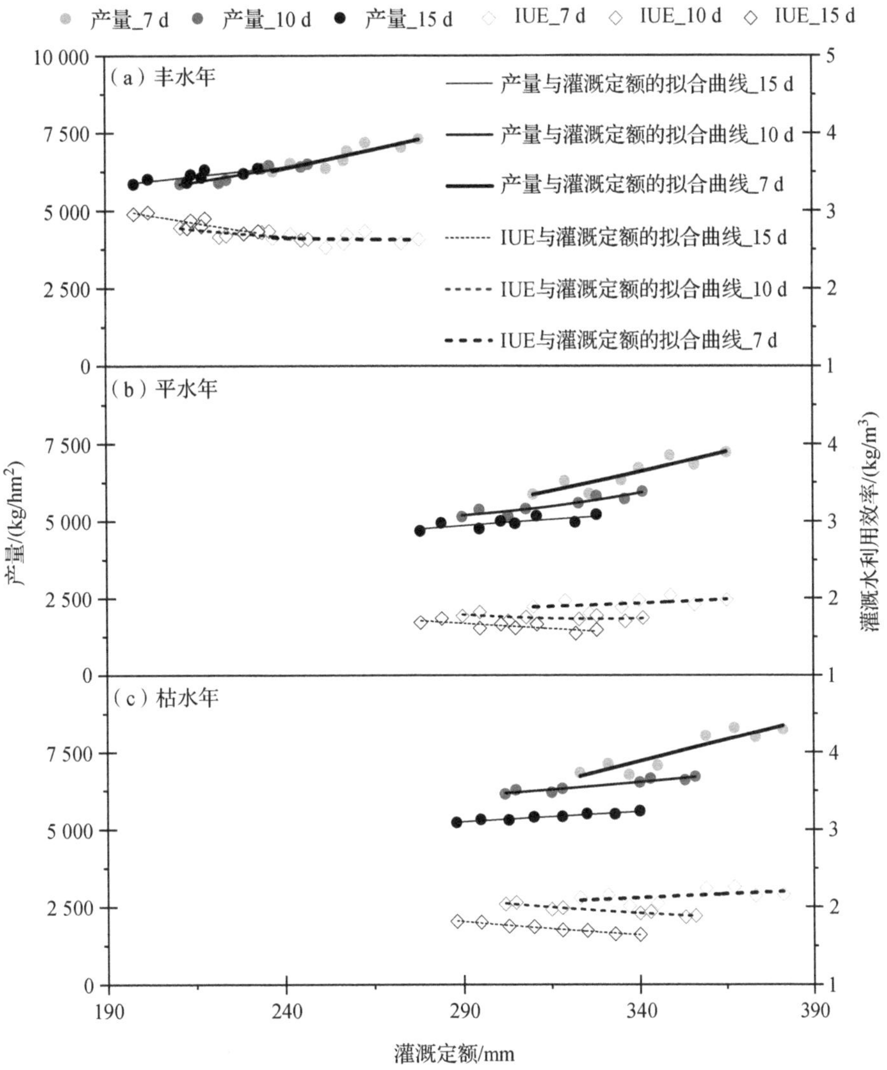

图 8-14 不同水文年以作物需水量(ETc)为标准的春小麦灌溉制度方案的模拟产量和灌溉水利用效率与灌溉定额的拟合关系

总之，以作物需水量(ET_c)为标准确定灌溉制度的情况下，追求产量更高，各水文年型的灌溉制度均应设置灌水间隔为 7 d；追求灌溉水利用效率更高，丰水年的灌溉制度应设置灌水间隔为 15 d，平水年和枯水年的灌溉制度应设置灌水间隔为 7 d。在确定最优灌水间隔的基础上，追求产量最高，丰水年、平水年、枯水年应分别选择灌溉制度方案 D2-8、D2-8、D2-6，上述方案对应的产量分别为 7 298 kg/hm^2、7 232 kg/hm^2、8 291 kg/hm^2，对应的灌溉水利用效率分别为 2.63 kg/m^3、1.98 kg/m^3、2.26 kg/m^3；追求灌溉水利用效率最高，丰水年、平水年、枯水年应分别选择灌溉制度方案 D2-20、D2-6、D2-6，上述方案对应的灌溉水利用效率分别为 2.98 kg/m^3、2.04 kg/m^3、2.26 kg/m^3，对应的产量分别为 6 010 kg/hm^2、7 136 kg/hm^2、8 291 kg/hm^2。

8.4.3 以灌水次数为标准

根据灌水次数确定灌溉制度，设置 1 次、2 次、3 次、4 次 4 种灌水次数，共计 66 种灌溉情景，其中灌水 1 次的灌溉制度方案对应的编号为 B1-1 至 B1-6，灌水 2 次的灌溉制度方案对应的编号为 B2-1 至 B2-12，灌水 3 次的灌溉制度方案对应的编号为 B3-1 至 B3-12，灌水 4 次的灌溉制度方案对应的编号为 B4-1 至 B4-36(表 8-9)。

灌水 1 次的情况下，设置 85 mm 和 110 mm 2 种灌水定额，苗期末(5 月 5 日)、拔节期末(5 月 27 日)、抽穗期末(6 月 15 日)3 个灌水节点。3 种水文年型下各灌溉制度方案对应的春小麦产量和灌溉水利用效率(IUE)如图 8-15 所示。随着生长季降水量的减少，各灌水方案对应的春小麦产量和 IUE 均逐渐降低，随着春小麦营养生长阶段灌水时间的推后，各灌水方案对应的春小麦产量和 IUE 均逐渐升高。灌溉定额为 85 mm 时，丰水年、平水年、枯水年的春小麦平均产量分别为 3 202 kg/hm^2、1 649 kg/hm^2、1 053 kg/hm^2，平均 IUE 分别为 3.77 kg/m^3、1.94 kg/m^3、1.24 kg/m^3；灌溉定额为 110 mm 时，丰水年、平水年、枯水年的

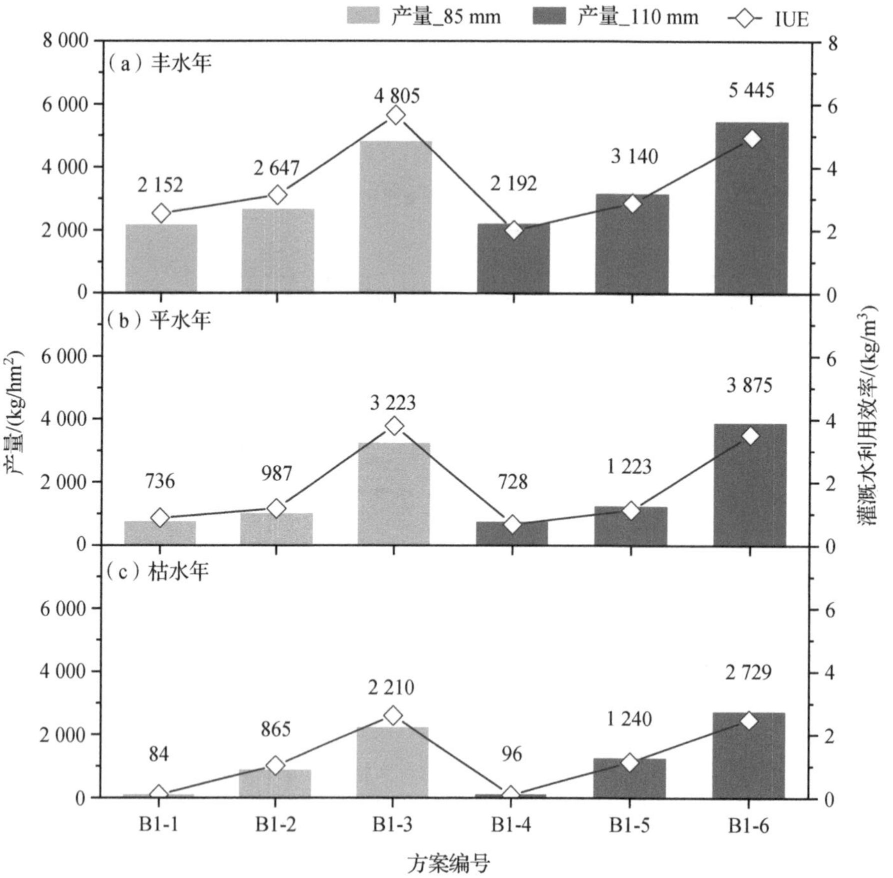

图 8-15 不同水文年灌水 1 次时不同灌溉定额水平下的春小麦模拟产量和灌溉水利用效率(IUE)

春小麦平均产量分别为 3 592 kg/hm²、1 942 kg/hm²、1 355 kg/hm²，平均 IUE 分别为 3.27 kg/m³、1.77 kg/m³、1.23 kg/m³。灌溉定额为 110 mm 时，丰水年、平水年、枯水年的春小麦平均产量比灌溉定额为 85 mm 时分别高 12.2%、17.8%、28.7%，平均高 19.6%，平均 IUE 分别低 13.3%、9.0%、0.5%，平均低 7.6%。各水文年的春小麦产量随着灌溉定额的增加而增加，灌溉水利用效率随着灌溉定额的增加而降低。

总之，仅灌水 1 次时，追求产量更高，各水文年型的灌溉定额应为 110 mm；追求灌溉水利用效率更高，各水文年型的灌溉定额应为 85 mm。在确定最优灌水定额的基础上，追求产量最高，丰水年、平水年、枯水年均应选择灌溉制度方案 B1-6，在春小麦抽穗期末灌溉，该方案在不同水文年对应的产量分别为 5 445 kg/hm²、3 875 kg/hm²、2 729 kg/hm²，对应的灌溉水利用效率分别为 4.95 kg/m³、3.52 kg/m³、2.48 kg/m³；追求灌溉水利用效率最高，丰水年、平水年、枯水年均应选择灌溉制度方案 B1-3，在春小麦抽穗期末灌溉，该方案在不同水文年对应的灌溉水利用效率分别为 5.65 kg/m³、3.79 kg/m³、2.60 kg/m³，对应的产量分别为 4 805 kg/hm²、3 223 kg/hm²、2 210 kg/hm²。

灌水 2 次的情况下，设置 85 mm 和 110 mm 2 种灌水定额，苗期末（5 月 5 日）、拔节期末（5 月 27 日）、抽穗期末（6 月 15 日）、灌浆期末（7 月 4 日）4 个灌水节点。考虑到拔节-抽穗期是春小麦的关键需水时期，因此，制定灌溉制度方案时保证拔节期末的灌水。3 种水文年型下各灌溉制度方案对应的春小麦产量和灌溉水利用效率（IUE）如图 8-16 所示。除了方案 B2-4、B2-7 和 B2-10，上述灌溉方案只在苗期末和拔节期末分别灌水，其余情况下，随着生长季降水量的减少，春小麦产量和对应 IUE 均逐渐降低。灌溉定额相同时，只在苗期末和拔节期末灌水得到的春小麦平均产量和 IUE 最低，在拔节期末和抽穗期末灌水得到的平均产量和 IUE 次之，在拔节期末和灌浆期末灌水得到的平均产量和 IUE 最高。此外，灌溉定额为 195 mm，即两次灌水定额分别为 85 mm 和 110 mm 时，第 1 次灌水定额更少的方案对应的产量和 IUE

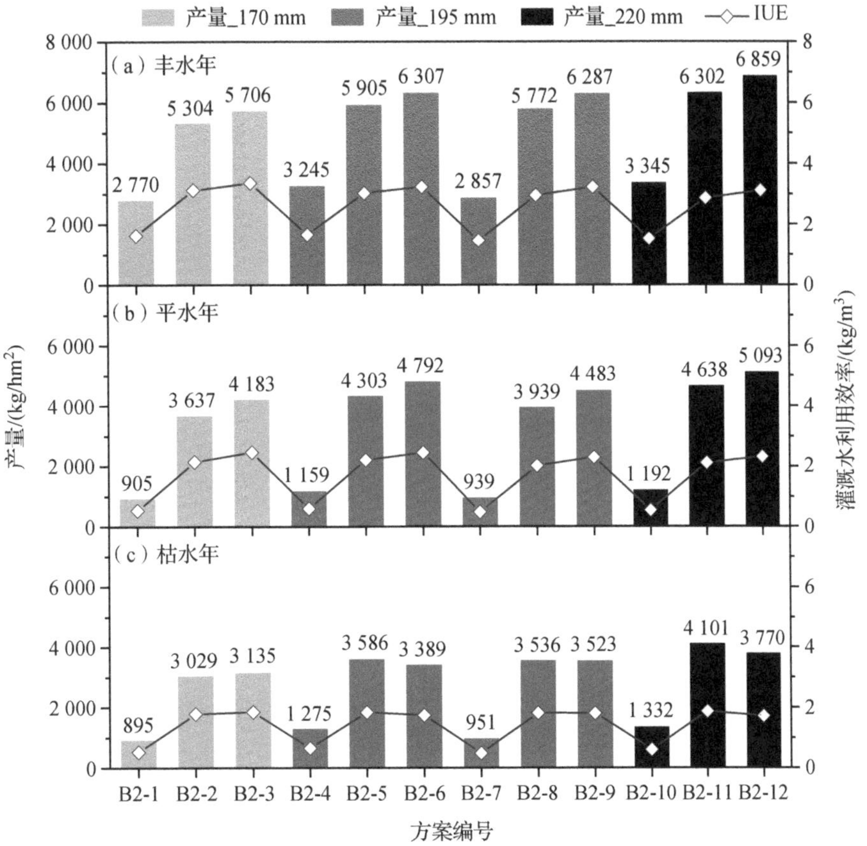

图 8-16　不同水文年灌水 2 次时不同灌溉定额水平下的春小麦模拟产量和灌溉水利用效率（IUE）

整体上比第 2 次灌水定额更少的方案高。减少春小麦生长前期的灌水有利于产量和 IUE 的提高。灌溉定额为 170 mm 时，丰水年、平水年、枯水年的春小麦平均产量分别为 4 593 kg/hm²、2 908 kg/hm²、2 353 kg/hm²，平均 IUE 分别为 2.70 kg/m³、1.71 kg/m³、1.38 kg/m³；灌溉定额为 195 mm 时，丰水年、平水年、枯水年的春小麦平均产量分别为 5 062 kg/hm²、3 269 kg/hm²、2 710 kg/hm²，平均 IUE 分别为 2.60 kg/m³、1.68 kg/m³、1.39 kg/m³；灌溉定额为 220 mm 时，丰水年、平水年、枯水年的春小麦平均产量分别为 5 502 kg/hm²、3 641 kg/hm²、3 068 kg/hm²，平均 IUE 分别为 2.50 kg/m³、1.65 kg/m³、1.39 kg/m³。各水文年的春小麦产量随着灌溉定额的增加而增加，灌溉水利用效率在丰水年和平水年随着灌水定额的增加而降低，在枯水年随着灌水定额的增加而增加。

总之，仅灌水 2 次时，追求产量更高，各水文年型的 2 次灌水定额均应设为 110 mm，对应灌溉定额为 220 mm；追求灌溉水利用效率更高，丰水年和平水年的灌溉定额应设为 170 mm，枯水年的灌溉定额应设为 220 mm。在确定最优灌溉定额的基础上，追求产量最高，丰水年、平水年、枯水年应分别选择灌溉制度方案 B2-12、B2-12、B2-11，上述方案对应的产量分别为 6 859 kg/hm²、5 093 kg/hm²、4 101 kg/hm²，对应的灌溉水利用效率分别为 3.12 kg/m³、2.31 kg/m³、1.86 kg/m³；追求灌溉水利用效率最高，丰水年、平水年、枯水年应分别选择灌溉制度方案 B2-3、B2-3、B2-11，上述方案对应的灌溉水利用效率分别为 3.36 kg/m³、2.46 kg/m³、1.86 kg/m³，对应的产量分别为 5 706 kg/hm²、4 183 kg/hm²、4 101 kg/hm²。

灌水 3 次的情况下，设置 60 mm、85 mm 和 110 mm 3 种灌水定额，考虑到从苗期末开始灌水，固定灌水间隔为 30 d 可以满足春小麦关键需水期的灌水，因此，设置 3 次灌水的日期分别为 5 月 5 日、6 月 4 日、7 月 4 日。3 种水文年型下各灌溉制度方案对应的春小麦产量和灌溉水利用效率(IUE)如图 8-17 所示。丰水年、平水年、枯水年的平均产量分别为 6 996 kg/hm²、4 154 kg/hm²、

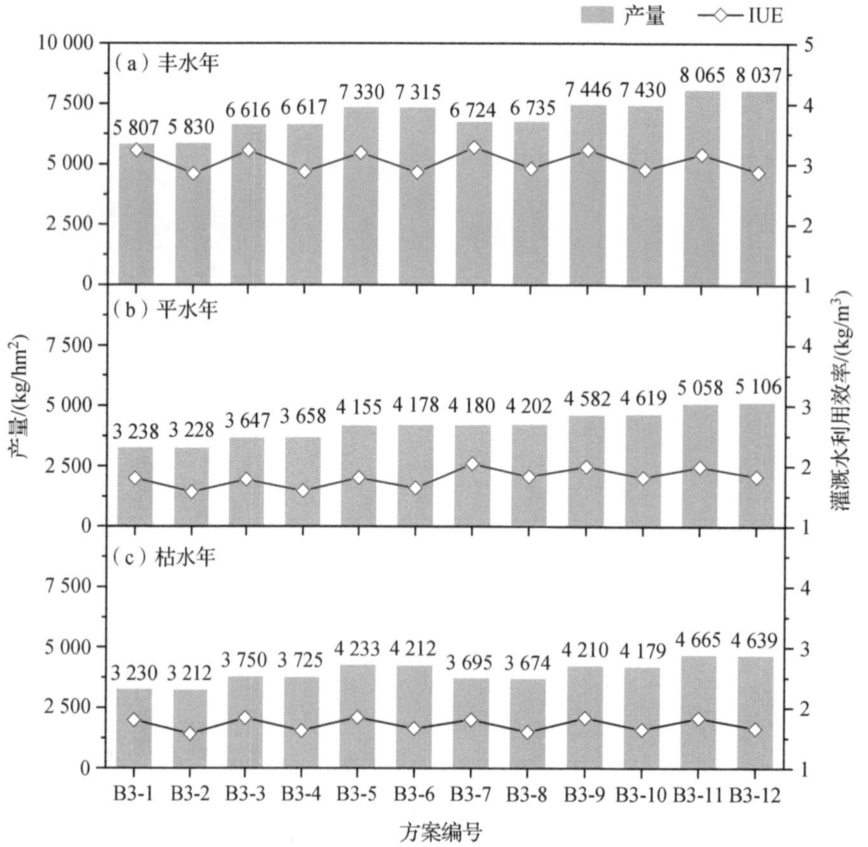

图 8-17　不同水文年灌水 3 次时的春小麦模拟产量和灌溉水利用效率(IUE)

3 952 kg/hm²，对应的平均 IUE 分别为 3.05 kg/m³、1.81 kg/m³、1.72 kg/m³。随着春小麦生长季降水量的减少，各灌溉制度方案的平均产量和 IUE 逐渐降低，其中，丰水年的春小麦产量和 IUE 显著高于平水年和枯水年。3 次灌水和 3 种灌水定额的组合对应的灌溉制度方案的灌溉定额有 180 mm、205 mm、230 mm、255 mm 和 280 mm 共 5 个水平。对不同水文年型下的春小麦产量和灌溉水利用效率(IUE)分别与灌溉定额建立二次曲线回归模型(图 8-18)，对应的拟合曲线参数见表 8-12。随着灌溉定额的增加，各水文年的春小麦产量整体呈上升趋势，上升速度随着春小麦生长季降水量的减少而降低；对应的 IUE 整体呈下降趋势，下降速度随着春小麦生长季降水量的减少而降低。不同灌溉定额水平下的春小麦产量和 IUE 的差异均随着生长季降水量的减少而减少。

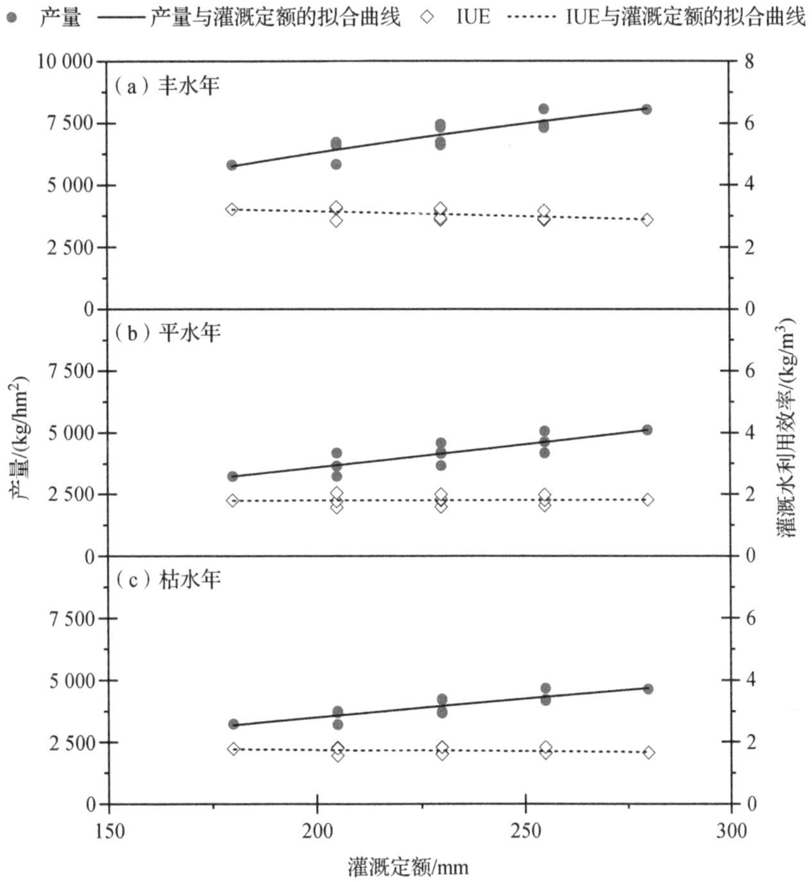

图 8-18　不同水文年灌水 3 次时的春小麦模拟产量和灌溉水利用效率(IUE)与灌溉定额的拟合关系

表 8-12　不同水文年灌水 3 次时的春小麦模拟产量和灌溉水利用效率(IUE)与灌溉定额的曲线拟合参数

y 轴	水文年型	拟合曲线公式：$y=ax^2+bx+c$			R^2
		a	b	c	
产量	丰水年	−0.043 410 00	43.114 7	−592.06	0.78
	平水年	0.009 300 00	14.398 3	343.90	0.71
	枯水年	−0.010 300 00	19.643 9	−13.94	0.76
IUE	丰水年	−0.000 003 25	−0.001 7	3.62	0.25
	平水年	0.000 002 98	−0.001 1	1.90	0.00
	枯水年	0.000 001 67	−0.001 8	2.04	0.07

总之，灌水 3 次时，追求产量最高，丰水年、平水年、枯水年应分别选择灌溉制度方案 B3-11、B3-12、B3-11，上述方案对应的产量分别为 8 065 kg/hm^2、5 106 kg/hm^2、4 665 kg/hm^2，对应的灌溉水利用效率分别为 3.16 kg/m^3、1.82 kg/m^3、1.83 kg/m^3；追求灌溉水利用效率最高，丰水年、平水年、枯水年应分别选择灌溉制度方案 B3-7、B3-7、B3-5，上述方案对应的灌溉水利用效率分别为 3.28 kg/m^3、2.04 kg/m^3、1.84 kg/m^3，对应的产量分别为 6 724 kg/hm^2、4 180 kg/hm^2、4 233 kg/hm^2。

灌水 4 次的情况下，设置 60 mm、85 mm 和 110 mm 3 种灌水定额，考虑到从苗期末开始灌水，固定灌水间隔为 20 d 完全可以满足春小麦关键需水期的灌水，因此，设置 4 次灌水的日期分别为 5 月 5 日、5 月 25 日、6 月 14 日、7 月 4 日。3 种水文年型下各灌溉制度方案对应的春小麦产量和灌溉水利用效率(IUE)如图 8-19 所示。丰水年、平水年、枯水年的平均产量分别为 7 821 kg/hm^2、6 166 kg/hm^2、4 503 kg/hm^2，对应的平均 IUE 分别为 2.49 kg/m^3、1.96 kg/m^3、1.42 kg/m^3。随着春小麦生长季降水量的减少，各灌溉制度方案的平均产量和 IUE 逐渐降低。4 次灌水和 3 种灌水定额的组合对应的灌溉制度方案的灌溉定额有 240 mm、265 mm、290 mm、315 mm、340 mm、365 mm 和 390 mm 共 7 个水平。对不同水文年型下的春小麦产量和灌溉水利用效率(IUE)分别与灌溉定额建立二次曲线回归模型(图 8-20)，对应的拟合曲线参数见表 8-13。随着灌溉定额的增加，各水文年的春小麦产量整体呈上升趋势，上升速度随着春小麦生长季降水量的减少而增加；对应的 IUE 整体呈下降趋势，下降速度随着春小麦生长季降水量的减少而降低。不同灌溉定额水平下的春小麦产量的差异随着生长季降水量的减少而增加，对应 IUE 的差异随着生长季降水量的减少而减少。

总之，灌水 4 次时，追求产量最高，丰水年、平水年、枯水年应分别选择灌溉制度方案 B4-35、B4-36、B4-36，上述方案对应的产量分别为 8 747 kg/hm^2、7 622 kg/hm^2、5 849 kg/hm^2，对应的灌溉水利用效率分别为 2.40 kg/m^3、1.95 kg/m^3、1.50 kg/m^3；追求灌溉水利用效率最高，丰水年、平水年、枯水年应分别选择灌溉制度方案 B4-19、B4-31、B4-17，上述方案对应的灌溉水利用效率分别为 2.77 kg/m^3、2.25 kg/m^3、1.60 kg/m^3，对应的产量分别为 7 346 kg/hm^2、7 079 kg/hm^2、5 428 kg/hm^2。

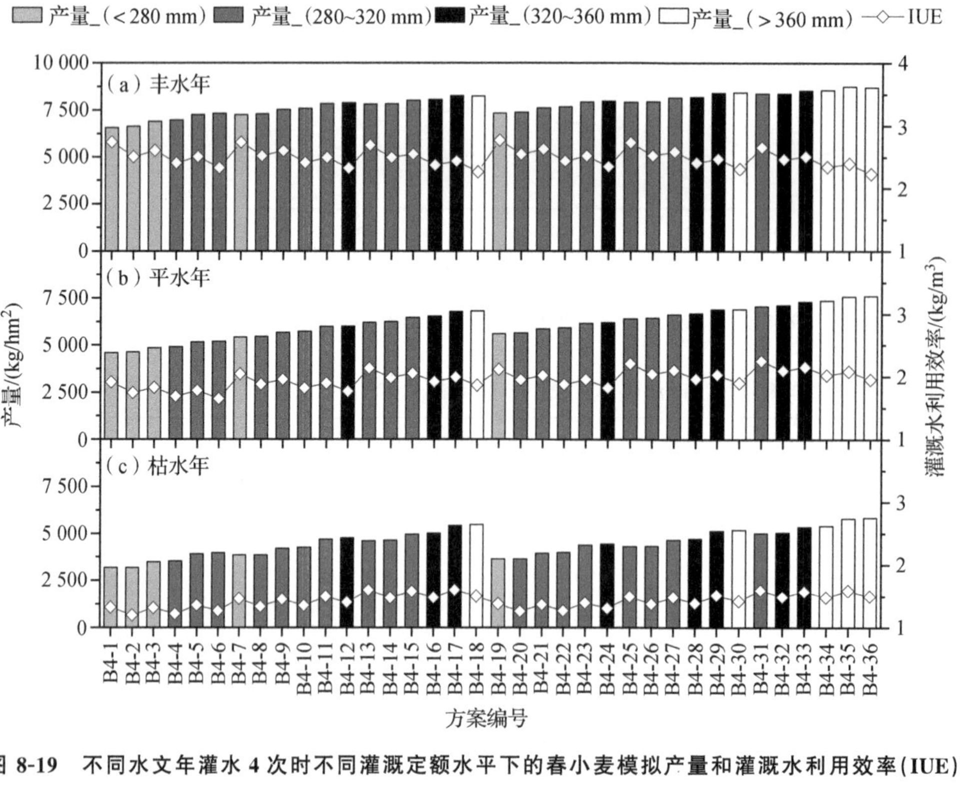

图 8-19　不同水文年灌水 4 次时不同灌溉定额水平下的春小麦模拟产量和灌溉水利用效率(IUE)

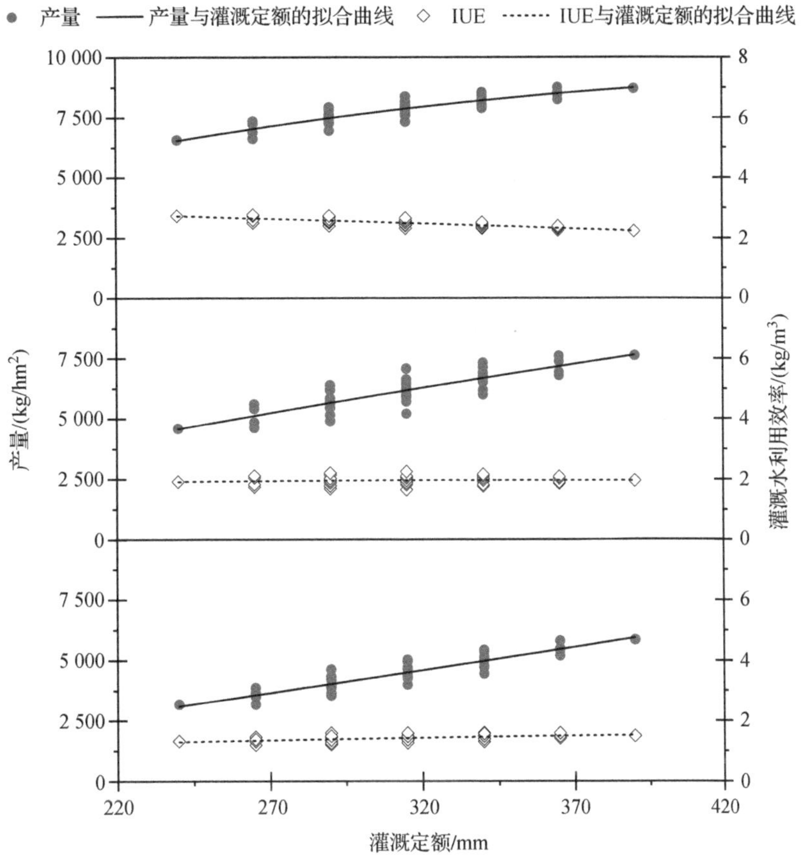

图 8-20 不同水文年灌水 4 次时的春小麦模拟产量和灌溉水利用效率(IUE)与灌溉定额的拟合关系

表 8-13 不同水文年灌水 4 次时的春小麦模拟产量和灌溉水利用效率(IUE)与灌溉定额的曲线拟合参数

y 轴	水文年型	拟合曲线公式：$y=ax^2+bx+c$			R^2
		a	b	c	
产量	丰水年	−0.041 290 00	40.625 8	−831.66	0.80
	平水年	−0.012 540 00	28.354 8	−1 507.17	0.72
	枯水年	0.003 350 00	16.843 2	−1 139.21	0.82
IUE	丰水年	−0.000 002 56	−0.001 7	3.27	0.64
	平水年	−0.000 004 89	0.003 4	1.38	0.01
	枯水年	−0.000 003 07	0.003 5	0.65	0.22

在 4 种灌水次数的灌溉制度方案中，取各水文年不同灌溉定额水平下的最高产量数据和最高 IUE 数据，对应的灌溉制度方案编号见表 8-14，可见不同水文年的最优灌溉制度方案基本保证了春小麦从营养生长阶段转向生殖生长阶段的灌水，且春小麦生育前期的灌水量最低。丰水年和平水年在不同水平灌溉定额下的最优灌溉制度方案相同，枯水年则在灌溉定额处于 195～340 mm 区间时选择了不同的最优灌溉制度方案。灌溉定额相同时，为了获得更高的产量和 IUE，相比丰水年和平水年，只灌水 2 次时，枯水年的第二次灌水应从灌浆期末提前至抽穗期末；灌水 3 次时，枯水年处于春小麦抽穗期的第二次灌水定额应设为最高；灌水 4 次时，枯水年处于春小麦拔节期末-抽穗期末的第二次和第三次灌水定额应设为最高。丰水年和平水年的最优灌溉制度保证春小麦抽穗期和灌浆期的灌水定额处于较高水平，其中灌浆期末灌水的优先级略高，枯水年时抽穗期灌水的优先级明显高于灌浆期。

表 8-14 不同水平灌溉定额下的最优灌溉制度方案编号

灌溉定额/mm	方案编号		
	丰水年	平水年	枯水年
85	B1-3	B1-3	B1-3
110	B1-6	B1-6	B1-6
170	B2-3	B2-3	B2-3
180	B3-1	B3-1	B3-1
195	B2-6	B2-6	B2-5
205	B3-7	B3-7	B3-3
220	B2-12	B2-12	B2-11
230	B3-9	B3-9	B3-5
240	B4-1	B4-1	B4-1
255	B3-11	B3-11	B3-11
265	B4-19	B4-19	B4-7
280	B3-12	B3-12	B3-12
290	B4-25	B4-25	B4-13
315	B4-31	B4-31	B4-31
340	B4-33	B4-33	B4-17
365	B4-35	B4-35	B4-35
390	B4-36	B4-36	B4-36

将最高产量数据和 IUE 数据分别与灌溉定额建立二次曲线回归模型(图 8-21),对应的拟合曲线参数见表 8-15。随着灌溉定额的增加,各水文年的春小麦模拟产量整体呈上升趋势,IUE 整体呈下降趋势。只灌水 1 次时春小麦的产量远低于灌水 2 次及以上,对应的 IUE 则明显更高。灌溉定额相近时,丰水年和枯水年灌水 3 次得到的春小麦产量和 IUE 高于灌水 2 次和 4 次,平水年灌水 3 次时的产量和 IUE 更低。

总之,以灌水次数为标准制定灌溉制度方案时,灌溉定额不高于 110 mm 的情况下,各水文年应在抽穗期末灌水 1 次;灌溉定额不高于 280 mm 的情况下,丰水年和枯水年应灌水 3 次,平水年应灌水 2 次,降低春小麦生育前期的灌水定额,同时保证丰水年和平水年灌浆期末的灌水定额最高,其次为抽穗期末,保证枯水年抽穗期的灌水定额最高;灌溉定额高于 280 mm 的情况下,各水文年均应灌水 4 次。灌溉定额不受限制的情况下,追求

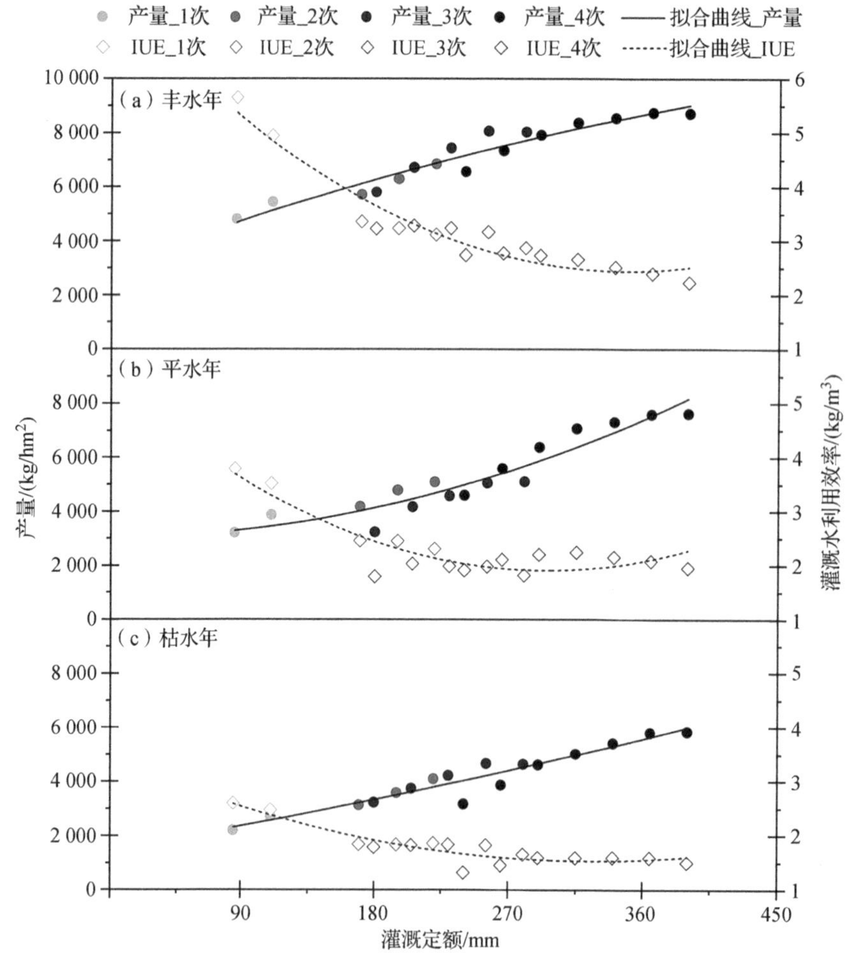

图 8-21 不同水文年不同灌水次数的春小麦模拟产量和灌溉水利用效率(IUE)与灌溉定额的拟合关系

表 8-15　不同水文年不同灌水次数的春小麦模拟产量和灌溉水利用效率(IUE)与灌溉定额的曲线拟合参数

y 轴	水文年型	拟合曲线公式：$y=ax^2+bx+c$			R^2
		a	b	c	
产量	丰水年	−0.012 760 00	20.265 1	3 050.91	0.92
	平水年	0.033 600 00	0.046 1	3 046.62	0.90
	枯水年	0.006 340 00	9.052 8	1 501.42	0.92
IUE	丰水年	0.000 042 29	−0.029 5	7.57	0.93
	平水年	0.000 040 38	−0.023 8	5.43	0.81
	枯水年	0.000 018 11	−0.011 8	3.46	0.83

产量最高，各水文年均应灌水 4 次，丰水年、平水年、枯水年应分别选择灌溉制度方案 B4-35、B4-36、B4-36；追求灌溉水利用效率最高，为保证春小麦收获产量，不考虑只灌水 1 次的情况，丰水年、平水年、枯水年应分别灌水 3 次、4 次、3 次，具体灌溉制度方案应分别选择 B3-7、B4-31、B3-5。

8.5　最优灌溉制度的筛选

基于不同灌溉制度方案制定标准，各水文年分别以春小麦模拟产量最高和灌溉水利用效率最高为目标，筛选得到了对应的最优灌溉制度方案，各方案的灌溉定额(I)、产量(Y)和灌溉水利用效率(IUE)见表 8-16。

丰水年和平水年情景中，固定灌水时间，设置灌水 4 次，保证拔节-抽穗期灌水量最高时得到的产量最高，其中，处于苗期末的第 1 次灌水在丰水年比在平水年更低；固定灌水下限为 60% FC 时得到的 IUE 最高，其中，春小麦生长前期在丰水年和平水年分别灌至 100% FC 和 85% FC，生长中期和后期灌至 85% FC。枯水年情景中，固定灌水间隔为 7 d，根据作物需水量进行少量多次的灌溉，其中，春小麦生长前期的单次灌水量为 85% ET_c，生长中期和后期的单次灌水量为 100% ET_c，得到的产量和 IUE 可以同时达到最高值。总的来说，

表 8-16　不同灌溉制度制定标准下的最优灌溉制度方案

方案制定标准	水文年	产量最高				灌溉水利用效率最高			
		方案编号	I/mm	Y/(kg/hm²)	IUE/(kg/m³)	方案编号	I/mm	Y/(kg/hm²)	IUE/(kg/m³)
田间持水量	丰水年	D1-8	252.0	7 968	3.16	D1-2	183.0	6 711	3.67
	平水年	D1-10	321.0	7 160	2.23	D1-1	160.0	4 715	2.95
	枯水年	D1-12	423.0	7 872	1.86	D1-2	286.0	6 000	2.10
	平均		**332.0**	**7 667**	**2.42**		**209.7**	**5 809**	**2.91**
作物需水量	丰水年	D2-8	278.0	7 298	2.63	D2-20	202.0	6 010	2.98
	平水年	D2-8	365.0	7 232	1.98	D2-6	349.0	7 136	2.04
	枯水年	D2-6	367.0	8 291	2.26	D2-6	367.0	8 291	2.26
	平均		**336.7**	**7 607**	**2.29**		**306.0**	**7 146**	**2.43**
灌水次数	丰水年	B4-35	365.0	8 747	2.40	B3-7	205.0	6 724	3.28
	平水年	B4-36	390.0	7 622	1.95	B4-31	315.0	7 079	2.25
	枯水年	B4-36	390.0	5 849	1.50	B3-5	230.0	4 233	1.84
	平均		**381.7**	**7 406**	**1.95**		**250.0**	**6 012**	**2.46**

丰水年和平水年选择畦灌可以获得最高产量，但是会降低灌溉水利用效率，枯水年选择滴灌可以在增加产量的同时提高灌溉水利用效率，不同水文年型下选择滴灌始终有利于提高灌溉水利用效率。滴灌作为节水灌溉方式，在生长季内降水量较低时可创造出更高的节水增产效益。

综合考虑 3 种方案制定标准，以产量最高为目标时，丰水年、平水年、枯水年应分别选择灌溉制度方案 B4-35、B4-36、D2-6；以灌溉水利用效率最高为目标时，丰水年、平水年、枯水年应分别选择灌溉制度方案 D1-2、D1-1、D2-6。

8.6 本章小结

本章基于 2017—2020 年滴灌和畦灌条件下不同深度土层的土壤含水量、土壤温度，以及春小麦全生育期的叶面积指数和植株叶、茎、穗、根等部位的累积生物量的田间实测数据对 SWAP 模型进行率定与验证。根据当地近 70 年的降水数据选取丰水年、平水年和枯水年的典型代表年，同时基于滴灌和畦灌的灌溉特点以及春小麦全生育期需水规律，分别根据不同的约束条件制定灌溉制度方案，以产量和灌溉水利用效率为评价指标，利用 SWAP 模型筛选出适用于西北旱区不同水文年不同灌溉条件下春小麦的最优灌溉制度，主要得到以下结论。

①SWAP 模型适用于西北旱区滴灌和畦灌条件下春小麦田间土壤水热和作物生长过程的模拟，基于 SWAP 模型的两种灌溉条件下春小麦全生育期田间不同深度土层的土壤含水量和土壤温度，以及叶面积指数和植株各部位(叶、茎、穗、根)累积生物量的模拟值和实测值拟合效果较好。

②以田间持水量为标准制定适用于滴灌春小麦的灌溉制度方案，基于产量最大化目的，建议丰水年设置灌水下限为 60% FC，平水年和枯水年设置灌水下限为 70% FC；基于灌溉水利用效率最大化的目的，建议各水文年的灌溉制度设置灌水下限为 60% FC。以作物需水量为标准制定适用于滴灌春小麦的灌溉制度方案，基于产量最大化目的，建议各水文年型设置灌水间隔为 7 d；基于灌溉水利用效率最大化的目的，建议丰水年设置灌水间隔为 15 d，平水年和枯水年设置灌水间隔为 7 d。以灌水次数为标准制定适用于畦灌春小麦的灌溉制度方案，灌溉定额不高于 110 mm 时，建议各水文年在抽穗期末灌水 1 次；灌溉定额不高于 280 mm 时，建议丰水年和枯水年灌水 3 次，平水年灌水 2 次；灌溉定额高于 280 mm 时，建议各水文年灌水 4 次。

③利用 SWAP 模型分别筛选出了以田间持水量、作物需水量、灌水次数为灌溉制度方案制定标准时不同水文年的最优灌溉制度方案。结果表明，丰水年和平水年选择畦灌可以获得最高产量，但是会降低灌溉水利用效率，枯水年选择滴灌可以在增加产量的同时提高灌溉水利用效率。在作物生长季累计降水量较低时使用滴灌可创造出更高的节水增产效益。

第 9 章　滴灌小麦节水增产新机制总结与展望

9.1　滴灌小麦节水增产新机制总结

为缓解气候变化引起的水资源短缺并实现农业可持续发展，滴灌作为一种更加有效的节水灌溉方法在世界上大多数干旱半干旱地区得到了广泛应用。随着节水滴灌方式逐渐替代传统畦灌方式，农田水热传输过程和作物生长过程必然会发生改变。厘清节水管理措施下农田水热传输过程的变化以及作物对水分和能量的生物反馈，探究滴灌提高作物水分生产力的机制，对农业生产中水分利用效率的进一步提高以及未来气候变化和农业生态系统相互作用关系的相关研究具有重要意义。考虑到小麦是世界主要粮食作物，同时也是我国三大粮食作物之一，本研究以我国西北干旱地区的春小麦为研究对象，于 2017—2020 年基于波文比能量平衡系统在节水滴灌和传统畦灌条件下的春小麦田开展长期连续的同步监测，对比不同灌溉条件下田间水分、能量循环过程以及作物生长过程的差异，探究灌溉方式对农田 SPAC 水热传输过程的影响以及作物地下部分和地上部分对节水灌溉条件下田间水分和能量的生物响应，基于田间生物物理指标之间的相互作用关系揭示滴灌节水增产的机制，利用 SWAP 模型对两种灌溉条件下土壤水热变化过程和春小麦生长过程的田间实测数据进行模拟验证，分别筛选适用于不同灌溉条件、不同灌溉方案制定标准下西北旱区春小麦的最优灌溉制度。本研究得到的主要结论如下。

①分析了不同灌溉方式对春小麦全生育期水量平衡过程的影响，基于 Shuttleworth-Wallace (SW)模型对比了滴灌和畦灌麦田耗水规律的差异，揭示了滴灌的节水机制。

首先，滴灌通过改变土壤水分分布影响田间水量平衡过程。滴灌条件下灌溉水通过管道直接到达植株根系附近并缓慢湿润土壤，滴灌少量多次的灌水特点导致麦田地表以下 0～1 m 土层的土壤含水量平均降低 5.81%，土壤水波动幅度平均降低 42.21%。滴灌使土壤含水量处于更适合根系活动的范围，为作物生长创造了稳定的土壤环境。对于春小麦全生育期的水量平衡各分量而言，相比传统畦灌，滴灌平均减少灌溉量 27.50 mm (7.39%)，降低田间耗水量 48.56 mm(9.80%)，减少深层渗漏量 21.31 mm(45.14%)。滴灌减少农田投入水量和深层渗漏损失，在提高灌溉水利用效率的同时降低农业生产中的用水成本。

其次，滴灌主要通过降低植株蒸腾减少田间耗水。研究验证了 SW 模型在西北干旱地区滴灌和畦灌麦田蒸散发分割研究中的适用性，基于 SW 模型对波文比系统实测的田间蒸散发数据进行分割，结果表明滴灌平均降低土壤蒸发量 13.36 mm(14.19%)，降低植株蒸腾量 35.20 mm (8.77%)。滴灌降低土壤蒸发占田间耗水的比例，显著提高春小麦抽穗期前后的植株蒸腾速率，在春小麦由营养生长阶段向生殖生长阶段过渡的关键时期将更多水分用于植株蒸腾。冠层发育情况是影响田间蒸散发分配的主要因素，研究建立了叶面积指数和蒸散发分配比之间的回归方程，说明滴灌主要通过限制叶片生长降低植株蒸腾，最终减少田间耗水。

②比较了滴灌和畦灌麦田辐射能量传输过程的差异，分析了不同灌溉方式对春小麦生长季内辐射平衡各分量以及能量平衡各分量的影响，揭示了滴灌的增温机制。

首先，滴灌主要通过改变下垫面特征影响田间辐射平衡过程。连续 4 年的大面积通量对比观测结果表明，滴灌降低地表反射辐射 3.35 W/m^2(7.13%)，增加天空长波辐射 4.20 W/m^2(1.23%)，导致净短波辐射增加 5.46 W/m^2(2.56%)，净长波辐射增加 5.07 W/m^2(7.94%)。滴灌降低冠层覆盖度，同时加速春小麦发育进程，导致田间反射率平均降低 7.9%，净短波辐射得以增加。长波辐射和田间温度存在显著正相关关系，滴灌主要通过提高田间温度增加净长波辐射。滴灌条件下春小麦灌浆-成熟期获得的净辐射明显高于其他生育期，生殖生长阶段更加充足的辐射能量为产量的形成创造了有利条件。

其次，滴灌改变田间能量平衡过程，更多能量分配至感热通量，导致田间温度升高。滴灌平均增加净辐射 10.53 W/m^2(7.06%)，增加土壤热通量 1.30 W/m^2(25.97%)，降低潜热通量 3.87 W/m^2(2.87%)，增加感热通量 13.10 W/m^2(136.32%)。滴灌条件下高频的少量灌溉和稀疏的冠层导致麦田表层土壤和大气之间热交换剧烈，农田接收的有效能量平均增加 9.23 W/m^2(6.40%)。相比畦灌，滴灌条件下潜热通量占有效能量的比例降低 8%，更多能量分配至感热通量用于加热农田，最终导致表层土壤温度平均提高 1.26 ℃，冠层上方空气温度平均提高 0.59 ℃。滴灌对农田的增温效应在春小麦灌浆-成熟期达到最高，加速了光合产物的生成及运输。

③分析了不同灌溉条件下春小麦地下部根系分布对土壤环境的响应，比较了滴灌和畦灌条件下春小麦地上部冠层发育过程的差异，揭示了滴灌提前春小麦物候期的机制。

首先，滴灌促进根系的横向发育，更多根系集中在浅层土壤。对表层土壤根系而言，滴灌平均降低根系直径 3.73%，增加根长密度 9.84%，增加根表面积密度 14.01%。根系发育与土壤水肥含量呈正相关关系，滴灌条件下植株根系附近的土壤干湿交替频繁，且肥料更倾向于随灌溉水停留在浅层土壤，刺激了根系的伸长生长，这是植株高效吸水吸肥的基础。滴灌尤其促进了春小麦拔节期-灌浆期的根系生长，保证了作物生殖生长阶段光合作用的水分供给。

其次，滴灌限制植株地上部冠层发育，缩短作物生育期长度，促使植株提前进入生殖生长阶段。滴灌平均降低最大株高 2.68%，降低最大叶面积指数 17.64%，降低最大冠层覆盖度 2.53%，促使春小麦提前 3 d 从营养生长阶段进入生殖生长阶段，平均缩短春小麦生育期 6 d。滴灌春小麦在苗期末可以吸收利用的水肥更少，叶片细胞膨压较低，叶片扩张上限受到限制，最终导致较为稀疏的冠层和更大的叶倾角，为农田接收更多的辐射能量创造了条件。

最后，研究验证了 Logistic 模型在西北旱区滴灌和畦灌条件下春小麦叶面积指数拟合中的适用性，基于模型拟合结果提取春小麦物候数据，结果表明滴灌平均提高叶片生长年振幅 7.97%，提前生长季开始时间 1.0 d，提前生长达到峰值的时间 4.7 d。灌溉量和田间温度是影响春小麦物候期的主要因素，滴灌加速作物冠层生长，通过降低叶片生长上限促使春小麦提前到达生长高峰期，穗部提早开始发育，有利于产量的形成。

④讨论了灌溉方式对春小麦不同生育阶段光合作用的影响，对比了滴灌和畦灌条件下植株不同器官生物量累积过程和分配过程的差异，量化了不同灌溉条件下田间生物物理指标对春小麦产量形成的影响，揭示了滴灌的增产机制。

首先，滴灌降低叶片生物量分配比，促使更多光合产物分配至穗部。田间尺度上，滴灌平均降低麦田的叶片生物量 16.90%，增加茎生物量 2.90%，增加穗生物量 9.20%，增加主根生物量 8.10%。单株尺度上，滴灌对茎生物量的分配比例无明显影响，但平均降低叶片生物量的分配比例 6.80%，提高穗生物量的分配比例 5.40%，提高根生物量的分配比例 4.50%。滴灌条件下少量多次灌水、浅层更为密集的根系以及田间更高的温度提高了根系吸水效率，缓解了叶片的光合午休作用，保证了春小麦生殖生长阶段的光合速率。滴灌增加春小麦单穗粒数，扩大穗库容，更多光合产物运输至穗部，籽粒灌浆速率加快，穗部生物量快速积累。直至春小麦收获时，滴灌平均降低叶片生物量 21.33%，降低茎秆生物量 3.82%，增加穗部生物量 3.97%，增加主根生物量 3.42%。滴灌促使春小麦提前进入成熟期，植株叶、茎、根等部位的光合产物更多地转移至穗部。

其次，滴灌在限制叶片生长的同时增加籽粒产量，最终提高水分利用效率。滴灌平均提高春小麦单穗粒数1.15粒，提高每平方米穗数24.23穗，提高千粒重1.26 g，进而提高籽粒产量0.9 t/hm^2(10.32%)，提高收获指数0.04(10.22%)，最终提高灌溉水利用效率0.46 kg/m^3(19.41%)，提高水分生产力0.28 kg/m^3(15.69%)。基于结构方程模型的分析结果表明，滴灌春小麦叶片尺度上出现水碳解耦现象，叶片和麦穗的生长在一定程度上存在直接的竞争关系。滴灌强调了土壤水分对田间生物物理过程以及产量形成过程的直接影响和间接影响，表层土壤频繁的干湿交替促使根系横向发育，对穗部生物量的积累产生显著的正面直接影响，同时，滴灌限制叶片生长，导致田间耗水和分配至潜热通量的有效能量减少，有利于田间温度的提高，其中，土壤温度在春小麦产量形成的过程中起决定性作用，这是滴灌实现春小麦增产的关键。

⑤验证了SWAP模型在西北旱区滴灌和畦灌条件下田间土壤水热和春小麦生长过程模拟研究中的适用性，考虑不同灌溉条件下不同灌溉制度方案制定标准，推荐了适用于西北旱区不同水文年的春小麦最优灌溉制度。

首先，SWAP模型对滴灌和畦灌麦田0～1 m深度范围内土壤水热的变化过程，以及春小麦叶面积指数和叶、茎、穗、根等器官生物量的积累过程的模拟精度较高，可将其用于西北旱区春小麦田的灌溉制度优化研究。

其次，基于产量最大化和灌溉水利用效率最大化的目的，分别筛选出了适用于丰水年、平水年、枯水年的不同灌溉条件下的春小麦最优灌溉制度。研究分别以田间持水量和作物需水量为灌溉标准，制定了适用于滴灌麦田的灌溉制度方案；以灌水次数为标准，制定了适用于畦灌麦田的灌溉制度方案。基于不同优化目的，根据不同水文年型，确定了以田间持水量为标准进行灌溉时的最优灌水下限、以作物需水量为标准进行灌溉时的最优灌水间隔、以灌水次数为标准进行灌溉时的最优灌水定额，并在此基础上分别筛选出了最优灌溉制度方案，为当地春小麦生产提供了科学的建议和参考，有利于滴灌还未在西北旱区春小麦种植中全面普及前，减少农业用水，提高农业生产效率。

9.2　本研究的主要创新点

本研究的主要创新点概括如下。

①基于连续多年的大面积通量观测对比试验，详细讨论了节水滴灌和传统畦灌条件下田间水量平衡、辐射平衡、能量平衡过程的差异及其影响因素，在此基础上全面且系统地分析了节水管理措施下春小麦地下部根系、地上部冠层以及植株不同器官生物量对田间水分和能量的响应。

②分析了滴灌加速作物生长并提前春小麦物候期的影响因素，结合田间水分和能量循环规律，揭示了滴灌条件下植株叶片尺度出现水碳解耦现象的机制，量化了田间生物物理指标对春小麦产量形成的影响，阐明了滴灌通过抑制叶片生长和增加籽粒产量提高水分利用效率的机制，明确了农业生产中适当提高田间温度的重要性。

③根据作物对田间水分和能量的响应机制，结合当地农业生产传统，利用作物模型同时对节水滴灌和传统畦灌条件下的春小麦进行灌溉制度优化，推荐了适用于西北旱区不同水文年不同灌溉方式不同约束条件下的春小麦最优灌溉制度，为当地农业生产提供了切实可行的科学建议。

9.3　本研究的不足与展望

本研究基于大面积通量观测对比实验，系统分析了节水滴灌对西北旱区春小麦田间水热通量与作物生长的影响，量化了田间生物物理指标对春小麦产量形成的影响，揭示了滴灌节水增产的机制，推荐了适用于当地不同水文年不同灌溉标准下的最优灌溉制度，研究结果有助于全面认识节水灌溉条件下农田水分能量循环过程和作物生长过程之间的相互作用关系，为干旱地区春小麦的生产实践提供了科学的指导。但本研究仍存在不足之处，需要进一步探究与完善。

①滴灌通过改变植株各部位生物量的分配比例提高产量，光合产物的生成与运输是产量形成的基础，而植株氮含量是影响光合作用的重要因素。本研究仅对不同灌溉条件下的田间水热传输以及植株碳分配进行了分析讨论，今后还需对田间氮循环过程进行研究，以便更加全面深刻地理解

节水滴灌方式对农田环境以及作物生长的影响。

②为保证学术研究的可靠性，需要不断提升研究结果的精确度，对田间观测试验而言，多年尺度的大面积通量观测结果更能准确反映滴灌对田间生物物理过程的影响。本研究目前对滴灌和畦灌条件下的春小麦农田开展了连续4年的对比观测，今后还应持续开展该观测试验，延长通量数据和作物生长数据，以便精准量化节水滴灌对干旱地区田间水量平衡、辐射平衡、能量平衡以及春小麦生长发育过程和产量的影响。

③灌溉方式的改变直接影响农田小气候和作物物候，随着节水灌溉方式大面积替代传统灌溉方式，量化区域尺度上的水文气候和作物物候对农业管理措施和全球变暖的响应已成为世界范围内学者研究的重点和热点。本研究仅分析讨论了农田尺度上滴灌对春小麦田间水分和能量循环过程以及作物物候的影响，今后还应考虑农业节水管理措施下作物是否可以适应气候变化，在田间试验结果的基础上，进一步探究全球变暖背景下在农业生产中大面积使用节水滴灌对区域水文气候造成的影响，以及农业管理措施和气候变化对作物物候的综合影响，开发兼顾考虑节水管理措施的农业生态系统和气候变化的模块，以便更加准确地预测未来气候条件下节水技术对农业生产力的影响。

参考文献

[1] BATCHELOR C, LOVELL C, MURATA M. Simple microirrigation techniques for improving irrigation efficiency on vegetable gardens[J]. Agricultural Water Management, 1996,32(1): 37-48.

[2] DENG X P, SHAN L, ZHANG H, et al. Improving agricultural water use efficiency in arid and semiarid areas of China[J]. Agricultural Water Management, 2006,80(103): 23-40.

[3] KANG S Z, HAO X M, DU T S, et al. Improving agricultural water productivity to ensure food security in China under changing environment: From research to practice [J]. Agricultural Water Management, 2017,179(SI): 5-17.

[4] LIU C L, ALLAN R P. Observed and simulated precipitation responses in wet and dry regions 1850-2100 [J]. Environmental Research, 2013,8(3).

[5] LIAN X, PIAO S, CHEN A, et al. Multifaceted characteristics of dryland aridity changes in a warming world[J]. Nature Reviews Earth & Environment, 2021,2(4): 232-250.

[6] 陈溯. 中央一号文件首提“农业强国”透露哪些信号[EB/OL]. [2023/2/14]. http://news.cnr.cn/native/gd/20230214/t20230214_526153660.shtml.

[7] 中华人民共和国水利部. 2021 年中国水资源公报[R]. 北京：中华人民共和国水利部，2022.

[8] 农业部. 推进水肥一体化实施方案(2016—2020 年)[EB/OL]. [2016/10/26]. http://www.tpyn.net/newsshow_1629.html.

[9] 韩昕雪琦，安婷莉，高学睿，等. 我国西北地区主要农作物贸易对区域水资源影响[J]. 南水北调与水利科技，2020,18(1): 82-97.

[10] 于智媛. 西北地区灌溉方式的节水效果与农户选择研究[D]. 北京：中国农业科学院，2017.

[11] QIN S J, LI S E, KANG S Z, et al. Can the drip irrigation under film mulch reduce crop evapotranspiration and save water under the sufficient irrigation condition? [J]. Agricultural Water Management, 2016,177: 128-137.

[12] JHA S K, RAMATSHABA T S, WANG G, et al. Response of growth, yield and water use efficiency of winter wheat to different irrigation methods and scheduling in North China Plain[J]. Agricultural Water Management, 2019,217: 292-302.

[13] 王远，许纪元，潘云枫，等. 长江下游地区水肥一体化对设施番茄氮肥利用率及氨挥发的影响[J]. 土壤学报，2022,59(3): 776-785.

[14] 刘延雪，乔长录. 干旱区绿洲膜下滴灌棉田蒸散发[J]. 干旱区研究，2022: 1-12.

[15] NOURI H, STOKVIS B, GALINDO A, et al. Water scarcity alleviation through water footprint reduction in agriculture: The effect of soil mulching and drip irrigation[J]. Science of The Total Environment, 2019,653: 241-252.

[16] WEI J X, LEI Y L, YAO H J, et al. Estimation and influencing factors of agricultural water efficiency in the Yellow River basin, China[J]. Journal of Cleaner Production, 2021,308: 127249.

[17] 宁晓菊. 气候变化下我国主要粮食作物种植环境适应性研究[D]. 郑州：河南大学，2016.

[18] 侯慧芝. 全膜覆土穴播对春小麦水分利用、产量和碳氮磷计量的影响[D]. 兰州：甘肃农业大学，2017.

[19] XUE Q W, ZHU Z X, MUSICK J T, et al. Physiological mechanisms contributing to the increased water-use efficiency in winter wheat under deficit irrigation[J]. Journal of Plant Physiology, 2006,163(2): 154-164.

[20] 刘健. 灌溉对中国区域气候及作物热胁迫影响的模拟研究[D]. 杨凌：西北农林科技大学，2021.

[21] 黄妙芬. 地表通量研究进展[J]. 干旱区地理，2003,26(2): 159-165.

[22] ANDERSON M C, HAIN C, OTKIN J, et al. An intercomparison of drought indicators based on thermal remote sensing and NLDAS-2 simulations with US drought monitor classifications[J]. Journal of Hydrometeorology, 2013,14(4): 1035-1056.

[23] FISHER J B, MELTON F, MIDDLETON E, et al. The future of evapotranspiration: Global requirements for ecosystem functioning, carbon and climate feedbacks, agricultural management, and water resources[J]. Water Resources Research, 2017,53(4): 2618-2626.

[24] 李宗南. 基于光能利用率模型和定量遥感的玉米生长监测方法研究[D]. 北京：中国农业科学院，2014.

[25] 康绍忠，蔡焕杰. 农业水管理学[M]. 北京：中国农业出版社，1996.

[26] 李江南，丑洁明，赵卫星，等. 1991～2019年中国农业生态系统旱涝脆弱性评估[J]. 气候与环境研究，2022,27(1)：19-32.

[27] WANG Y，LI S，LIANG H，et al. Comparison of water- and nitrogen-use efficiency over drip irrigation with border irrigation based on a model approach [J]. Agronomy (Basel)，2020,10(12)：1890.

[28] HUANG Y，ZHANG Z，LI Z H，et al. Evaluation of water use efficiency and optimal irrigation quantity of spring maize in Hetao Irrigation District using the Noah-MP Land Surface Model[J]. Agricultural Water Management，2022,264：107498.

[29] 汪志农. 灌溉排水工程学[M]. 北京：中国农业出版社，2000.

[30] 石雄高，裴雪霞，党建友，等. 小麦微喷(滴)灌水肥一体化高产优质高效生态栽培研究进展[J]. 作物杂志，2022(1)：1-10.

[31] 孙锡铭，刘妍，袁湘月，等. 节水灌溉设备研究现状[J]. 林业机械与木工设备，2014(3)：11-13，14.

[32] 袁寿其，李红，王新坤. 中国节水灌溉装备发展现状、问题、趋势与建议[J]. 排灌机械工程学报，2015,33(1)：78-92.

[33] LAMM F R，COLAIZZI P D，SORENSEN R B，et al. A 2020 vision of subsurface drip irrigation in the U. S. [J]. Transactions of the ASABE，2021,64(4)：1319-1343.

[34] 李传哲，许仙菊，马洪波，等. 水肥一体化技术提高水肥利用效率研究进展[J]. 江苏农业学报，2017,33(2)：469-475.

[35] CASTELLVI F，BUTTAR N A，HU Y G，et al. Sensible heat and latent heat flux estimates in a tall and dense forest canopy under unstable conditions [J]. Atmosphere，2022,13(2)：264.

[36] OCHEGE F U，LUO G P，OBETA M C，et al. Mapping evapotranspiration variability over a complex oasis-desert ecosystem based on automated calibration of Landsat 7 ETM+ data in SEBAL[J]. GIScience & Remote Sensing，2019，56(8)：1305-1332.

[37] BOWEN I S. The ratio of heat losses by conduction and by evaporation from any water surface [J]. Physical Review，1926,27(6)：779-787.

[38] SWINBANK W C. The measurement of vertical transfer of heat and water vapor by eddies in the lower atmosphere[J]. Journal of Meteorology，1951,8(3)：135-145.

[39] SANWANGSRI M，HANPATTANAKIT P，CHIDTHAISONG A. Variations of energy fluxes and ecosystem evapotranspiration in a young secondary dry dipterocarp forest in western Thailand[J]. Atmosphere，2017,8(8)：152.

[40] ATTAROD P，AOKI M，BAYRAMZADEH V. Measurements of the actual evapotranspiration and crop coefficients of summer and winter seasons crops in Japan [J]. Plant Soil and Environment，2009,55(3)：121-127.

[41] WAGLE P，GOWDA P H，BILLESBACH D P，et al. Dynamics of CO_2 and H_2O fluxes in Johnson grass in the US Southern Great Plains[J]. Science of The Total Environment，2022,739：140077.

[42] HEILMAN J L，BRITTIN C L，NEALE C M U. Fetch requirements for bowen ratio measurements of latent and sensible heat fluxes[J]. Agricultural and Forest Meteorology，1989,44(3-4)：261-273.

[43] HICKS B B，OETTING J N，EASH N S，et al. Augmented Bowen ratio analysis，II：Ohio comparisons [J]. Agricultural and Forest Meteorology，2022,313：108760.

[44] 秦淑静. 不同灌溉方式下覆膜制种玉米农田水热通量传输机制与模拟[D]. 北京：中国农业大学，2020.

[45] PATTEY E，STRACHAN I B，DESJARDINS R L，et al. Measuring nighttime CO_2 flux over terrestrial ecosystems using eddy covariance and nocturnal boundary layer methods[J]. Agricultural and Forest Meteorology，2002,113(1-4)：145-158.

[46] 祁亚辉，王小丹. 基于涡度协方差测定陆地生态系统碳通量面临的挑战与机遇[J]. 生态学报，2022,43(8)：1-16.

[47] WANG X C，WANG C K，BOND-LAMBERTY B. Quantifying and reducing the differences in forest CO_2-fluxes estimated by eddy covariance，biometric and chamber methods：A global synthesis[J]. Agricultural and Forest Meteorology，2017，247：93-103.

[48] 姜海梅，刘树华，刘和平. 非均匀灌溉棉田能量平衡特征研究[J]. 地球物理学报，2012,55(2)：

428-440.
[49] MCKAY D C, THURTELL G W. Measurements of the energy fluxes involved in the energy budget of a snow cover[J]. Journal of Applied Meteorology, 1978,17(3): 339-349.
[50] 于贵瑞，张雷明，孙晓敏. 中国陆地生态系统通量观测研究网络(ChinaFLUX)的主要进展及发展展望[J]. 地理科学进展，2014,33(7): 903-917.
[51] ZHANG Z, LI X, LIU L, et al. Influence of mulched drip irrigation on landscape scale evapotranspiration from farmland in an arid area[J]. Agricultural Water Management, 2020,230: 105953.
[52] VANOMARK G M M D, ESPÍNOLA SOBRINHO J, BEZERRA J R C, et al. Energy balance partitioning and evapotranspiration from irrigated Muskmelon under Semi-Arid Conditions[J]. Bragantia, 2018,77(1): 168-180.
[53] 张友良，李躲，冯绍元，等. 覆膜滴灌紫薯农田水热传输规律及其对环境因子的响应[J]. 农业机械学报，2022: 1-17.
[54] MAHMOOD R, FOSTER S A, KEELING T, et al. Impacts of irrigation on 20th century temperature in the northern Great Plains[J]. Global and Planetary Change, 2006,54(1-2): 1-18.
[55] 王佩，马琪顺，王家琪，等. 温带草地蒸散发及波文比观测与比较:涡动相关及波文比系统[J]. 草地学报，2017,25(3): 453-459.
[56] TEIXEIRA A, LEIVAS J, STRUIVING T, et al. Energy balance and irrigation performance assessments in lemon orchards by applying the SAFER algorithm to Landsat 8 images[J]. Agricultural Water Management, 2021,247.
[57] TANG X P, LIU H J, YANG L, et al. Energy balance, microclimate, and crop evapotranspiration of winter wheat (Triticum aestivum L.) under sprinkler irrigation[J]. Agriculture (Basel), 2022, 12 (7): 953.
[58] SHRIVASTAVA P K, PARIKH M M, SAWANI N G, et al. Effect of drip irrigation and mulching on tomato yield[J]. Agricultural Water Management, 1994,25(2): 179-184.
[59] PANIGRAHI P, HUCHCHE A D, SRIVASTAVA A K, et al. Effect of drip irrigation and plastic mulch on performance of Nagpur mandarin (Citrus reticulata) grown in central India[J]. Indian Journal of Agricultural Sciences, 2008,78(12): 1005-1009.
[60] SINGH R, KUMAR S, NANGARE D D, et al. Drip irrigation and black polyethylene mulch influence on growth, yield and water-use efficiency of tomato[J]. African Journal of Agricultural Research, 2009,4(12): 1427-1430.
[61] WANG Y, LI S, QIN S, et al. How can drip irrigation save water and reduce evapotranspiration compared to border irrigation in arid regions in northwest China[J]. Agricultural Water Management, 2020,239: 106256.
[62] HADDELAND I, LETTENMAIER D P, SKAUGEN T. Effects of irrigation on the water and energy balances of the Colorado and Mekong river basins [J]. Journal of Hydrology, 2006, 324 (1-4): 210-223.
[63] ZHANG M Z, LI Y, LIU J F, et al. Changes of soil water and heat transport and yield of tomato (Solanum lycopersicum) in greenhouses with micro-sprinkler irrigation under plastic film[J]. Agronomy (Basel), 2022,12(3): 664.
[64] MAES W H, STEPPE K. Estimating evapotranspiration and drought stress with ground-based thermal remote sensing in agriculture: a review[J]. Journal of Experimental Botany, 2012,63(13): 4671-4712.
[65] 张紫森，汤鹏程，徐冰，等. 喷灌与畦灌对拉萨河谷农田小气候和蒸散量的影响分析[J]. 节水灌溉，2022(8): 96-101.
[66] LU Y Q, JIN J M, KUEPPERS L M. Crop growth and irrigation interact to influence surface fluxes in a regional climate-cropland model (WRF3. 3-CLM4crop)[J]. Climate Dynamics, 2015,45(11-12): 3347-3363.
[67] PUÉRTOLAS J, DODD I C. Evaluating soil evaporation and transpiration responses to alternate partial rootzone drying to minimise water losses[J]. Plant and Soil, 2022,480(1-2): 473-489.
[68] MAUREL C, NACRY P. Root architecture and hydraulics converge for acclimation to changing water availability [J]. Nature Plants, 2020, 6 (7): 744-749.
[69] LU G H, SONG J Q, BAI W B, et al. Effects of different irrigation methods on micro-environments and root distribution in winter wheat fields [J]. Journal of Integrative Agriculture, 2015, 14 (8): 1658-1672.
[70] HU T T, KANG S Z, LI F S, et al. Effects of par-

tial root-zone irrigation on hydraulic conductivity in the soil-root system of maize plants[J]. Journal of Experimental Botany, 2011,62(12): 4163-4172.
[71] CHEN W, JIN M, FERRÉ T P A, et al. Soil conditions affect cotton root distribution and cotton yield under mulched drip irrigation[J]. Field Crops Research, 2020,249: 107743.
[72] CHILUNDO M, JOEL A, WESSTRÖM I, et al. Response of maize root growth to irrigation and nitrogen management strategies in semi-arid loamy sandy soil[J]. Field Crops Research, 2017, 200: 143-162.
[73] KANG S Z, SHI W J, ZHANG J H. An improved water-use efficiency for maize grown under regulated deficit irrigation[J]. Field Crops Research, 2000,67(3): 207-214.
[74] WECHSUNG G, WECHSUNG F, WALL G W, et al. The effects of free - air CO_2 enrichment and soil water availability on spatial and seasonal patterns of wheat root growth[J]. Global Change Biology, 1999,5(5): 519-529.
[75] DAYER S, PRIETO J A, GALAT E, et al. Leaf carbohydrate metabolism in Malbec grapevines: combined effects of regulated deficit irrigation and crop load[J]. Australian Journal of Grape and Wine Research, 2016,22(1): 115-123.
[76] 冯亚阳，史海滨，李瑞平，等. 膜下滴灌水氮耦合效应对玉米干物质与产量的影响[J]. 排灌机械工程学报，2018,36(08): 750-755.
[77] WANG X W, HUO Z L, GUAN H D, et al. Drip irrigation enhances shallow groundwater contribution to crop water consumption in an arid area[J]. Hydrological Processes, 2018,32(6): 747-758.
[78] YE X H, LIU H D, ZHANG X C, et al. Impacts of irrigation methods on greenhouse gas emissions/absorptions from vegetable soils[J]. Journal of Soils and Sediments, 2020,20(2): 723-733.
[79] 黄悦，李思恩，胡丹，等. 基于 Meta-Analysis 方法分析滴灌对玉米水分利用效率及产量的影响[J]. 中国农业大学学报，2022,27(5):96-105.
[80] 赛力汗·赛，张永强，薛丽华，等. 新疆滴灌冬小麦灌溉量对产量形成与水分利用的影响[J]. 中国农业大学学报，2018,23(8): 30-40.
[81] GUO Q, HUANG G M, GUO Y L, et al. Optimizing irrigation and planting density of spring maize under mulch drip irrigation system in the arid region of Northwest China[J]. Field Crops Research, 2021,266: 108141.
[82] JONES H G. Stomatal control of photosynthesis and transpiration: Annual Meeting of the Society-for-Experimental-Biology on Stomatal Biology[C]. UNIV KENT, KENT, ENGLAND, 1998.
[83] JENSEN C R, BATTILANI A, PLAUBORG F, et al. Deficit irrigation based on drought tolerance and root signalling in potatoes and tomatoes[J]. Agricultural Water Management, 2010,98(3): 403-413.
[84] BERRY J A, BEERLING D J, FRANKS P J. Stomata: key players in the earth system, past and present[J]. Current Opinion in Plant Biology, 2010,13(3): 233-240.
[85] 赵风华，王秋凤，王建林，等. 小麦和玉米叶片光合-蒸腾日变化耦合机理[J]. 生态学报，2011,31(24): 7526-7532.
[86] SILVESTRE J, FERREIRA M I. Effects of irrigation on transpiration and water relations of vineyards, in Tejo Valley (central Portugal): 3rd International Symposium on Irrigation of Horticultural Crops[C], ESTORIL, PORTUGAL, 2000.
[87] HOU M, TIAN F, ZHANG L, et al. Estimating crop transpiration of soybean under different irrigation treatments using thermal infrared remote sensing imagery[J]. Agronomy (Basel), 2019,9(1): 8.
[88] MOTAI A, TERADA Y, KOBAYASHI A, et al. Combined effects of irrigation amount and nitrogen load on growth and needle biochemical traits of Cryptomeria japonica seedlings[J]. Trees-Structure and Funtion, 2017,31(4): 1317-1333.
[89] SALAM M A, AL-MAZROOEI S. Crop water and irrigation water requirements of potato (Solanum tuberosum L.) in the loamy sands of Kuwait[J]. Kuwait Journal of Science & Engineering, 2007, 34(1A): 91-109.
[90] 胡玮，严昌荣，李迎春，等. 冀京津冬小麦灌溉需水量时空变化特征[J]. 中国农业气象，2013,34(6): 648-654.
[91] 李志，赵伟，赵明，等. 苏北地区不同水文年冬小麦需水量与灌水量分析[J]. 灌溉排水学报，2020,39(S1): 17-20.
[92] EWAID S H, ABED S A, AL-ANSARI N. Crop water requirements and irrigation schedules for some major crops in southern Iraq[J]. Water, 2019,11(4).

[93] 曹丹，易秀，陈小兵，等. 基于气候变化的黄河三角洲非主粮作物需水规律研究[J]. 土壤通报，2022，53(4)：795-804.

[94] BWAMBALE E，ABAGALE F K，ANORNU G K. Smart irrigation monitoring and control strategies for improving water use efficiency in precision agriculture：A review[J]. Agricultural Water Management，2022,260：107324.

[95] 马建琴，赵子伟. 基于需水过程的灌区实时渠系优化配水模型及应用[J]. 人民黄河，2021,43(5)：153-157.

[96] SHEN H Z，WANG Y，JIANG K T，et al. Simulation modeling for effective management of irrigation water for winter wheat[J]. Agricultural Water Management，2022,269：107720.

[97] 姚宁，周元刚，宋利兵，等. 不同水分胁迫条件下DSSAT-CERES-Wheat模型的调参与验证[J]. 农业工程学报，2015,31(12)：138-150.

[98] 郭大辛. 基于AquaCrop模型的汾渭平原冬小麦-夏玉米生长模拟与区域灌溉制度优化[D]. 杨凌：西北农林科技大学，2021.

[99] 袁成福，冯绍元，蒋静，等. 咸水非充分灌溉条件下土壤水盐运动SWAP模型模拟[J]. 农业工程学报，2014(20)：72-82.

[100] ZHAO Y，MAO X M，SHUKLA M K. A modified SWAP model for soil water and heat dynamics and seed-maize growth under film mulching[J]. Agricultural and Forest Meteorology，2020，292：108127.

[101] ROY P C，GUBER A，ABOUALI M，et al. Crop yield simulation optimization using precision irrigation and subsurface water retention technology[J]. Environmental Modelling & Software，2019,119：433-444.

[102] 杨晶，段萌，张宝忠，等. 基于轮作模式的大兴区麦玉灌溉制度优化[J]. 节水灌溉，2022(8)：108-113，120.

[103] 李涛，肖洪浪，刘立超，等. 干旱沙漠地区小麦田土壤水分变化的数值模拟[J]. 中国沙漠，2000(3)：102-106.

[104] 李小梅，崔远来，谢先红. 基于SWAP的旱稻灌溉模式研究[J]. 中国科技论文在线，2008,3(7)：530-535.

[105] BONFANTE A，SELLAMI M H，ABI SAAB M T，et al. The role of soils in the analysis of potential agricultural production：A case study in Lebanon[J]. Agricultural Systems，2017,156：67-75.

[106] JONUBI R，REZAVERDINEJAD V，SALEMI H. Enhancing field scale water productivity for several rice cultivars under limited water supply[J]. Paddy and Water Environment，2018,16(1)：125-141.

[107] 徐旭，黄冠华，黄权中. 农田水盐运移与作物生长模型耦合及验证[J]. 农业工程学报，2013,29(4)：110-117.

[108] 刘路广，崔远来，冯跃华. 基于SWAP和MODFLOW模型的引黄灌区用水管理策略[J]. 农业工程学报，2010,26(4)：9-17.

[109] 冯绍元，蒋静，霍再林，等. 基于SWAP模型的春小麦咸水非充分灌溉制度优化[J]. 农业工程学报，2014(9)：66-75.

[110] DROOGERS P，IMMERZEEL W W，LORITE I J. Estimating actual irrigation application by remotely sensed evapotranspiration observations[J]. Agricultural Water Management，2010，97(9)：1351-1359.

[111] PAN Y X，YUAN C F，JING S Y. Simulation and optimization of irrigation schedule for summer maize based on SWAP model in saline region[J]. International Journal of Agricultural and Biological Engineering，2020,13(3)：117-122.

[112] POZNÍKOVÁ G，FISCHER M，van KESTEREN B，et al. Quantifying turbulent energy fluxes and evapotranspiration in agricultural field conditions：A comparison of micrometeorological methods[J]. Agricultural Water Management，2018，209：249-263.

[113] ORTEGA-FARIAS S O，CUENCA R H，EK M. Daytime variation of sensible heat flux estimated by the bulk aerodynamic method over a grass canopy[J]. Agricultural and Forest Meteorology，1996，81(1-2)：131-143.

[114] 黄妙芬. 绿洲荒漠交界处波文比能量平衡法适用性的气候学分析[J]. 干旱区地理，2001,24(3)：259-264.

[115] 刘绍民，孙中平，李小文，等. 蒸散量测定与估算方法的对比研究[J]. 自然资源学报，2003,18(2)：161-167.

[116] UNLAND H E，HOUSER P R，SHUTTLEWORTH W J，et al. Surface flux measurement and modeling at a semi-arid Sonoran Desert site[J]. Agricultural and Forest Meteorology，1996，

82(1-4)：119-153.

[117] PEREZ P J，CASTELLVI F，IBAÑEZ M，et al. Assessment of reliability of Bowen ratio method for partitioning fluxes[J]. Agricultural and Forest Meteorology，1999，97(3)：141-150.

[118] ZHANG B，KANG S，LI F，et al. Comparison of three evapotranspiration models to Bowen ratio-energy balance method for a vineyard in an arid desert region of northwest China[J]. Agricultural and Forest Meteorology，2008，148(10)：1629-1640.

[119] PETTENATI M，MERCURY L，AZAROUAL M. Capillary geochemistry in non-saturated zone of soils. Water content and geochemical signatures [J]. Applied Geochemistry，2008，23(12)：3799-3818.

[120] 何钊全，成自勇，张芮，等. 灌水控制上限对酿造葡萄地积温和生长特性的影响[J]. 干旱地区农业研究，2014(6)：32-37，99.

[121] 邱峰，景元书. 不同灌溉方式对稻田微气象特征及水稻生长的影响[J]. 江苏农业科学，2022，50(5)：72-80.

[122] SHUTTLEWORTH W J，WALLACE J S. Evaporation from sparse crops - an energy combination theory[J]. Quarterly Journal of the Royal Meteorological Society，1985，111(469)：839-855.

[123] NOILHAN J，PLANTON S. A simple parameterization of land surface processes for meteorological models[J]. Monthly weather review，1989，117(3)：536-549.

[124] CALVET J，NOILHAN J，ROUJEAN J，et al. An interactive vegetation SVAT model tested against data from six contrasting sites[J]. Agricultural and Forest Meteorology，1998，92(2)：73-95.

[125] WEI Z W，LEE X H，WEN X F，et al. Evapotranspiration partitioning for three agro-ecosystems with contrasting moisture conditions：a comparison of an isotope method and a two-source model calculation[J]. Agricultural and Forest Meteorology，2018，252：296-310.

[126] SELLERS P J，HEISER M D，HALL F G. Relations between surface conductance and spectral vegetation indices at intermediate (100 m^2 to 15 km^2) length scales[J]. Journal of Geophysical Research-Atmospheres，1992，97(D17)：19033-19059.

[127] KEMANIAN A R，STÖCKLE C O，HUGGINS D R. Variability of barley radiation-use efficiency[J]. Crop science，2004，44(5)：1662-1672.

[128] SENE K J. Parameterisations for energy transfers from a sparse vine crop[J]. Agricultural and Forest Meteorology，1994，71(1-2)：1-18.

[129] BRUTSAERT W. Evaporation into the atmosphere：theory，history，and applications[M]. Netherlands：Springer，1982.

[130] BRISSON N，ITIER B，L'HOTEL J C，et al. Parameterisation of the Shuttleworth-Wallace model to estimate daily maximum transpiration for use in crop models[J]. Ecological Modelling，1998，107(2)：159-169.

[131] ZHAO P，LI S E，LI F S，et al. Comparison of dual crop coefficient method and Shuttleworth-Wallace model in evapotranspiration partitioning in a vineyard of northwest China[J]. Agricultural Water Management，2015，160：41-56.

[132] LI S，KANG S，ZHANG L，et al. Quantifying the combined effects of climatic，crop and soil factors on surface resistance in a maize field[J]. Journal of Hydrology，2013，489：124-134.

[133] BRESHEARS D D，NYHAN J W，HEIL C E，et al. Effects of woody plants on microclimate in a semiarid woodland：Soil temperature and evaporation in canopy and intercanopy patches[J]. International Journal of Plant Sciences，1998，159(6)：1010-1017.

[134] ARAUJO F，WILLIAMS L E，GRIMES D W，et al. A comparative study of young 'Thompson Seedless' grapevines under drip and furrow irrigation. I. Root and soil water distributions[J]. Scientia Horticulturae，1995，60(3-4)：235-249.

[135] SUGITA M，MATSUNO A，EL KILANI R M，et al. Crop evapotranspiration in the Nile Delta under different irrigation methods[J]. Hydrological sciences journal，2017，62(10)：1618-1635.

[136] JIA Q，SHI H B，LI R P，et al. Evaporation of maize crop under mulch film and soil covered drip irrigation：field assessment and modelling on West Liaohe Plain，China[J]. Agricultural Water Management，2021，253：106894.

[137] 吕丽华，李谦，董志强，等. 灌水方式和灌溉量对冬小麦根冠结构的影响[J]. 麦类作物学报，2014，34(11)：1537-1544.

[138] 董泽军. 植物蒸腾作用高速率之原因[J]. 中国农学通报，2010，26(21)：131-135.

[139] 莫兴国，刘苏峡. 麦田能量转化和水分传输特征[J]. 地理学报，1997,52(1)：37-44.

[140] 李成，冯浩，董勤各. 灌溉施肥对河套灌区垄膜沟灌春玉米土壤水热运移的影响[J]. 干旱地区农业研究，2019,37(2)：44-51.

[141] 冯禹，郝卫平，高丽丽，等. 地膜覆盖对旱作玉米田水热通量传输的影响研究[J]. 农业机械学报，2018,49(12)：300-313.

[142] XU C L，TAO H B，TIAN B J，et al. Limited-irrigation improves water use efficiency and soil reservoir capacity through regulating root and canopy growth of winter wheat[J]. Field Crops Research，2016,196：268-275.

[143] LI S S，GAO Y H，LYU S H，et al. Response of surface air temperature to the change of leaf area index in the source region of the Yellow River by the WRF model[J]. Theoretical and Applied Climatology，2019,138(3-4)：1755-1765.

[144] ZHANG M，LUO G P，CAO X S，et al. Numerical simulation of the irrigation effects on surface fluxes and local climate in typical mountain-oasis-desert systems in the central Asia arid area[J]. Journal of Geophysical Research-Atmospheres，2019,124(23)：12485-12506.

[145] 郭慧. 不同灌溉方式对制种玉米田碳水通量和作物生长的影响机制与模拟研究[D]. 北京：中国农业大学，2022.

[146] 刘笑吟，杨士红，李霁雯，等. 南方节水灌溉稻田能量通量特征及其规律分析[J]. 农业机械学报，2015,46(5)：83-92.

[147] WANG J T，DU G F，TIAN J S，et al. Mulched drip irrigation increases cotton yield and water use efficiency via improving fine root plasticity[J]. Agricultural Water Management，2021,255：106992.

[148] 郑力文，刘小光，余新晓，等. 油松根系直径对根—土界面摩擦性能的影响[J]. 北京林业大学学报，2014,36(03)：90-94.

[149] 王亚晖. 不同灌溉方式对玉米田水氮传输的影响机理与模拟[D]. 北京：中国农业大学，2021.

[150] JHA S K，GAO Y，LIU H，et al. Root development and water uptake in winter wheat under different irrigation methods and scheduling for North China[J]. Agricultural Water Management，2017,182：139-150.

[151] WANG Z，JIA Y，FU J，et al. An analysis based on japonica rice root characteristics and crop growth under the interaction of irrigation and nitrogen methods[J]. Frontiers in Plant Science，2022,13.

[152] CAMPOSEO S，RUBINO P. Effect of irrigation frequency on root water uptake in sugar beet[J]. Plant and Soil，2003,253(2)：301-309.

[153] SAMPATHKUMAR T，PANDIAN B J，MAHIMAIRAJA S. Soil moisture distribution and root characters as influenced by deficit irrigation through drip system in cotton-maize cropping sequence[J]. Agricultural Water Management，2012,103：43-53.

[154] 杨小利，刘庚山，杨兴国. 甘肃黄土高原主要农作物水分胁迫敏感性[J]. 干旱地区农业研究，2006,24(4)：90-93，203.

[155] 赵宏伟，瞿炤珺，贾琰，等. 孕穗期冷水灌溉对寒地粳稻根系生长及产量的影响[J]. 东北农业大学学报，2019,50(1)：1-10.

[156] 王云生，蔡永萍. 植物生理学[M]. 6版. 北京：中国农业大学出版社，2018.

[157] 李晶，何志斌，王建兵，等. 荒漠绿洲农田土壤水热动态及硝态氮淋溶特征[J]. 中国沙漠，2022,42(5)：245-257.

[158] ZHOU J B，XI J G，CHEN Z J，et al. Leaching and transformation of nitrogen fertilizers in soil after application of N with irrigation：A soil column method[J]. Pedosphere，2006,16(2)：245-252.

[159] 董勤各，李悦，冯浩，等. 秸秆氨化还田对农田水分与夏玉米产量的影响[J]. 农业机械学报，2018,49(11)：220-229.

[160] QI D L，HU T T，SONG X. Effects of nitrogen application rates and irrigation regimes on grain yield and water use efficiency of maize under alternate partial root-zone irrigation[J]. Journal of Integrative Agriculture，2020,19(11)：2792-2806.

[161] PIAO S，LIU Q，CHEN A，et al. Plant phenology and global climate change：Current progresses and challenges[J]. Global Change Biology，2019,25(6)：1922-1940.

[162] PARK H，JEONG S，PENUELAS J. Accelerated rate of vegetation green-up related to warming at northern high latitudes[J]. Global Change Biology，2020,26(11)：6190-6202.

[163] WANG X F，XIAO J F，LI X，et al. No trends in spring and autumn phenology during the global warming hiatus[J]. Nature Communications，2019,10(1)：2389.

[164] SHABANI A, SEPASKHAH A R, KAMGAR-HAGHIGHI A A, et al. Using double logistic equation to describe the growth of winter rapeseed [J]. Journal of Agricultural Science, 2018, 156 (1): 37-45.

[165] 王全九，蔺树栋，苏李君. 马铃薯主要生长指标对有效积温响应的定量分析[J]. 农业机械学报，2020,51(3): 306-316.

[166] 刘玉洁，葛全胜，戴君虎. 全球变化下作物物候研究进展[J]. 地理学报，2020,75(1): 14-24.

[167] 刘桐华. 小麦光合午休的成因及缓解措施的研究[J]. 生态学报，1987,7(4): 314-321.

[168] NOUNJAN N, CHANSONGKROW P, CHARO-ENSAWAN V, et al. High performance of photosynthesis and osmotic adjustment are associated with salt tolerance ability in rice carrying drought tolerance QTL: Physiological and co-expression network analysis[J]. Frontiers in Plant Science, 2018,9: 1135.

[169] HE H B, WANG Q, WANG L L, et al. Photosynthetic physiological response of water-saving and drought-resistant rice to severe drought under wetting-drying alternation irrigation[J]. Physiologia Plantarum, 2021,173(4): 2191-2206.

[170] 胡梦芸，张正斌，徐萍，等. 亏缺灌溉下小麦水分利用效率与光合产物积累运转的相关研究[J]. 作物学报，2007(11): 1884-1891.

[171] TIAN Y, ZHENG C, CHEN J, et al. Climatic warming increases winter wheat yield but reduces grain nitrogen concentration in east China[J]. Plos One, 2014,9(4): e95108.

[172] 郑成岩，邓艾兴，LATIFMANESH H，等. 增温对青藏高原冬小麦干物质积累转运及氮吸收利用的影响[J]. 植物生态学报，2017, 41(10): 1060-1068.

[173] FATIMA Z, AHMED M, HUSSAIN M, et al. The fingerprints of climate warming on cereal crops phenology and adaptation options[J]. Scientific Reports, 2020,10(1): 18013.

[174] FENG S, GU S, ZHANG H, et al. Root vertical distribution is important to improve water use efficiency and grain yield of wheat[J]. Field Crops Research, 2017,214: 131-141.

[175] DU T, KANG S, SUN J, et al. An improved water use efficiency of cereals under temporal and spatial deficit irrigation in north China[J]. Agricultural Water Management, 2010,97(1): 66-74.

[176] PLAUT Z, BUTOW B J, BLUMENTHAL C S, et al. Transport of dry matter into developing wheat kernels and its contribution to grain yield under post-anthesis water deficit and elevated temperature[J]. Field Crops Research, 2004,86(2-3): 185-198.

[177] 薛丽华，胡锐，赛力汗，等. 滴灌量对冬小麦耗水特性和干物质积累分配的影响[J]. 麦类作物学报，2013,33(1): 78-83.

[178] 罗春梅. 小麦开花后穗、茎、叶同化物输入籽粒的动态和对产量的影响[J]. 安徽农学院学报，1982(02): 104-108.

[179] 黄开红，钱维朴. 土壤水分对小麦开花后生理活动及粒重的影响[J]. 南京农业大学学报，1986(02): 23-30.

[180] LIU M G, WANG Z K, MU L, et al. Effect of regulated deficit irrigation on alfalfa performance under two irrigation systems in the inland arid area of midwestern China[J]. Agricultural Water Management, 2021,248: 106764.

[181] 李敏，苏慧，李阳阳，等. 黄淮海麦区小麦耐热性分析及其鉴定指标的筛选[J]. 中国农业科学，2021,54(16): 3381-3392.

[182] HATFIELD J L, BOOTE K J, KIMBALL B A, et al. Climate impacts on agriculture: Implications for crop production[J]. Agronomy Journal, 2011, 103(2): 351-370.

[183] AZAD N, BEHMANESH J, REZAVERDINEJAD V, et al. Climate change impacts modeling on winter wheat yield under full and deficit irrigation in Myandoab-Iran[J]. Archives of Agronomy and Soil Science, 2018,64(5): 731-746.

[184] WINKLER A J, MYNENI R B, HANNART A, et al. Slow-down of the greening trend in natural vegetation with further rise in atmospheric CO_2 [J]. Biogeosciences, 2021,18(17): 4985-5010.

[185] YE J, GAO Z, WU X H, et al. Impact of increased temperature on spring wheat yield in northern China[J]. Food and Energy Security, 2021,10 (2): e283.

[186] PEARSON C J, BUCKNELL D, LAUGHLIN G P. Modelling crop productivity and variability for policy and impacts of climate change in eastern Canada[J]. Environmental Modelling & Software, 2008,23(12): 1345-1355.

[187] TURRAL H，SVENDSEN M，FAURES J M. Investing in irrigation：Reviewing the past and looking to the future[J]. Agricultural Water Management，2010，97(4)：551-560.

[188] BABEL M S，TURYATUNGA E. Evaluation of climate change impacts and adaptation measures for maize cultivation in the western Uganda agro-ecological zone[J]. Theoretical and Applied Climatology，2015，119(1-2)：239-254.

[189] KROES J G，DAM J C V，BARTHOIOMEUS R P，et al. SWAP version 4：Theory description and user manual[M]. Wageningen：Wageningen Environmental Research，2017.

[190] RICHARDS L A. Capillary conduction of liquids through porous mediums[J]. Physics，1931，1(1)：318-333.

[191] Van GENUCHTEN M T. A closed form equation for predicting the hydrulic conductivity unsaturated soils[J]. Soil Science Society of America Journal，1980，44(5)：892-898.

[192] MUALEM Y. New model for predicting the hydraulic conductivity of unsaturated porous-media[J]. Water Resources Research，1976，12(3)：513-522.

[193] 赵引. 西北旱区覆膜和水分处理下制种玉米田水热传输机制与模拟[D]. 北京：中国农业大学，2021.

[194] ALLEN R G，PEREIRA L S，RAES D，et al. Crop Evapotranspiration：Guidelines for computing crop water requirements-FAO[M]. FAO：FAO Irrigation and Drainage Paper 56，1998.

[195] FERNÁNDEZ J E，ALCON F，DIAZ-ESPEJO A，et al. Water use indicators and economic analysis for on-farm irrigation decision：A case study of a super high density olive tree orchard[J]. Agricultural Water Management，2020，237：106074.

[196] 杨晓慧，黄修桥，陈震，等. 基于 DSSAT 模拟的灌溉用水效率评价指标比较[J]. 农业工程学报，2015(24)：95-100.

[197] 史源. 灌水总量与灌溉技术约束下华北典型区域冬小麦灌溉制度优化研究[D]. 北京：中国水利水电科学研究院，2019.